新文京開發出版股份有限公司

NEW WCDP

新世紀・新視野・新文京 — 精選教科書・考試用書・專業參考書

New Wun Ching Developmental Publishing Co., Ltd.

New Age · New Choice · The Best Selected Educational Publications — NEW WCDP

美容醫學

FOURTH EDITION

Aesthetic Medicine

蔡新茂・楊佳璋・劉家全・楊彩秀 —— 編著

國家圖書館出版品預行編目資料

美容醫學／蔡新茂，楊佳璋，劉家全，楊彩秀編著. －第四版. －新北市：新文京開發出版股份有限公司，2023.01

面； 公分

ISBN 978-986-430-899-6（平裝）

1.CST：美容 2.CST：美容手術

425 111020512

美容醫學（第四版） （書號：**B241e4**）

編著者	蔡新茂　楊佳璋　劉家全　楊彩秀
出版者	新文京開發出版股份有限公司
地址	新北市中和區中山路二段 362 號 9 樓
電話	(02) 2244-8188（代表號）
FAX	(02) 2244-8189
郵撥	1958730-2
初版	2008 年 04 月 15 日
初版修訂版	2011 年 02 月 01 日
第二版	2015 年 02 月 06 日
第三版	2019 年 05 月 01 日
第四版	2022 年 12 月 20 日

　建議售價：390 元

法律顧問：蕭雄淋律師

ISBN　978-986-430-899-6

序言

PREFACE

市面上的美容醫學教科書有許多手術操作與解剖的描寫，但對於非醫學解剖專業，卻有志從事美容的人而言，這類的知識或許較艱澀，也不見得全盤用得著。基於教學上的需要，在出版社的穿針引線下，邀集本書作者共同出書，並著手分工從事內容的編寫，然畢竟是吾等的處女作，經驗不足，加上眾人平日庶務繁忙，致使本書一再難產，經過一年多的拖延，才終於出版，並承蒙讀者的支持得以再版。

「美容醫學」涵蓋醫學、解剖學、化妝品與材料科學、藥物化學以及美學等諸多領域，且相關醫療器材、設備與藥物仍持續不斷地研發創新，這些尚未廣為人知的新訊息，或有錯漏；在編寫的過程中，也慨嘆自己因缺乏臨床經驗而導致專業上的不足，只能多方收集相關的寶貴知識以補不全，卻難免遺珠之憾。鑑於學校課程時間有限，本書在編寫之初即擬定十幾個相關主題，由眾人分別完成，主要為基礎知識與國人較常接受施行的美容手術與治療方法，雖為中文參考書，但因許多專業術語的中文譯名並未統一，故本書盡量在中文專業術語後以括弧示其英文原名，以利研讀時參考，內容如有錯誤或漏列之處，祈學界與業界先進不吝提出批評指教，以作為改進之參考，盼使內容更正確、更豐富。

由於新技術與儀器的開發，醫療診所若無及時更新，跟上世界腳步，便容易導致醫療水準參差不齊；再加上求診者對醫學美容的專業知識並未深入了解，常成為醫病關係上較弱勢的一方，等到醫療傷害或副作用造成才後悔也無法挽回。有鑑於此，本書除了陳述基礎理論以外，也盡力蒐集較新的知識以供讀者參考。

本書共分為 16 章，第 1 章為美容醫學緒論，說明美學與美容醫學的相關概念，以及美容醫學的目的；第 2 章為皮膚生理，人體美容醫學與皮膚狀況關係密切，許多化妝品也在皮膚上施行，故了解皮膚結構與生理功能非常重要；第 3 章敘述影響皮膚外觀的常見皮膚疾病，簡要說明預防或常用治療方式；第 4 章針對青少年最困擾的青春痘、狐臭及多汗症來說明發生原因、症狀及防治方法；第 5 章防曬、美白與換膚是愛美女性所關切的議題，本章探討皮膚色素斑點的發生原因，並說明減少黑斑、細紋的美白與換膚方式；第 6 章除皺與抗皺進一步說明皺紋與老化的原因，以及皺紋的預防、治療方法；第 7 章敘述毛髮生理與疾病，毛髮雖對健康影響不大，但頭髮可透露年齡與健康狀況，更易影響外觀、自信與風采，並左右人際之間的交往，故其重要性不言可喻。本章講述毛髮基礎結構與特性，再針對常見的毛髮疾病和預防、治療方法做說明；第 8 章敘述射線的種類及在美容醫學上的應用；第 9 章為射線在近視手術上的應用，說明雷射手術的緣起與演進，並比較各雷射手術的優劣與適用性，可幫助有意透過雷射手術改善近視的人們，了解相關資訊；第 10 章係以女性為主的乳房整形美容，本章提出常見的整形方法與手術比較，以供參考；第 11 章指出現代社會常見的文明通病，「肥胖」對身體健康的影響，並說明體重控制的正確概念與減重方式；第 12 章講述醫學美容手術；第 13 章說明化妝品知識，屬於非醫學性美容清潔方式，日常生活中普遍為多數人所使用，但大眾對其成分之作用並不清楚，透過本章可有基本的了解；第 14 章敘述美容與營養的關係，營養對健康的重要性不在話下，而健康對於美容的影響亦深遠；第 15 章說明芳香療法與美容的關係，芳香療法是現今流行的另類輔助療法，可影響身、心、靈不同層面的健康，本章對芳香療法的起源、精油提煉法、精油的成分及作用等都有扼要的說明；第 16 章說明自由基對健康與美容、老化的影響，並提出目前廣泛應用的抗氧化方式。

由於美容醫學技術不斷推陳出新，故本次改版更新了最新抽脂技術，以及新增大量精美圖片和臨床照片，並於每個章節另闢「知識+」專欄，藉由專欄之延伸閱讀，提供更多相關資訊，期能與臨床實務接軌，讓讀者獲取最新、最充實的知識。

全書 16 章中有 9 個章節由本人執筆，其他章節由楊佳璋老師（第 3、8、12、13 章）、楊彩秀老師（第 14 章）及劉家全老師（第 15、16 章）負責。楊佳璋與劉家全兩位老師與我系出同門，皆畢業於國立陽明大學生理學研究所博士班，楊佳璋老師目前服務於中華醫事科技大學化妝品應用與管理系副教授兼系主任，劉家全老師目前任教於嘉南藥理大學化妝品應用與管理系副教授，而楊彩秀老師為國立中興大學食品科學系博士，現為嘉南藥理大學保健營養系教授，皆學有專精，平日課務繁忙，因此託吾撰序。本人不才，文疏學淺，勉為其難來題序，豈奈文非金玉，擲地無聲，誠有愧囑託。

嘉南藥理大學

休閒保健管理系助理教授

蔡新茂 謹識

AUTHORS

編著者簡介

蔡新茂

學歷：國立陽明大學醫學院生理學研究所博士

現職：嘉南藥理大學休閒保健管理系助理教授

楊佳璋

學歷：國立陽明大學醫學院生理學研究所博士

現職：中華醫事科技大學化妝品應用與管理系副教授兼系主任

劉家全

學歷：國立陽明大學醫學院生理學研究所博士

現職：嘉南藥理大學化妝品應用與管理系副教授兼機能性化粧品開發與評估研究中心主任

楊彩秀

學歷：國立中興大學食品科學系博士

現職：嘉南藥理大學保健營養系教授

目錄

CONTENTS

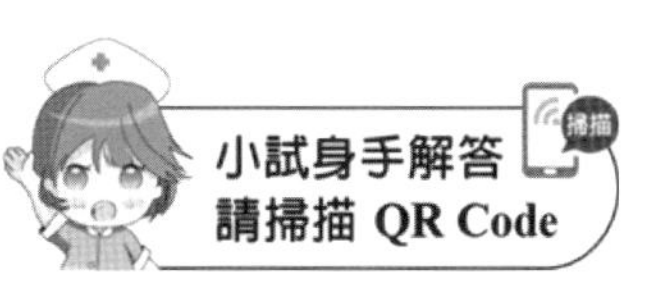
小試身手解答
請掃描 QR Code
掃描

CHAPTER

01

蔡新茂．編著

美容醫學緒論

Aesthetic Medicine

1-1 美的意義

兩千多年前，古希臘聖哲蘇格拉底（Socrates，西元前 469~399 年）主張我們應由觀念去把握美之本質，在當時希臘的學術界中就已經討論美的意義，究竟美是物的屬性？還是審美者的心性？自然美與藝術創造物何者較美？無論問題的答案為何，蘇格拉底認為至少人們心中存在著美與不美的疑問，而眾人所稱的「美」的事物，通常符合一種共同的觀念，凡是符合審美觀念條件的事物，就是美的事物。柏拉圖（Plato，西元前 428~348）進一步地將此觀念界定為「變化的統一」；而亞里斯多德（Aristotle，西元前 384~322）更充實了美的觀念，認為美的元素是秩序、對稱和明瞭。此外，後期的學者還陸續提出均衡、比例、調和等觀念都有美的存在，歸納整理後，得到如圖 1-1 所示的美的法則。

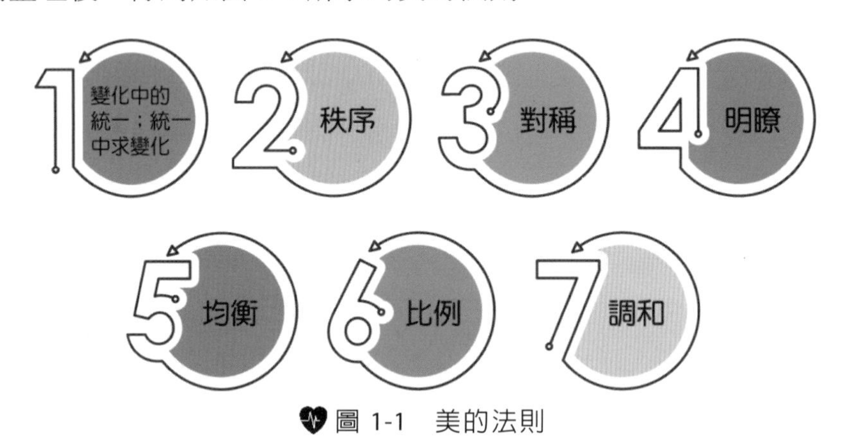

圖 1-1 美的法則

這些原則主張美是發生於人類觀念的哲理之中，並不偏於唯物或唯心的極端，而是人類一切理性行為的表現，若不具這些觀念，就不能認知美。但是美的體認與人類的感覺息息相關，十八世紀德國哲學家邦格騰(Baumgarten)在其著作《Aesthetics》書中提出了以感覺為基礎的美學理論，即美是圓滿的感覺。德國的康德(Kant, 1724~1804)也認為美係不加概念的（非悟性的）、不加思考的（非理性的）一種非價值判斷，只要能令人感到快適的就是美。

美感係感知對象在他人腦中的一種反應，通常為令人心曠神怡、賞心悅目的感覺。既是個人感覺，便會隨個人觀感有所不同，因此，美感與一些主觀或客觀的因素有關。主觀因素包括個人所接觸的社會、種族、文化、經濟、流行、教育及時代等，事實上並無一個放諸四海的標準，所以古今中外多有差異，如「環肥燕瘦」，說明了時間與文化的演進會影響人們的審美觀。現代的演藝圈明星或媒體寵兒也通常是帶領流行的人，他們的穿著品味、身材、髮型等，常受到大眾的喜愛與模仿。

客觀因素則與前面提到的法則相關，如下：

1. **對稱法則**：對稱的物體可被分成大小相等的兩部分，如人體以脊柱為中線，呈左右對稱的形式，包括四肢、五官、肌肉、乳房等之排列皆為對稱，若有不對稱情形則影響外觀美感，嚴重者甚至影響生活與身體健康。
2. **整體法則**：例如十指，長短、粗細雖然有別，十指俱全為美，但缺或多則令人感到怪異。五官在臉上的分布或有些許差異，但不同的分布、大小、形狀還是造就出許多不同美感的人，這也是整體美。
3. **協調法則**：人體美涵蓋整體美與局部美，但是局部美必須與其他部位達到和諧與協調，才能顯示出整體美的感覺。如硬將鼻子整成與某位明星一樣，卻可能與其他五官不搭配。
4. **習慣法則**：如十指長短不齊，因為人類已習慣，故不覺難看；有些民族具特殊習性造就奇特外觀，如長頸族、黥面的原住民、清朝的髮辮、裹小腳等，皆為各民族不同時代流傳的習慣。
5. **比例法則**：身材比例是現今非常注重的，尤其是上圍；世人雖然大都崇尚豐滿胸部，但過大反不為美，倒成沉重負擔了。常見的比例法，如身高與頭部的比例，俗稱「八頭身」、「九頭身」，表示身材的比例；其他如「黃金比例」也常被探討，詳見 1-2 節。

1-2 黃金比例

黃金比例，又稱為「黃金律」或「黃金分割」(golden section)，係古希臘時代的畢達哥拉斯學派從數學原則所衍生的，如圖 1-2 所示之三角形，其中互成直角的兩直線長，具有 AC＝2AB 的關係，若以 B 為圓心，AB 長為半徑劃弧，則此弧線與斜邊 BC 線交叉點為 D，意即 BD＝AB；再以 C 為圓心，CD 為半徑，劃弧線與 AC 交叉於 E 點，則此 E 點所分割的短、長兩線段比例為 AE：CE＝CE：AC＝1：1.618＝0.618：1，這是別的比值所無法呈現的奇妙特徵，被稱為黃金分割比例，而將一線段分割為長短呈黃金比例的點，稱為黃金點(golden point)（圖中 E 點）。

以分數來看，0.618 近似於 2/3，若以分子與分母之和為新的分母，原分母為新的分子，可依此規律找出許多更接近黃金律的近似值，如 3/5、5/8、8/13、

13/21、21/34……，這些分數如 2/3 比 0.618 大 0.049、3/5 比 0.618 小 0.018、5/8 比 0.618 大 0.007，以此類推，與黃金律相比顯示高低交互出現的情形，並隨著分子與分母數字越大，其比值越接近黃金律，呈現收斂數列的關係，被稱為「費波那契數列」(Fibonacci numbers)。

事實上健美的人體有許多構造比例近似於黃金律，且不限於直線分割，矩形的長寬比或三角形的底高比都是黃金律的衍伸。目前被發現的人體黃金律不勝枚舉，譬如黃金點（肚臍為頭頂到腳底的分割點）、黃金矩形(golden rectangles)（軀幹輪廓之長寬比）、黃金三角(golden triangles)（鼻子的長寬比）、黃金指數(golden index)（四肢指數，中指尖至頸部之長度與髂嵴至足底間距比值近似於 0.618）。大家常聽到的標準女性三圍，其基本條件為胸圍 90 cm、腰圍 60 cm、臀圍 90 cm，三者間比值亦近似於黃金律。

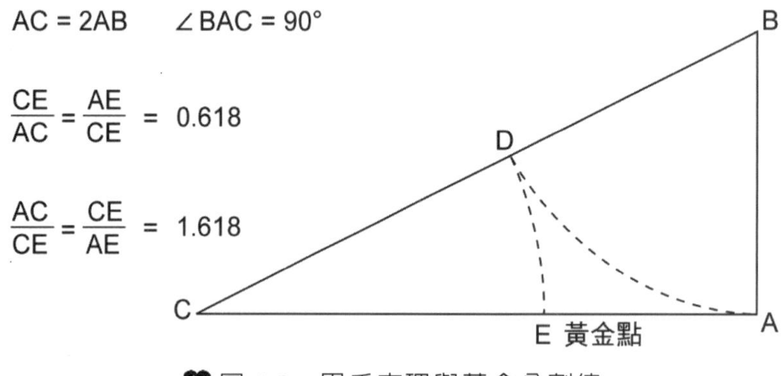

圖 1-2　畢氏定理與黃金分割律

設 AC＝2，AB＝BD=1，依畢氏定理，則 BC＝$(2^2+1^2)^{1/2}=\sqrt{5}$，

CD＝BC－BD＝$\sqrt{5}-1$＝CE，∴AE＝AC－CE＝$2-(\sqrt{5}-1)=3-\sqrt{5}$

$$\frac{AE}{CE}=\frac{3-\sqrt{5}}{\sqrt{5}-1}=\frac{(3-\sqrt{5})(\sqrt{5}+1)}{(\sqrt{5}-1)(\sqrt{5}+1)}$$

$$=\frac{\sqrt{5}-1}{2}=\frac{CE}{AC}=\frac{0.618033989}{1}=\frac{1}{1.618033989}$$

《維特魯威人》(Vitruvian Man)

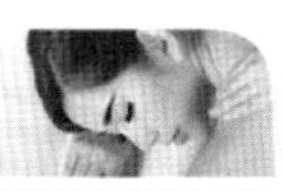

您見過這幅畫嗎？相信各位多少對畫中人物有些許印象，這是著名藝術家－李奧納多・達文西(Leonardo da Vinci)，依照古羅馬建築師－維特魯威(Vitruvius)的比例學說，從而繪製成具完美比例的人體圖像。如圖所示，其將人物分為 8 等分，理想的頭部比例應占身高的 1/8，會陰部約位於半身處。

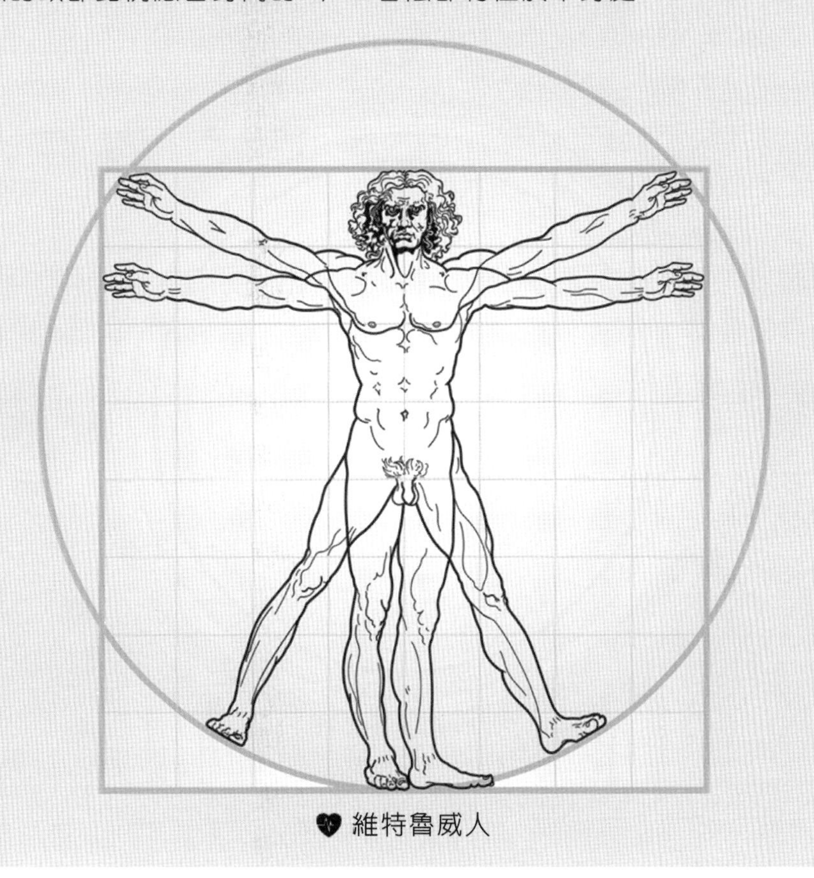

維特魯威人

1-3 人體體型

體型(somatotype)是指人體的外部型態，有基本上的相同結構，如正中的頭顱、軀幹與呈兩側對稱的四肢；但也隨著種族、遺傳、營養、年齡、風俗習慣等不同，而有高、矮、胖、瘦之差異。體型是由骨架大小、肌肉質量和皮下脂肪厚度等因素所決定，而這些因素在一定程度內可以產生變化，故體型能主動被塑造，各種體型分類也被探討，以下舉例薛爾頓的體型分類法。

1942 年，美國心理學家與人類學家薛爾頓(Sheldon)把體型分為三種：外胚層體型(ectomorphy)、中胚層體型(mesomorphy)和內胚層體型(endomorphy)（圖 1-3）。簡單來說，外胚層體型為瘦長型，以外胚層分化出來的皮膚和神經占優勢；中胚層體型為強壯型，以中胚層分化出來的骨骼、肌肉占優勢；內胚層體型為肥胖型，以內胚層分化出來的消化器官占優勢。不同的體型與優勢胚層不僅影響形體美，也影響個性。

體型因素中，骨架大小決定身高(stature)，此乃頭頂至足底的直線距離，也是影響體型與人體美重要的因素。身高大致可分為頭顱高、軀幹高及下肢長，這三個部分比例會隨著年齡增加而發生改變。嬰兒時期頭部占身長比例（約 1/4）明顯比成人時期大（約 1/8），而四肢比例較小；但發育至成人時四肢增長比例比頭顱增大比例來得高，故成人頭顱所占身長比例便減小了；下肢比例變化與頭顱相反，呈逐漸增加的趨勢，新生兒下肢比例約為身長 3/8，成人則為身高 1/2；軀幹比例變化不大（維持約身長 3/8），但相對位置被漸漸增長的下肢抬高。這樣的身長須符合黃金分割比例，才能顯示形體美，如肚臍為黃金點，手臂自然下垂時，中指觸及大腿外側之點亦為黃金點，軀幹長寬比為黃金矩形。呆小症（cretinism，幼時甲狀腺功能低下）病人不僅長不高，且身體各部位比例也維持幼兒時比例。

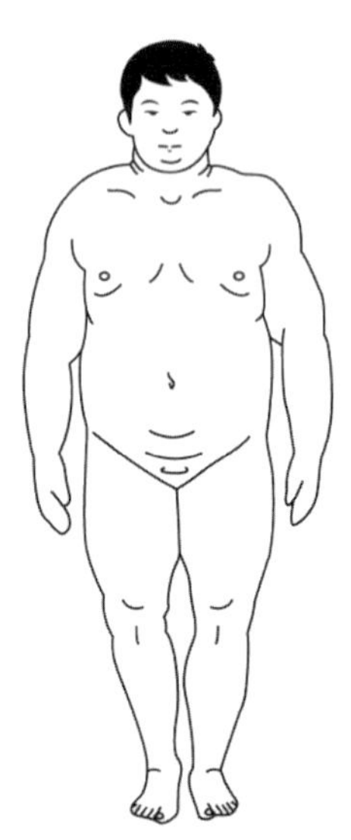
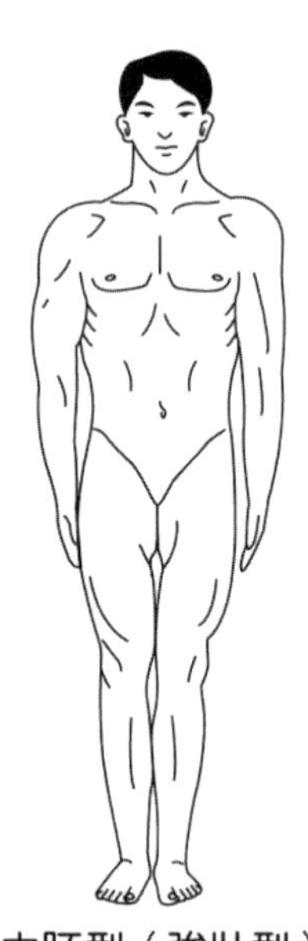
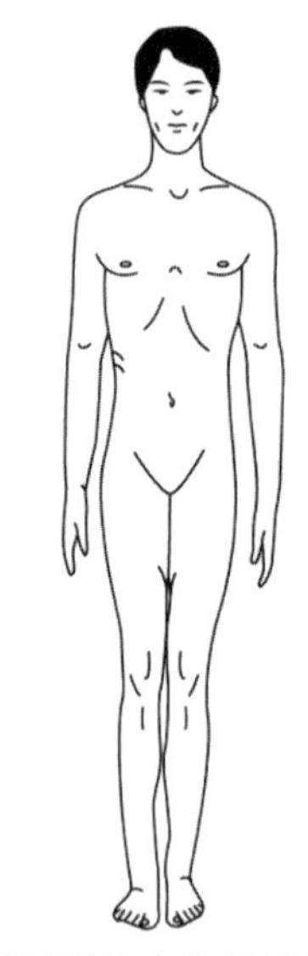

內胚型（肥胖型）　中胚型（強壯型）　外胚型（瘦長型）

圖 1-3　體型分類

1-4 美學與美容醫學

西元 1735 年德國「美學之父」鮑姆嘉通(Baumgarten, 1714~1762)在《關於詩的哲學沉思錄》中首先使用了「aesthetics」來指稱「美學」，並以此作為《美學》第一卷的命名(1750)，也界定了 aesthetic（廣義的美）與 beauty（狹義的美）的區別。

一般美感與醫學美感有所不同，醫學美感有特定對象，包括醫師、病人與健康人群在內，較注重身體健全與心理愉悅，也需結合特定的醫學技術來成就醫學美感，達到預防疾病、促進健康的目的。美容醫學(aesthetic medicine)便是透過醫學技術來達到改善人體型態美目標的一種學科，它結合醫學與美學，甚至其他科學輔助，例如美容器械、植入物的製造與精密儀器的使用等，可說是集醫學、藥學、科學、工藝及美術於一門，細密程度甚高，且要求嚴格，不容一絲瑕疵。由於關乎健康、外型與金錢，求診者必須與醫師充分溝通，了解自己的需求，醫師也應審慎告知求診者相關的利弊得失，以免術後出現糾紛。

1-5 美容與心理

每個人從小就有自己的審美觀，到了青春期，由於身體的大幅改變，如身高變高與第二性徵的發育，使青少年更加在意自己與同性外表之比較，同時也對異性產生濃厚的興趣。古云：「女為悅己者容」，但對現代人而言，不僅女性在意容貌，連男性也越來越重視自己的外表形象，因為這對人際關係、求職、工作表現、交友、婚姻等都有一定的影響力，同時也常常左右一個人的自信心。

三國時代龐統與諸葛亮齊名，「鳳雛」、「臥龍」並稱當世，可是兩人與劉備見面後的禮遇卻判若雲泥，其中部分原因與龐統儀表不佳有關。其實能力與長相無關，只憑才能而能占有一席地位的人也不少，如北宋晏殊與拿破崙，身長雖然不高，但一個是宰相，一個是曾建立歐陸霸權的帝王；曹操挾天子以令諸侯，權傾天下，卻嫌自己外表不夠威嚴，因而有了「捉刀英雄」的軼事。可見即使事業有成，卻也有為自己外表苦惱的時候。但英雄不以此為意，而能專注於自己事業，獲致輝煌成就。

美容的目的是為了引發自我及他人心中的美感，部分容貌有缺陷的人，或是由於特殊原因為自己容貌感到焦慮的人，可經由美容醫學的幫助解除焦慮。根據研究顯示，貌美者的平均所得，要比普通者或是貌醜者來得高一些，所以追求賞心悅目的外觀不僅是吸引異性而已，也能創造自信、提高地位並改變生活。

最新美容調查發現，有九成四的民眾認為外表可以增加自信；四成七的人不滿意自己的皮膚狀況，滿意的有 12%；而最希望改善的皮膚部位依序為毛孔粗大(29%)、斑點(18%)、青春痘(16%)、暗沉(15%)、細紋(12%)、鬆弛(7%)等。

根據網路上的調查結果，治療效果才是女性朋友選擇療程時最在意的因素，價格反而是其次。一項兩極的 M 型化趨勢也呈現在醫學美容調查結果上，約三成一的女性每年願意花十萬元以上做醫學美容，讓自己更美麗，顯示外表已經成為一種職場上的投資。

1-6 健康美

紅樓夢裡的林黛玉，是典型的病美人，但卻無法開心過自己的人生，年輕早亡；現代有些模特兒為追求纖細的身材，減肥過度，甚至引起厭食症，瘦至皮包骨，甚至死亡，被媒體稱為「紙片人」，為遏止錯誤的瘦身歪風，歐美時尚界已禁止過瘦模特兒登臺表演。

其實美麗的外表人人喜愛，若能配合健康的身體，才是真正的健美體態，可以有足夠的壽命、精神與體力來享受人生；若是不健康，一切都免談，豈不辜負人生，枉來世上走一回。所以，人生第一重要是先追求身體健康，至於外觀美醜雖受遺傳控制，但可藉美容醫學科技來改善，這也是美容醫學的主要目的。

健康美的標準包括體重適當、身材勻稱、肌肉豐滿、皮膚有彈性、眼睛明亮、牙齒完整等身體部位之健康外在美，也包括心理、行為及態度層面之健康內在美。外在美會隨著時間、年齡而改變，不同年紀審美標準也會產生變化，不能一概而論。醫學美容雖能改善人體外在美並影響心理與行為，卻也是有其限度的，這點必須有足夠的認知。不過，隨著美容醫學技術持續推陳出新，醫學美容也變得更安全，效果更好，選擇性也多。由於傳播媒體的發達，使得相關美容資訊無遠弗屆，在明星光環的推波助瀾下，也使得一般群眾的整形風潮日盛，但是醫療糾紛也不少，故在進行醫學美容之前還是要仔細評估，並尋求專家做適當規劃，尤其要慎選專業合格醫師，才不致於「人財兩失」。每次療程需有合宜的時間間隔，才能有效與沒傷害，如飛梭美容、脈衝光等一般沒傷口的治療約間隔一個月；有傷口的如除斑、磨皮則約隔 3~6 個月、電波拉皮應間隔半年，皆須由醫師把關。

參考資料 REFERENCES

李福耀(2005)・*醫學美容解剖學*・知音出版社。

孫少宣、文海泉(2004)・*美容醫學臨床手冊*・合記。

小試身手 REVIEW ACTIVITIES

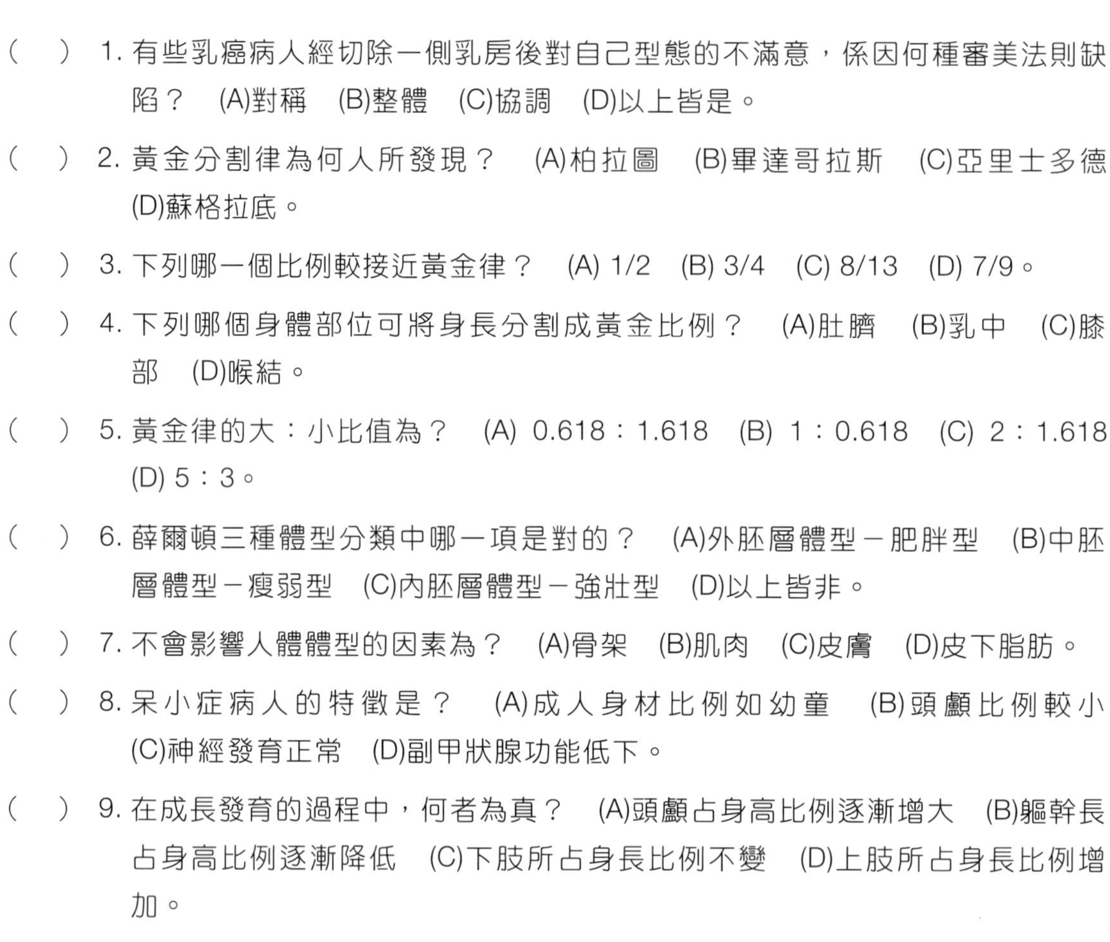

(　) 1. 有些乳癌病人經切除一側乳房後對自己型態的不滿意，係因何種審美法則缺陷？ (A)對稱 (B)整體 (C)協調 (D)以上皆是。

(　) 2. 黃金分割律為何人所發現？ (A)柏拉圖 (B)畢達哥拉斯 (C)亞里士多德 (D)蘇格拉底。

(　) 3. 下列哪一個比例較接近黃金律？ (A) 1/2 (B) 3/4 (C) 8/13 (D) 7/9。

(　) 4. 下列哪個身體部位可將身長分割成黃金比例？ (A)肚臍 (B)乳中 (C)膝部 (D)喉結。

(　) 5. 黃金律的大：小比值為？ (A) 0.618：1.618 (B) 1：0.618 (C) 2：1.618 (D) 5：3。

(　) 6. 薛爾頓三種體型分類中哪一項是對的？ (A)外胚層體型－肥胖型 (B)中胚層體型－瘦弱型 (C)內胚層體型－強壯型 (D)以上皆非。

(　) 7. 不會影響人體體型的因素為？ (A)骨架 (B)肌肉 (C)皮膚 (D)皮下脂肪。

(　) 8. 呆小症病人的特徵是？ (A)成人身材比例如幼童 (B)頭顱比例較小 (C)神經發育正常 (D)副甲狀腺功能低下。

(　) 9. 在成長發育的過程中，何者為真？ (A)頭顱占身高比例逐漸增大 (B)軀幹長占身高比例逐漸降低 (C)下肢所占身長比例不變 (D)上肢所占身長比例增加。

(　) 10. 俗稱的西洋梨型身材，與薛爾頓體型分類中的哪一型相近？ (A)外胚層體型 (B)中胚層體型 (C)內胚層體型 (D)以上皆非。

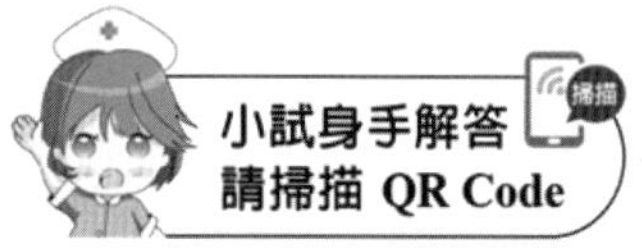

CHAPTER

02

蔡新茂 · 編著

皮膚生理

Aesthetic Medicine

前言

皮膚覆於體表，是人體最大的器官，成人皮膚表面積約為 18 平方英呎（1.6 平方公尺），總重量約為人體的 16%。一般皮膚厚度約為 1~2 公釐(mm)，但在身體上不同部位有些差異，如眼瞼皮膚厚度少於 0.5 mm，而上背部可超過 5 mm。身體背側的皮膚一般較腹側為厚，少數部位如手掌與腳掌皮膚，則比其背側來得厚。

2-1 皮膚的生理功能

皮膚具有下列生理功能：

1. **保護**：皮膚可作為物理性屏障，使下層組織與器官免於外界各種傷害，如物理性傷害、生物性的侵襲及紫外線的輻射，此外也可避免脫水。
2. **調節體溫**：皮膚可以因應外界環境溫度的升高與人體活動所致，體熱增加，令汗腺排汗及改變皮膚血流，以維持體溫恆定。
3. **感覺**：皮膚含有許多感覺接受器與神經末梢，可接受觸覺、壓覺、震動、溫度及痛覺刺激。
4. **分泌作用**：皮膚分布許多皮脂腺與汗腺，皮脂腺可分泌皮脂，形成皮膚的保護膜；汗腺分泌汗液則與體溫調節有關。
5. **合成維生素 D**：皮膚含有維生素 D 的前驅物，在紫外線照射下轉成維生素 D。
6. **免疫**：表皮中的蘭格罕氏細胞(Langerhan’s cell)，可把外來入侵者如細菌等呈現通報給免疫系統，達到警示效果；真皮層亦有吞噬細胞。
7. **儲存血液**：運動或氣溫使體溫升高時，皮膚血管舒張，使較多血液流經皮膚。
8. **吸收作用**：部分化妝品或藥物可經皮膚吸收。

2-2 皮膚的構造

皮膚是由表皮(epidermis)、真皮(dermis)、皮下組織(subcutaneous tissue or hypodermis)及皮膚附屬物(dermal appendage)所組成（圖 2-1）。

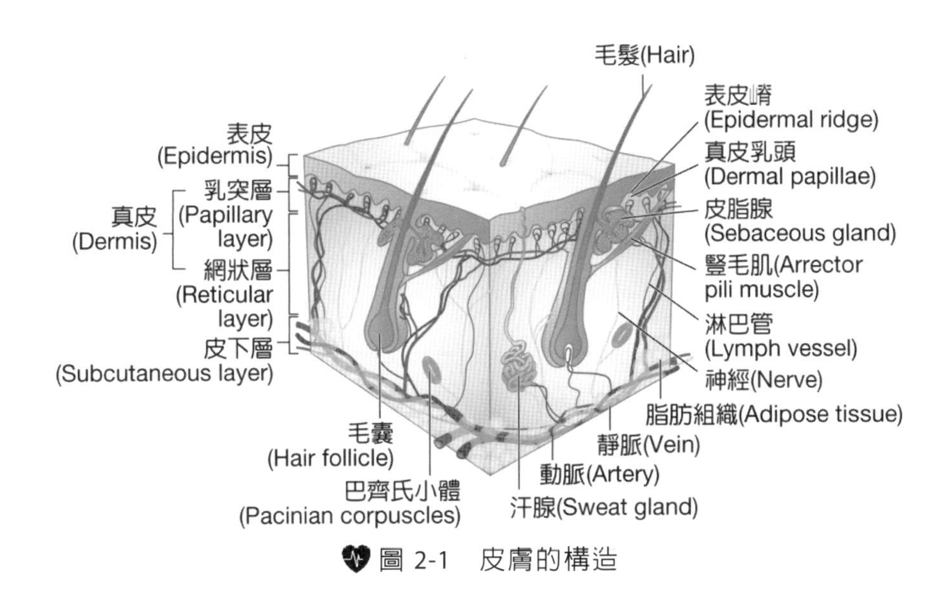

圖 2-1 皮膚的構造

表皮

表皮(epidermis)為皮膚最外層，由 4~5 層排列緊密的複層鱗狀上皮細胞(stratified squamous epithelium cells)所構成，稱為角化細胞(keratinocytes)，不斷進行角化作用(keratinization)而形成表皮各層次，這些層次由內到外分別為：

1. **基底層(stratum basale)**：位於最底層的單層柱狀細胞，與真皮之乳突層接壤，能進行有絲分裂一分為二，其一留在基底層，另一個細胞向外移行成為棘狀層，故亦稱為生長層(stratum germinativum)。此層亦存在麥拉寧細胞(melanocytes)，約占 10%，能製造麥拉寧色素(melanin)（俗稱黑色素）分布於表皮及真皮中，可影響膚色、阻擋紫外線對皮膚之傷害。黑色素的產生受遺傳、內分泌與環境影響。
2. **棘狀層(stratum spinosum)**：棘狀層由基底層分裂、特化而來，在顯微鏡下其細胞間可見到細絲狀的胞橋小體(desmosome)和胞間盤(intercellular disks)貫通相連，故名棘狀細胞，這些特殊接合與流動於細胞間隙的淋巴液有助於細胞獲取營養，若連結遭破壞，則使表皮細胞死亡且皮膚四分五裂或產生水泡。數層棘狀細胞排成行列，是表皮當中最厚的一層，可以隨著表皮突起的形狀，隨時矯正基底層的波形，促使與皮膚的表面呈平行狀態。此層還有約 2~5%的蘭格罕氏細胞，其樹狀突起遍布表皮，可辨認外來物質的抗原並呈現給免疫細胞。

3. **顆粒層(stratum granulosum)**：成熟的棘狀細胞漸漸被向外推擠，變成顆粒層，此層細胞扁平，呈平鋪排列，約 2~3 層，仍為有核細胞，細胞內含有透明角質(keratohyalin)顆粒，是角質素(keratin)的先質。從基底層演變至此約需兩週。
4. **透明層(stratum lucidum)**：由多層扁平無核死細胞組成，厚度達 1 mm 以上，其緊密使水分無法滲入。細胞含有透明狀的角母蛋白(eleidin)，此層僅在手掌及腳掌表皮可見。
5. **角質層(stratum corneum)**：從顆粒層來的細胞逐漸死亡且喪失其細胞核與胞器，細胞互相緊密堆疊形成薄片狀，厚度約為 0.2~0.3 mm，充滿角質素，吸水性強；角質細胞間隙有許多被分泌出來的物質，如胺基酸、尿素、尿酸、乳酸、磷酸鹽、神經醯胺或有機酸等，組成天然保濕因子(natural moisture factors)，對水親和力強，可避免水分流失。從顆粒層至角質層約需兩週，最外層細胞平均 21~28 天，老化角質會自行剝落。

依年齡、部位的不同，正常表皮約需六週才會全部更新(turn over)。異物侵入與角質破壞（例如使用高濃度果酸或其他去角質產品）會使基底細胞分裂旺盛，加速皮膚更新與異物排除；重複的化學刺激與物理刺激則使角質增厚。

眞 皮

真皮(dermis)位於表皮之下，兩者間有基底膜連繫，占皮膚厚度很大比例，約 0.5~2.5 mm。真皮的厚度不一，手掌及腳掌最厚，眼皮、陰莖與陰囊處最薄。

真皮上部與表皮界面並不平坦，形成許多突起，稱為真皮乳頭(dermal papilla)，此區則稱為乳突層(papillary layer)，這些向上突起幫助皮膚兩層緊密結合，也形成脊與溝，構成指紋。較厚的深層真皮組織，其細胞間基質(matrix)充滿互相交錯的纖維與多醣類，稱為網狀層(reticular layer)。這些纖維由纖維母細胞(fibroblasts)所產生，其成分多為膠原蛋白(collagen)組成的膠原纖維，膠原蛋白有十多種型態，以第一型(type I)最多，占 85~90%，第三型(type III)約 8~11%，第五型(type V)約 2~4%，膠原纖維可保持組織形狀；此外，有少量的彈性蛋白(elastin)組成之彈性纖維(elastic fiber)，可使皮膚組織有彈性。纖維亦存在於乳突層，但較稀疏且呈垂直走向。多醣類主要是陰離子型黏多醣體(glucosaminoglycans)，如玻尿酸(hyaluronic acid)，這些成分與蛋白質結合，可保留大量的水分在皮膚內。

真皮層中密布許多血管、神經末梢、肌肉纖維、腺體及毛囊，還有具免疫吞噬功能的組織細胞(histiocytes)，可攝食細胞殘骸及細菌。肥大細胞(mast cells)能分泌組織胺(histamine)與血清素(serotonin)，在皮膚發炎、刺激及過敏反應中扮演重要角色。

皮下組織

皮下組織(hypodermis)位於真皮網狀層下方，是由疏鬆結締組織及脂肪組織所組成，與深層肌膜形成並不緊密的連結，這使得肌肉收縮時不致於拉動皮膚一起移位。脂肪細胞會合成大量脂肪儲存，可隔絕外界冷熱，以保持體溫及保護皮下器官免於碰撞傷害，也是身體儲存能量的部位，長期運動時能分解產生能量。

皮下脂肪的厚度也與身體曲線美有關，亦和心血管疾病、脂漏性皮膚炎等症狀有關聯。一般而言，女性比男性有較多體脂肪比例，小孩體脂肪比例則較成人發達，不同部位的皮下脂肪厚度也不相同，常見的脂肪囤積部位包括乳房、上臂、腰部、下腹、大腿、下眼袋等處。某些疾病，如腎上腺糖皮質素分泌過多所導致的庫欣氏症候群(Cushing’s syndrome)會使體內脂肪重新分布，導致月亮臉(moon face)與水牛肩(buffalo hump)。

2-3 皮膚之附屬構造

皮膚的附屬構造包括腺體、毛髮與指甲，其中毛髮與指甲是由表皮細胞變形而成的，具有保護與美觀的作用，主要由角質素(keratin)所構成。角質素分為胱胺酸(cystein)含量較少的軟角質素，與胱胺酸含量較多的硬角質素，軟角質素可見於角質層中，而硬角質素則構成毛髮與指甲。

皮膚之外分泌腺體

⊙ 皮脂腺

除了手掌、腳掌及嘴唇無皮脂腺外，全身皮膚幾乎都有皮脂腺分布，其中，眼睛周圍皮脂腺較少，臉部 T 字部位、頭部的皮脂腺較為大型且為數較多，平均密度為 800 個 / cm^2，前胸、後背、腋窩、腹股溝及陰部等處也是皮脂腺較多的部位，四肢相對較少，約 50 個 / cm^2。

皮脂腺(sebaceous gland)位於真皮層毛囊邊且通向毛囊口，其細胞源於基底細胞，分化為合成脂質的細胞，於細胞死亡後經由皮脂腺導管釋出皮脂(sebum)至毛囊中，再由毛漏斗部排出體表，可滋潤皮膚與毛髮，也能防止水分蒸發，以及決定膚質油性程度。

皮脂分泌除了部位差異外，亦受到年齡、性別、激素、季節、皮膚溫度等因素影響。新生兒皮脂腺受母體性激素影響而較活躍，兒童期則皮脂腺縮小且分泌較少，青春期時皮脂腺再度受到性激素刺激而分泌旺盛，有時堵塞管道，形成痤瘡（俗稱粉刺、青春痘），封閉型粉刺外觀如白點，稱為白頭粉刺；開放型粉刺則因皮脂暴露於空氣中，受到氧化而變黑，故稱黑頭粉刺。中年以前，女性皮脂腺分泌較男性旺盛，男性自青春期後受雄性素(androgen)影響，逐漸增加皮脂分泌；中年以後女性受停經影響，使得皮脂腺分泌量減少，反而低於男性；老年期皮脂腺功能男女皆有衰退現象。

⊙ 汗 腺

汗腺(sweat gland)分布全身，手掌、腳底、前額、腋下最多，分泌汗液，其成分為水、鹽類（主要是氯化鈉）、尿素、尿酸、胺基酸、氨、糖分、乳酸及維生素 C 等，可幫助代謝廢物的排除；若因溫熱天氣或運動刺激排汗，在汗水蒸發時，可吸收汽化熱調節體溫；緊張、交感神經或強烈的味覺（如辛辣）等也會刺激排汗。汗腺依開口部位可分為小汗腺(eccrine sweat glands)與頂漿汗腺(apocrine sweat glands)。

小汗腺為位於真皮下層的獨立腺體，其導管穿過真皮、表皮，開口於體表，分布於全身，以頭部、前額部、手掌及腳底等處較多，其分泌物呈酸性(pH 4.5~5.5)，具有抑制細菌繁殖的效果。位於外耳道的汗腺特化成耵聹腺(ceruminous gland)，分泌管道直接開口於外耳道表面，與皮脂腺分泌物混合後堆積成耳垢。

頂漿汗腺又名大汗腺，僅存在乳暈、腋窩、陰阜、陰囊、大陰唇、肛門周圍等被毛及色素沉著部位，與皮脂腺共同開口於毛囊上部。大汗腺受激素影響，自青春期才開始分泌，其汗液與皮脂、剝落的腺體細胞混合，呈弱鹼性，若經細菌分解其中有機成分產生異味，則稱為狐臭(bromhidrosis)。

毛 髮

人體除了手掌、腳掌、嘴唇、乳頭、部分外生殖器外，幾乎全身布滿毛髮。估計約有 10 萬根，不同種族略有差異。人類的毛髮在出生前既細且短，稱為胎毛(lanugo)，在胎兒八個月大時，胎毛會脫落並換成較粗且長度不超過 2 公分的柔毛(vellus hair)，出生時身上所被覆的毛髮即是柔毛。其後隨著人體的生長發育，某些部位的柔毛逐漸替換為長又粗的終毛(terminal hair)，終毛可分為長毛與短毛。頭髮、鬍子、腋毛與陰毛皆為長毛，短毛包括眉毛、耳毛與鼻毛，一般體毛為柔毛。

毛髮構造包括伸出表皮的毛幹(hair shaft)、深入真皮和皮下層的毛根(hair root)與毛囊(hair follicle)(圖 2-2)(請參閱第 7 章)。毛囊是由表皮往真皮方向凹陷而包圍毛根的管腔，表皮開口呈漏斗狀，稱為毛漏斗(infundibulum)，毛囊於中上處與皮脂腺相接，分泌的皮脂對頭皮與毛髮有滋潤及保護作用。毛囊中間與豎毛肌(arrector pili muscle)相連，豎毛肌為平滑肌的一種，延伸近上方表皮處，在感覺寒意時會收縮，形成雞皮疙瘩(goose pimple)。毛囊和毛根底部相連成為膨大的毛囊球(hair bulb)，底部有一凹陷，毛囊底部突入此處之部分稱為毛乳頭(hair papilla)，中有神經與微血管，提供營養與氧氣給周圍的毛母細胞利用，以進行分裂而逐漸形成毛髮；此處還有麥拉寧細胞，賦予毛髮顏色。

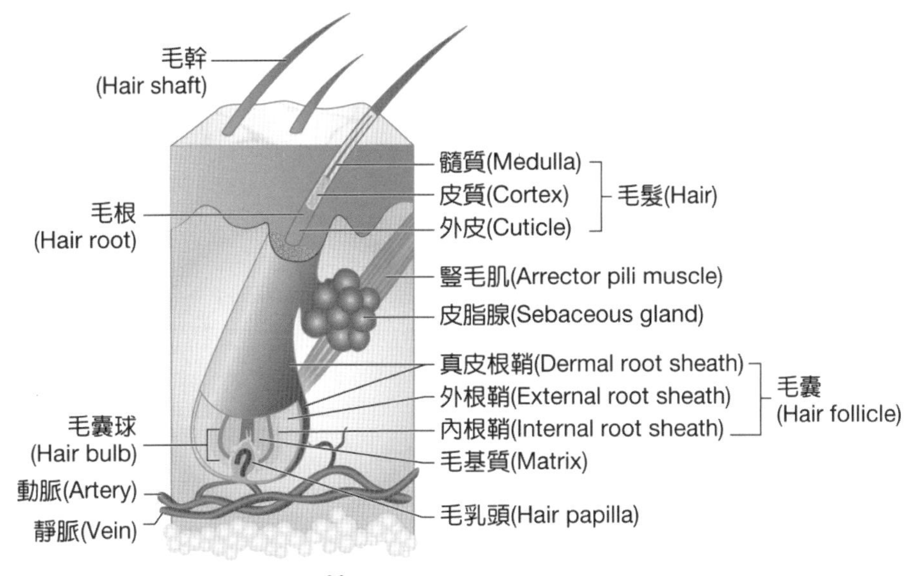

圖 2-2 毛髮的構造

毛髮生長速度依部位不同略有差異，平均大約為每 3 天 1 mm。毛髮在新生、成長與脫落的過程中反覆出現，稱為毛髮週期(hair cycle)，分為三個階段：生長期(anagen)、退化期(catagen)與休止期(telogen)。在成長期才有毛髮生長發育的現象，約持續 5~6 年，一旦停止生長便進入退化期，約持續 2~3 星期，此時毛母細胞漸漸不再分裂，麥拉寧色素的合成亦停止，毛根逐漸短縮而進入休止期，此期可持續約 2~3 個月。最後因新毛髮往上頂或外力拉扯導致落髮，正常每日約有 70~120 根毛髮脫落。

指 甲

指甲(nail)是由薄板化的角質化死細胞層層密接而成，可以保護指（趾）頭末端及協助細小東西的抓取。正常指甲的生長速度約每日 0.1~0.15 mm，年老時生長速度變慢，手指甲生長速度為腳趾甲的 3 倍，夏季指甲生長速度比冬天快。

指甲的結構包括指甲體(nail body)、指甲根(nail root)以及游離緣(free edge)（圖 2-3），指甲體由指甲基質(nail matrix)所形成，與指甲床(nail bed)上方融合後向指尖延伸，超出指甲床之部分稱為游離緣，因不易獲得指甲床的水分供應，故易脆裂。

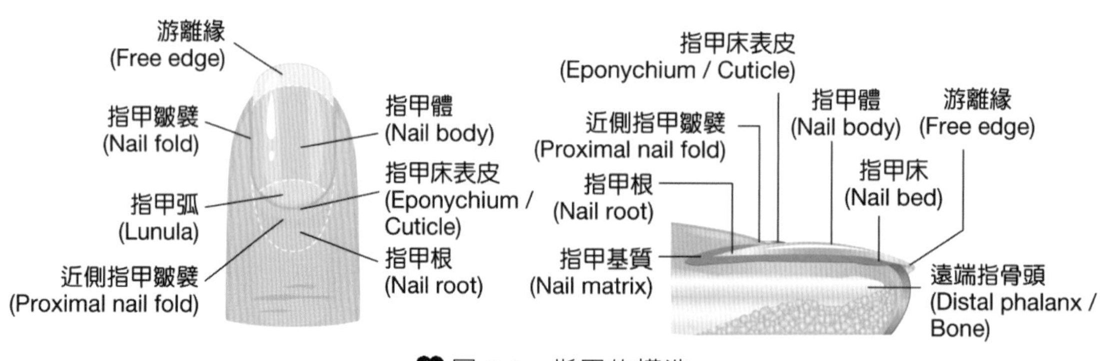

圖 2-3 指甲的構造

指甲體呈現粉紅色是因其下有血管組織，但近指甲根部有一乳白色半月形的指甲弧(lunula)，其角質化程度不足而較柔軟，且與指甲床接合並不緊密，受到指甲床表皮(eponychium or cuticle)的保護。

指甲的吸濕性及乾燥性與毛髮類似，吸濕時較軟化，此時是剪指甲的適當時機，而不要等到指甲乾燥變硬，此外，會導致指甲脫水的產品也不要使用。

2-4 皮膚之膚色

世界上有不同膚色人種，其膚色由表皮之麥拉寧色素、真皮之胡蘿蔔素(β-carotene)、核黃素(flavin)和真皮微血管中之血紅素(hemoglobin)所形成，此外，也會受到光線影響。

麥拉寧色素有黑褐色的真黑色素(eumelanin)與含高量胱胺酸(cystein)的黃紅色亞黑色素(phaemelanin)兩種，由酪胺酸(tyrosine)在麥拉寧細胞內的黑色素顆粒體(melanosome)經過氧化、聚合而成，可移動至鄰近角質細胞。不同膚色人種其麥拉寧細胞數量大致相等，膚色的差異主要由麥拉寧細胞形成黑色素顆粒體的能力，與黑色素顆粒體往表皮移動的數目、成熟度及存在形式來決定。有色人種之黑色素顆粒體分布較為零散，導致膚色較深；白種人的黑色素顆粒體較集中，故膚色較淡。

若先天遺傳不能製造麥拉寧色素將導致白化症(albinism)，患有白化症的白子(albino)，其毛髮因缺乏色素而呈現白色，皮膚亦然，但會受到皮下血管而影響膚色。若是部分皮膚喪失麥拉寧細胞，而產生斑塊、白點，稱為白斑(vitiligo)；雀斑(freckles)則是由麥拉寧色素所形成之小斑點，其他的色素沉著症尚有肝斑(liver spots)、老人斑(senile spots)等。

β-胡蘿蔔素(β-carotene)及葉黃素(flavin)都是類胡蘿蔔素(carotinoid)的一種，胡蘿蔔素目前已知有 α、β、γ 三種異構物，攝入人體後大部分在腸黏膜形成維生素A，其他則與 β-脂蛋白結合在血中循環，但易沉澱於角質層。攝取過多易導致胡蘿蔔素血症(carotinemia)，造成手掌、腳掌及膚色變黃，但不侵犯結膜或其他黏膜。

真皮層與皮下血管內的血流量也會影響膚色，此乃因紅血球內的血紅素所造成。氧化型血紅素呈紅色，但氧解離後的還原型亞鐵血紅素為暗紅色，接近體表而有微血管分布的臉部等處，在皮膚血流增加時（如運動或天氣炎熱致使體溫升高），膚色較紅潤，尤其是本來膚色較淡者更明顯。新生兒或某些疾病如肝炎、紅血球溶血，會造成血紅素基質(heme)所轉變的膽紅素(bilirubin)堆積於結膜及全身黏膜，即黃疸(jaundice)。

皮膚可容許部分光線穿透，也反射或吸收不同波長光線，使膚色產生變化；若在陽光下曝曬過久，皮膚可能曬傷發紅，出現類似燒傷的症狀，並增加麥拉寧色素的形成，而使膚色變黑。

知識+ 佳麗寶白斑事件

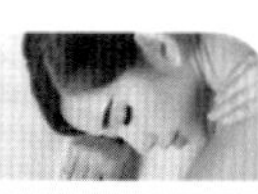

「美白」是永不退燒的熱門話題，相關產品也持續推陳出新，如日本佳麗寶(Kanebo)公司曾研發出可抑制黑色素，以及防止色素斑形成的杜鵑花醇（4-(4-hydoroxyphenyl)-2-butanol, 4-HPB），但研究發現一定濃度以上的杜鵑花醇，會與酪胺酸酶產生作用，使得代謝物質具有毒性，導致黑色素細胞活性受損，甚至死亡，造成使用者產生「白斑」。2013 年 7 月發生此事件後，截至 2015 年 4 月，日本全國確診白斑的人數超過 1 萬 9000 人，所幸大部分可以恢復，而臺灣已於 2013 年宣布禁用此成分。

2-5 皮膚的感覺受器

皮膚廣布許多不同感覺受器，可以傳遞不同感覺至大腦，例如位於深層真皮的巴齊尼氏小體(Pacinian's corpuscle)能夠偵測皮膚表面的壓力；梅斯納氏小體(Meissner's corpuscle)較接近表皮，可以偵測輕微觸覺；克勞賽氏終球(Krause's end bulbs)偵測觸覺與低頻震動，可能也與冷覺有關；游離神經末梢(free nerve endings)則負責痛覺偵測；還有其他受器負責熱覺與觸覺。

參考資料 REFERENCES

李福耀(2004)・*醫學美容解剖學*・知音出版社。

洪偉章、陳榮秀(2003)・*化粧品化學*・高立。

孫少宣、文海泉(2004)・*美容醫學臨床手冊*・合記。

陳翠芳、林靜幸、周碧玲、藍菊梅、徐惠禎、陳瑞娥、謝春滿、李婉萍、吳仙妮、吳書雅、方莉、陳玉雲、孫凡軻、李業英、蔡家梅、曹英、黃惠滿、王采芷(2022)・*身體檢查與評估指引*（第 4 版）・新文京。

馮琮涵、黃雍協、柯翠玲、廖智凱、胡明一、林自勇、鍾敦輝、周綉珠、陳瀅(2021)・*人體解剖學*・新文京。

光井武夫(2004)・*新化粧品學*（陳韋達譯；2 版）・合記。（原著出版於 2000 年）

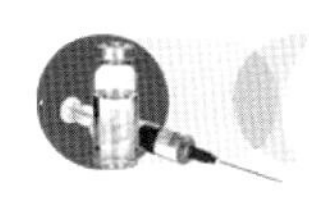

小試身手 REVIEW ACTIVITIES

( ) 1. 當周遭環境過冷時，皮膚如何調節體溫？ (A)增加油脂的數量 (B)增加汗液的數量 (C)血管擴張 (D)血管收縮。

( ) 2. 角質層中的水分含量主要受何種因素影響？ (A)角質素的多寡 (B)細胞核的大小 (C)天然保濕因子的機能 (D)角質層的厚薄。

( ) 3. 可影響膚質的腺體是？ (A)汗腺 (B)皮脂腺 (C)腎上腺 (D)胸腺。

( ) 4. 人體最大的器官是？ (A)肝 (B)腦 (C)肺 (D)皮膚。

( ) 5. 手腳易形成厚繭是因為皮膚的哪一層？ (A)透明層 (B)棘狀層 (C)基底層 (D)真皮層。

( ) 6. 小汗腺最主要的功能是？ (A)排除多餘水分 (B)減少體內鹽分 (C)調節體溫 (D)保持皮膚弱酸性。

( ) 7. 麥拉寧色素的生理功能是？ (A)形成斑點 (B)使膚色變黑 (C)調節生理時鐘 (D)保護皮膚免受紫外線傷害。

( ) 8. 皮膚麥拉寧色素位於？ (A)角質層 (B)顆粒層 (C)棘狀層 (D)基底層。

( ) 9. 表皮具有分裂產生新細胞能力的是？ (A)角質層 (B)顆粒層 (C)棘狀層 (D)基底層。

( ) 10. 表皮中最厚的一層為？ (A)角質層 (B)顆粒層 (C)棘狀層 (D)基底層。

MEMO

CHAPTER

03

楊佳璋・編著

常見皮膚疾病

Aesthetic Medicine

一般常見的皮膚疾病種類繁多，在皮膚疾病的分類上，通常以病因為優先考量，配合病程與疾病發生部位，並將外觀的觀察、病理切片及病灶的觸摸配合在一起才能做出正確診斷。茲將常見皮膚疾病分門別類如下：

1. **濕疹及皮癢症**：濕疹、錢幣狀濕疹（盤狀濕疹）、異位性皮膚炎、接觸性皮膚炎、尿布疹、白色糠疹、汗皰疹、富貴手、結節性癢疹、皮癢症。
2. **口腔、黏膜、色素疾病**：口角炎、口腔潰瘍（火氣大）、龜頭包皮炎、白斑、肝斑（黑斑）、脂漏性角化症（老人斑）。
3. **毛囊、汗腺、指（趾）甲疾病**：潮紅性痤瘡（酒糟）、痤瘡（青春痘）、毛孔角化症、脂漏性皮膚炎及頭皮屑、雄性禿、圓禿、女性掉髮、痱子、臭汗症（狐臭）、多汗症、甲溝炎、甲癬（灰指甲）。
4. **皮膚感染症**：水痘（出水珠）、膿痂疹、蟲咬症、毛蟲皮膚炎、隱翅蟲皮膚炎、蜂窩組織炎及丹毒、疥瘡、股癬、足癬（香港腳）、單純性疱疹、帶狀疱疹（皮蛇）、汗斑（變色糠疹）、念珠菌感染、陰蝨、梅毒、傳染性軟疣、病毒疣。
5. **皮膚腫瘤**：脂肪瘤、汗管瘤（肉芽）、表皮囊腫（粉瘤）、粟粒腫、多發性皮脂腺囊腫、垂疣、蟹足腫、老年性皮脂腺增生、惡性黑色素瘤、蕈狀肉芽腫。
6. **其他皮膚病**：結節性紅斑、敏感性皮膚、尋常性魚鱗癬、蕁麻疹（風疹塊）、藥物過敏（藥物疹）、玫瑰糠疹、曬傷、乾癬、皮膚擴張紋（妊娠紋）、黑棘皮症、雞眼與胼胝、紅斑性狼瘡。

日常生活中較常見的皮膚疾病於下列章節分別介紹。

3-1 色素性疾病

色素性皮膚病是由於皮膚黑色素減少或增多所引起顏色變化之皮膚病。因黑色素增多或黑色素細胞增多引起的，稱為黑色素疾病，如雀斑、肝斑等；而色素減少的疾病，則是因為黑色素缺乏所致，呈現全身或局部皮膚變白，如白斑(vitiligo)。

色素性皮膚病是由於黑色素細胞和黑色素生成異常造成，其原因可能與遺傳、健康狀況或環境因素有關，是皮膚病中的常見疾病。雖然大多數色素性皮膚病對健康不會構成重大危害，但因有礙美容，會對病人造成精神壓力，影響工作、學習及社交生活等。

黑 斑

黑斑(dark spots)為皮膚黑色素（麥拉寧色素）異常沉著，且分布不均勻所致；人體皮膚的黑色素細胞位於表皮層中的基底層，主要功能是當紫外線照射皮膚時，黑色素細胞會被刺激而製造並釋放出黑色素，以保護皮膚細胞免受紫外線的侵害，是人體抵擋紫外線的一道重要防線。正常情況下，黑色素的分布是很平均的散布在表皮細胞中，但在某些異常情形下，黑色素分布沉積變得不平均，在皮膚上就形成黑色斑塊。

常在皮膚上出現的黑斑有兩類：

1. **表皮性黑斑**：此類黑斑可能是黑色素過量產生且不平均的堆積在表皮層細胞中所致，常見的有雀斑、曬斑、老人斑、咖啡牛奶斑等。
2. **真皮性黑斑**：黑色素異常堆積在真皮層中所致，如顴骨斑、太田母斑、刺青（人工色料注入真皮層中）等。

雀 斑

雀斑(freckles)（圖 3-1）的主要原因是遺傳因素，病灶為粟粒至米粒大(1~2 mm)的淡褐色色素斑，於白色人種上最易發現，而最易產生的位置為臉部與手部、背部等易被陽光照射的部位；最易在青春期或少年期發生，並且會因陽光照射而顏色加深，因此冬天時顏色較淡，夏天顏色較深。

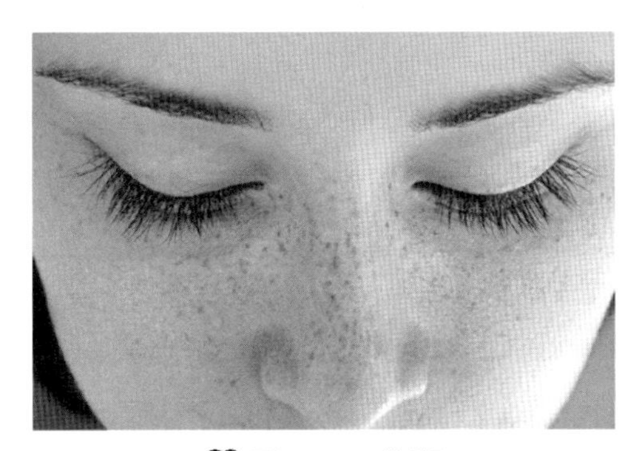

圖 3-1 雀斑

⊙ 治 療

雀斑屬於表皮性黑色素增加，因此是治療效果最好的一種黑斑。治療方法如冷凍療法、藥物去斑（包括各種腐蝕、漂白藥物）、化學剝離劑及雷射治療，其中以雷射治療的效果最好，但須配合防曬才能降低復發機會。

曬斑

曬斑(solar lentigines)（圖 3-2）是由於皮膚長期經日光照射，因而引起黑色素細胞產生大量黑色素所致，一般在 40 歲以後出現，屬於表皮下層的斑塊。

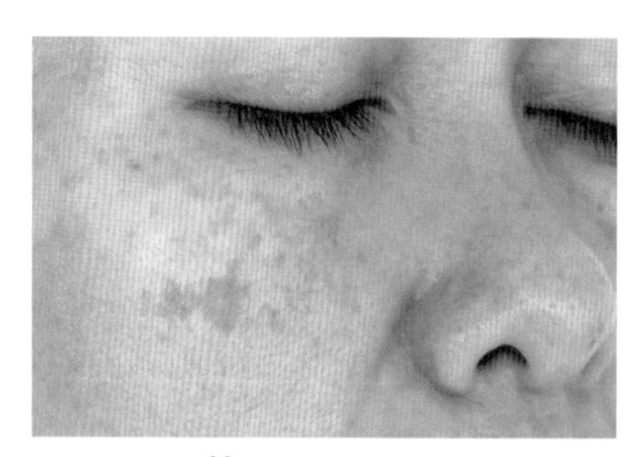

圖 3-2　曬斑

⊙ 治療

以雷射治療最為有效，也可使用冷凍、電燒等方法。治療後最需注意的是要加強防曬，防止紫外線的再度傷害。

脂漏性角化症

脂漏性角化症(seborrheic keratosis)俗稱「老人斑」，又稱為「壽斑」。主因乃是因為年紀增加，皮膚機能老化，再加上日光長期照射所引起，皮膚角質增厚形成黑色突起斑塊，呈圓點狀，時間越久則顏色越深，且越大越突出，一般於臉、手及軀幹上皆有。

⊙ 治療

嚴格來說脂漏性角化症在醫學上沒有處理的必要，如因為美觀上的需求，可分為抑制性及破壞性兩種做法。抑制性的方法為使用藥物或美白成分來抑制黑色素形成，但效果不彰，除了塗抹 A 酸外很少單獨使用；破壞性作法為手術切除、冷凍、化學換膚等。目前主要方法為使用除斑雷射或是換膚雷射最為有效，但是不管使用何種方法，最重要的是要做好防曬工作。

肝 斑

肝斑(melasma)是一種深棕色的色素斑，好發於中年婦女，多對稱性地出現在顴骨及兩頰，邊緣不規則；依色素存在深度可分為表皮性、真皮性或混合型三種。懷孕女性常出現此斑，因此又被稱為「孕斑」，有時生產完後會慢慢褪去。

肝斑的出現與肝臟的功能毫無關係，主要的形成原因有體質因素、日曬、懷孕時荷爾蒙變化、口服避孕藥、使用品質不良的化妝品、卵巢瘤病人、甲狀腺的自體免疫疾病等。

⊙ 治 療

任何治療肝斑的方式都必須要有良好的防曬措施，常見的治療方式如下：

1. 外用淡斑藥物如對苯二酚(hydroquinone)（須注意色素反彈的後遺症）、杜鵑花酸(azelaic acid, AA)、熊果素等。
2. 果酸換膚。
3. 雷射除斑。
4. 脈衝光。

顴骨斑

顴骨斑(nevus zygomatics)是東方人特有的，好發於女性，大多於青春期後才產生，生長在顴骨部位，外觀呈灰藍色，大小直徑約 0.2~0.5 公分，是屬於在真皮層的斑塊。目前認為顴骨斑可能是一種晚發性的母斑胎記，出生時在顴骨部位皮膚的真皮層中，就已存在不正常的黑色素母斑細胞，青春期以後這些母斑細胞才開始製造黑色素，在皮膚上表現出來，進而發現。

⊙ 治 療

顴骨斑是屬於真皮層的色素，因此單純使用一般外用退斑藥膏效果不佳，雷射治療是目前最好的選擇（Q-開關紅寶石雷射效果較佳，請參閱第 8 章），但在治療初期會有 1~2 個月的色素沉澱期，反而會比治療前更黑，必須耐心等待色素消褪。

太田母斑

太田母斑(Ota's nevus)是一種先天性母斑，一般在孩童時期或青春期才慢慢出現於臉部，絕大部分在臉部單側，病理切片可見色素細胞出現在真皮層上層。

⊙ 治 療

治療方法主要包括雷射治療（使用 Q-開關紅寶石雷射治療相當有效）、冷凍治療、外科手術及遮斑膏。

白 斑

白斑(vitiligo)俗稱「白癜風」，是一種黑色素細胞不明原因死亡的疾病，使得皮膚出現不規則白色斑塊，因為病灶內黑色素完全消失，故與周圍正常皮膚對比明顯。雖然白斑對健康並無影響，但對外觀影響甚巨，病人多要求積極治療。白斑的分布型態有神經節分布型（2~3 年內病灶就穩定不再擴展）及廣泛性白斑（病灶可能持續進展 10 年以上）。

關於病因，目前有幾種說法：

1. 自體免疫性疾病：此理論認為身體產生黑色素細胞的抗體，抗體會攻擊破壞色素細胞。
2. 神經末梢化學導體論：認為某些狀況下，神經末梢分泌的神經化學物質會對黑色素細胞產生破壞，臨床上可見到有些病人白斑分布情形與神經節走向一致。
3. 色素細胞自我毀滅論：此理論認為色素細胞在製造黑色素過程中，因未知原因產生自我毒害的物質而死亡。

⊙ 治 療

1. 光化學療法(PUVA)：患處塗抹甲氧基補骨脂素(psoralen)後，再以長波紫外線(UVA)照射。
2. 類固醇治療：範圍較小時用藥膏外敷，範圍大時則用口服方式。
3. 外科治療：當前述治療都沒有效果時，可使用外科手術將有問題的皮膚移除（如雷射、磨皮、冷凍及水泡吸著等），再移植自體其他部位的正常皮膚。
4. 治療期間或治療無效者，可使用蓋斑膏來掩蓋。

知識+ 膚色變黃之臨床意義

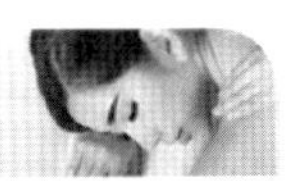

黃疸(jaundice)是由於肝臟疾病或溶血性疾病，導致血清膽紅素(bilirubin)增高，使得皮膚、鞏膜或舌下黏膜等處發黃；但食用太多富含胡蘿蔔素的蔬果（如胡蘿蔔），也可能造成手掌、腳掌和面部變黃，此與黃疸不同，稱胡蘿蔔素血症(carotenemia)，對健康無礙。

3-2 皮膚炎及濕疹

皮膚病的命名有時候不統一會引起病人困惑，濕疹(eczema)就是一個例子。一般而言，濕疹等於皮膚炎(dermatitis)；皮膚炎指的是一群起小水泡、紅斑、脫屑的皮膚病，可分為內因性（體質性）及外因性，內因性皮膚炎有異位性皮膚炎、脂漏性皮膚炎、錢幣性濕疹等，而外因性皮膚炎有接觸性皮膚炎、日光性皮膚炎等。

類固醇是治療皮膚炎最主要的藥物，而外因性皮膚炎通常在找到病因後，予以避免即可根治。

異位性皮膚炎

異位性皮膚炎(atopic dermatitis)是指一種遺傳性的皮膚及黏膜（眼睛、鼻子、呼吸道）對周圍環境物質敏感的現象，病人會有反覆性皮膚濕疹（以四肢彎曲處為好發部位）、氣喘、過敏性鼻炎等現象。

⊙ 治 療

最重要的是要避開會引起發病的物質，如減少接觸毛料衣服、避免接觸塵蟎、對豆類及奶製品過敏者要避免食用等。

治療異位性皮膚炎最主要的藥物是類固醇，但須遵守醫師指示用藥，注意使用濃度不可過高，且應避免長期使用。

接觸性皮膚炎

接觸性皮膚炎(contact dermatitis)是皮膚接觸到外來物質後，產生發炎現象，如紅腫、水泡、癢感，時間拖久則會出現皮膚乾燥、脫屑、皮膚增厚等慢性症狀。

可分為刺激性接觸性皮膚炎及過敏性接觸性皮膚炎，兩者差異如表 3-1。

表 3-1 刺激性接觸性皮膚炎及過敏性接觸性皮膚炎的比較

項目	刺激性接觸性皮膚炎	過敏性接觸性皮膚炎
發生率	常見	少見
同一成分之前曾經接觸過	不需要，初次接觸即可發生	需要重複接觸
發生部位	僅限於接觸部位	接觸部位或擴散至其他部位
接觸後發生機率	只要接觸時間夠久、濃度夠高，任何人都會發生	少數人
接觸後發作時間	4~12 小時後	接觸後 24 小時以上

過敏性接觸性皮膚炎的發病機制，是過敏原與皮膚細胞結合後，被蘭格罕氏細胞(Langerhan's cell)捕獲，處理後將訊息傳給淋巴細胞，同時，相關的細胞產生 IL-1 等因子，這些路徑共同刺激了特異性 T 淋巴球的活化，這些活化的特異性 T 淋巴球散布到全身，包含皮膚，當再度遇到過敏原時，特異性 T 淋巴球產生多種物質，造成皮膚炎現象。

皮膚科醫師遇到過敏性接觸性皮膚炎的病人，必須如偵探般抽絲剝繭，將病人周遭可疑的過敏原找出來，再使用「貼膚測試(patch test)」來一個一個篩選出真正的過敏原，之後盡量避免接觸這些過敏原。常見的過敏原有化妝品、香水、藥物、某些植物（如常春藤）、食物等；而在化妝品成分中，香料、防腐劑中的甲醛、染髮劑中的對苯二胺、乳化劑中的羊毛脂及衍生物、防曬劑等，亦常是引起過敏性接觸性皮膚炎的元凶。

刺激性接觸性皮膚炎的起因往往是使用過當，如過度清潔或保養、藥膏或面膜使用頻率過高；因職業上的需要而引起的也不在少數，如美髮師經常碰水及清潔劑而引起的手部濕疹，又如水泥工的水泥刺激、醫護人員的橡膠手套等。

⊙ 治 療

找出病因加以避免是治療接觸性皮膚炎的最佳方法，只要不再接觸刺激物或過敏原，就能夠避免症狀發生，如症狀已經產生，則應避免再刺激患部（如用熱水清洗、抓癢等），並盡速治療。

富貴手

因長期接觸肥皂、清潔劑等所造成的手部皮膚濕疹，一般稱為「富貴手」(keratodermia tylodes palmaris progressiva)，是一種慢性刺激性皮膚炎。症狀為手掌有皮膚乾硬、龜裂的現象，可能會發紅、發癢。

⊙ 治 療

治療首先要做的就是不要接觸刺激物；其次是隔離刺激物質的進入，如戴手套，最後可塗抹凡士林、綿羊油，或是含有尿素、乳酸成分的藥膏。

知識⁺ **貼膚測試(Patch test)**

貼膚測試可以幫助醫師找出引起過敏反應的物質，檢查前須停用口服抗組織胺一週或停用類固醇藥膏 3 天（避免偽陰性）。操作方法是將潛在過敏原測試劑放進貼布，然後貼在皮膚上（通常是背部或上臂外側），檢查部位不可碰水，等待皮膚反應，於第 48 小時和第 96 小時進行判讀，或是第 72 小時一次性判讀。

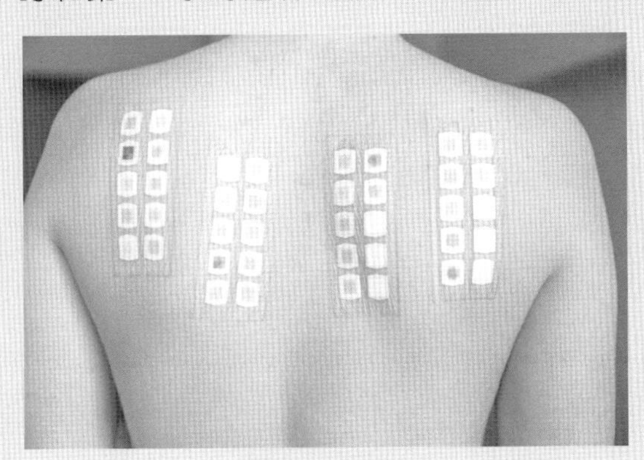

貼膚測試

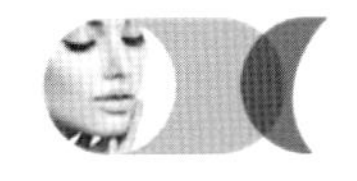

3-3 毛囊、汗腺及指甲疾病

青春痘

青春痘(acne)的學名為尋常性痤瘡，從小孩到老人都有可能發生，但青春期時皮脂腺分泌旺盛，因此出現的比例較高。關於青春痘的詳細介紹請參考第 4 章。

脂漏性皮膚炎

脂漏性皮膚炎(seborrheic dermatitis)是在皮脂腺特別豐富的部位，如頭皮、眉毛、耳、鼻翼兩側及前胸等，所產生的皮膚炎，症狀有發紅及脫皮，有時可見發黃油膩的皮屑產生。若發生在頭皮部位，即是所謂的頭皮屑。

關於成因，體質和整體的健康是重要的致病因素，通常有此體質的人在忙碌、熬夜及壓力大時特別容易發生；但是皮屑芽孢菌又是另一個要素，患有脂漏性皮膚炎的病人會有較多的皮屑芽孢菌。

⊙ 治療

使用抗黴菌藥物可以達到最佳效果。

甲溝炎

甲溝炎(paronychia)分為急性與慢性兩種，成因和治療皆不同，茲介紹如下：

1. 急性甲溝炎：當手指或腳趾出現小傷口（如修剪過短、撕手皮、咬指甲或吸手指），或是接觸到刺激性物質後，其會破壞甲摺的屏障保護功能，造成皮膚上或口腔裡原本就存在的致病菌進入周邊軟組織，導致感染、發炎。此外，行化學或標靶治療時，某些藥物會使得神經末端的物質 P (substance-P)增加，抑制皮膚代謝，進而出現甲溝炎。
2. 慢性甲溝炎：其主要原因是重複接觸刺激性物質（如化學藥劑等）或過敏原所導致的慢性發炎；常見於農夫、醫護人員等職業，此外，在罹患發炎性皮膚疾病（如異位性皮膚炎、汗皰疹、濕疹等）的人身上也很常見，亦可能續發黴菌或細菌感染。症狀剛開始時可見到甲摺發紅、腫脹，甲床表皮萎縮消失，持續發炎則會讓指甲基質受損，指甲變形。

⊙ 治療

1. 急性甲溝炎：無膿皰者可使用外用抗生素藥膏或藥劑泡浴，嚴重者可能需要口服抗生素治療；有膿皰者須由醫師行切開引流，以控制感染。
2. 慢性甲溝炎：避免接觸發炎因子，並使用類固醇軟膏控制發炎。

嵌甲(Ingrown toenails)

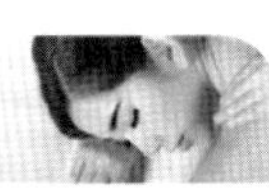

俗稱凍甲（台語）；起因是甲床過寬，指甲過小，多由過度修剪或穿著不合腳的鞋子引起，造成指甲生長時倒插進肉裡，但也有的病人是天生如此，最常見於大腳趾。長期刺激周邊軟組織可能罹患急性甲溝炎，預防方法為正確修剪指甲，應水平直剪，並留下至少 1 mm 的指甲，且避免向兩側做修剪，剪完應呈四角形；治療方法須依據嚴重程度，如溫水按摩、使用矯正器、切除指甲等。

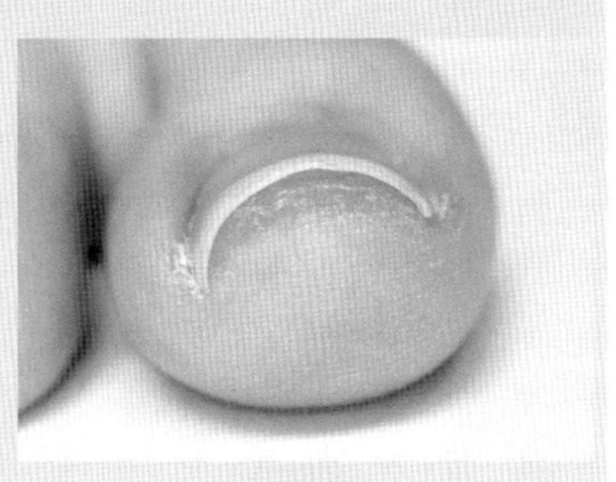

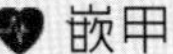
嵌甲

3-4 感染性皮膚病

癬

癬(tinea)在身體任何部位都可能發生，在頭部發生的白癬稱為「頭部白癬」、在腹股溝發生的稱為「股癬」、手腳部位則俗稱「香港腳」，發生在耳後至頸部、有圓圈、紅色邊緣的是「臉癬」。癬的症狀是由一類稱為「皮癬菌」的黴菌感染所引起，特點是「邊緣突起的圓形紅斑」，且邊界鮮明，邊緣是黴菌活性最高的地方，亦是皮膚最癢的部位。

⊙ 治療

治療方式為使用抗黴菌藥膏（imidazole 類藥膏或 UU 藥膏類）。癢得厲害時，可同時使用類固醇藥膏 3 天，但只能短期使用，切不可長期使用，否則將使患部擴大，終至不可收拾。癬的早期治療容易，卻極易復發，要注意患部須保持通風環境、保持乾燥，避免濕熱、避免與他人共用衣物或貼身用品等。

乾癬

乾癬(psoriasis vulgaris)的症狀為皮膚表面有鮮紅斑塊，其上有數層雲母片角質，呈銀白色，故又稱「銀屑病」，且斑塊甚厚又稱「牛皮癬」(圖 3-3)。其最明顯的特點是皮膚的角質化週期過快，產生大量銀白色皮屑，嚴重時會導致全身脫皮，產生膿疱。

這是一種尚不知確切病因的皮膚病，但基因可能是重要關鍵，在內在因素（如荷爾蒙、情緒）或外在因素（如藥物、受傷）的刺激下會誘發此種體質表現。目前無法治癒，一旦得此症，可能伴隨終生，嚴重者還會發生關節炎及關節變形。

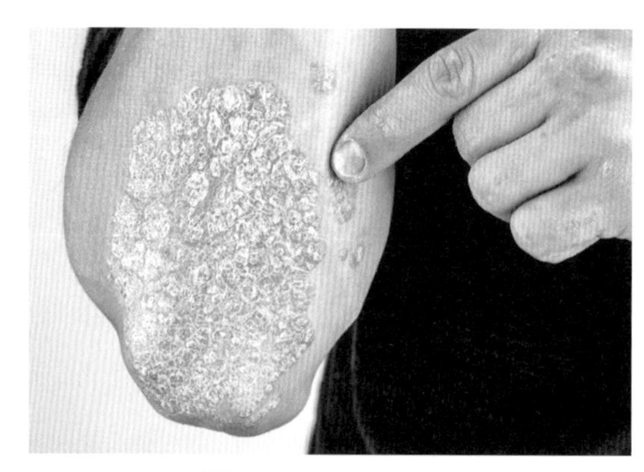

圖 3-3　牛皮癬

⊙ 治　療

治療方法可以分為下列三種方式，但都必須長期治療，且均有副作用，需與醫師密切配合，才能確保安全。

1. 外用藥物：主要為類固醇及維生素 D，也可使用維生素 A 酸或焦油。
2. 照光治療：利用特定波長的紫外光照射患處。
3. 口服藥物：免疫抑制劑－環孢素 A、維生素 A 酸、抗癌藥 Methotrexate。

膿痂疹

膿痂疹(impetigo)分為兩種，水泡型膿痂疹及結痂型膿痂皮。好發部位為頭皮、臉部或包覆尿布處，症狀為表淺皮膚潰瘍，上面會覆蓋金黃色或棕色痂皮，大部分由金黃色葡萄球菌、鏈球菌感染所致。

⊙ 治　療

若範圍小，可使用外用抗生素軟膏；範圍大則須併用口服抗生素。

單純疱疹

單純疱疹(simplex labialis)俗稱「蜘蛛撒尿」，為一種濾過性病毒（單純疱疹病毒）感染，常發生於抵抗力低、壓力大、情緒緊張或女性生理期間。症狀為群聚性小水泡（3~10 個像火柴頭大小的水泡）集中於一小片紅斑之上，偶爾會有刺痛感，反覆發作；其主要表現有「唇疱疹」（即因火氣大而在嘴角或嘴唇冒出小水泡）及「生殖器疱疹」。

⊙ 治 療

發作 3 天內，外用並口服抗病毒藥物 Acyclovir，可加速癒合及減輕嚴重度。

帶狀疱疹

帶狀疱疹(herpes zoster)俗稱「皮蛇」，為水痘濾過性病毒感染，若兒童時期即感染水痘，病毒會潛伏於神經節內，當免疫力下降、勞累、疾病或年老等因素發生時，病毒便伺機而出。初期以神經痛表現，3~5 天後於皮膚上出現群集成一帶狀的水泡，以皮膚神經節分布呈帶狀擴散，故稱帶狀疱疹（圖 3-4）。最常出現的部位為胸部，其次為頭、臉部。

⊙ 治 療

帶狀疱疹多數為自癒性，如無皮膚潰爛，2~3 週內病灶即會消退。如在感染之初即服用抗病毒藥物（如 Acyclovir 等），可有效縮短病程以及改善發疹的數目。若已感染一週後再服用，則已失去效用。症狀中以神經痛最難以忍受，此時可適時服用止痛藥物，以舒緩疼痛。

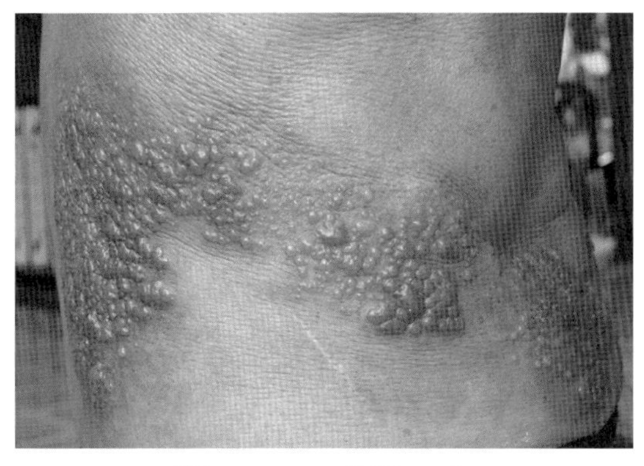

圖 3-4 帶狀疱疹

汗斑

汗斑(tinea versicolor)又稱「變色糠疹」，患部呈現褐色或白色的不同色澤，也可能微紅。初期出現於腋下、前胸最多，之後逐漸融合成大斑塊，遮蓋原來膚色。

汗斑是由一種酵母菌，「皮屑芽孢菌 (*Pityrosporum orbiculare* or *Malassezia ovale*)」所造成，同類的酵母菌也會引起頭皮屑、脂漏性皮膚炎、毛囊炎等疾病。皮屑芽孢菌在濕熱多汗的夏天非常容易孳生，於皮膚上會分解皮脂，形成游離脂肪酸及其衍生物，進而使得皮膚發炎及色素變化。

⊙ 治療

口服 3~5 天的 Ketoconazole 最有效，或塗抹外用 Azole 類抗黴菌藥或是 Selsun。

3-5 皮膚癌

皮膚癌是皮膚內的細胞不正常及不受控制地生長，並且會「轉移」或擴散至其他器官。常見的皮膚癌可分為三類：

1. 基底細胞癌(basal cell carcinoma)：是一種生長得非常緩慢的癌症，最常見於皮膚白皙的人。最普遍的成因是由於過度曝曬所致，所以基底細胞癌多生於臉及耳。基底細胞癌會令皮膚凸起腫脹，但生長速度緩慢，腫脹處中央部分會稍微凹陷或出現潰瘍。基底細胞癌會破壞四周皮膚，甚至軟骨及骨質，卻甚少擴散到身體其他部分。
2. 鱗狀細胞癌(squamous cell carcinoma)：又稱為上皮癌；較基底細胞癌少見。如同基底細胞癌，鱗狀細胞癌亦多由過度曝曬所致。這種癌症通常生於慢性潰瘍及結痂的組織上，初期為細小結實無痛的腫塊，最常出現於臉、耳及手背位置，生長得頗快，常出現潰瘍。
3. 惡性黑色素瘤(malignant melanoma)：是最嚴重的一種皮膚癌，由黑色素細胞突變形成的惡性腫瘤，有色人種較少見；如不加以治療，癌細胞會由原生長部位擴散至身體其他部分。

皮膚癌最主要的成因是過度日光曝曬，但還有其他風險因素：

1. X 光。
2. 長期患皮膚病，例如慢性潰瘍。
3. 某些化學物品，例如礦物油內的成分。
4. 罕有的基因狀況。
5. 皮膚上的舊傷口（痂）。

⊙ 治 療

基底細胞癌及鱗狀細胞癌均能以手術切除（需接受局部麻醉）。另外，以小量放射治療直接處理癌細胞生長處也是常見的治療方式，是手術以外一種既無痛又有效的選擇。

惡性黑色素瘤多以手術方式切除，而黑色素瘤四周的皮膚都可能會一同除去，以確保癌細胞生長的部分全部切除，但放射治療對於黑色素瘤的效用不大。如能早期察覺罹患皮膚癌，並完全切除癌細胞，則預後良好，尤其是基底細胞癌（此種皮膚癌甚少引致生命危險）及鱗狀細胞癌。至於惡性黑色素瘤，如果是處於癌症初期，癌細胞只長於皮膚表面，將其完全切除則預後良好，若是癌細胞已深入皮膚，並擴散至其他組織，則預後都不太理想，死亡率極高。

惡性腫瘤雖然可怕，但是如能早期發現、早期治療，可有極高的治癒率。因此，可依據下列「ABCD」原則（表 3-2）定期檢視皮膚，如此才能早期發現惡性腫瘤。

表 3-2 ABCD 原則

原則項目	說 明
A：不對稱(asymmetry)	從痣的中央線將其分成左右兩半，左右兩半形狀不一樣
B：邊緣(border)	痣的邊緣不圓滑呈鋸齒狀
C：顏色(color)	痣的顏色起變化或顏色不一致
D：直徑大小(diameter)	痣突然快速長大或直徑大於 0.6 公分

3-6 其他皮膚疾病

敏感性皮膚

所謂的敏感性皮膚(sensitive skin)指的是在使用化妝品後或是季節變換時，臉上出現的不適症狀，如刺痛、發紅、灼熱、緊繃、脫皮、小紅點或發癢。敏感性皮膚的成因主要是皮膚受損所致，而皮膚受損的原因可能是先天性皮膚抵抗力弱、後天性日曬或藥物傷害，因此，對於外來的刺激物質便缺少阻擋的能力，因而引起皮膚種種不舒服的症狀。

敏感皮膚的種類可概分為先天型及後天型，前者主要受基因影響，造成先天的遺傳性敏感膚質，亦即皮層變薄，使得真皮乳突層的血管明顯易見，而常常出現臉部潮紅，是微血管網擴張的緣故；後者則是受環境因素、生活和飲食習慣、保養不當、氣候、空氣品質等所造成，而這些外在因素分析如下：

1. **環境因素**：如化學物中，酸會造成腐蝕作用，鹼會造成燃燒作用；又如一些含鉛、汞之藥品所造成的藥物性影響。
2. **生活習慣**：睡眠、壓力（影響內分泌）、緊張。
3. **飲食**：刺激性，如菸、酒。
4. **保養品**：鹼性物質或是有機溶劑（含碳物質、丙酮、酒精）的直接侵害，或是過度摩擦，如過度的去角質、按摩。
5. **氣候**：季節轉換、陽光、風雪等，或是空氣中濕度與溫度的改變，如春夏溫度較高、秋冬較低。
6. **空氣品質**：酸性汙染。
7. **熱源**：高熱環境等。熱是使微血管擴張最快的來源。

紅斑性狼瘡

紅斑性狼瘡(systemic lupus erythematosus, SLE)是一種自體免疫性皮膚病，乃是因為自體免疫系統失調，造成抗體攻擊皮膚甚至全身各處（血液、關節、肝臟、腎臟、大腦），導致各種輕重不一的症狀，約 5~10%的病人為皮膚的紅斑狼瘡症狀，並不會侵犯到內臟器官。有的病人初期表現是光敏感、隱約的蝴蝶斑或圓盤性紅斑，因為只有皮膚問題，而沒有全身症狀，常被誤認為「過敏」。此病以東方人（尤其中國人）罹患比例特別高，九成是女性。

紅斑性狼瘡的皮膚症狀可分為急性、亞急性和慢性（又稱為盤狀）。

1. 急性：是全身性紅斑性狼瘡的典型表現，在兩頰及鼻樑出現暗紅色的對稱性紅斑，即所謂的「蝴蝶斑」。

2. 亞急性：外觀上像是較薄的乾癬樣脫屑發紅斑塊，有時一圈一圈像癬一般，轉變成全身性紅斑性狼瘡的比例超過 50%。

3. 慢性：紅斑性狼瘡一般只見於臉、脖子等外露處，常見圓盤狀紅斑，容易引起皮膚萎縮及疤痕。

紅斑性狼瘡的死因主要是轉成全身性紅斑性狼瘡，影響到腎臟、中樞神經或發生感染所致，此外，藥物副作用也是死亡原因之一。

⊙ 治 療

紅斑性狼瘡若只有發生皮膚症狀時，可使用奎寧劑(plaquenil)或「沙利竇邁」(thalidomide)來治療，但須注意對胎兒有致畸可能性（海豹肢），故孕婦禁用；有時也會搭配外用強效類固醇。此外，防曬劑的使用也是相當重要，因為紫外線也是引起紅斑性狼瘡皮膚症狀的原因之一。

較嚴重的全身性紅斑性狼瘡，則需要口服類固醇再加上免疫抑制劑 Imuran 等的使用。因為醫學的進步，目前即使是全身性紅斑性狼瘡，其十年的平均存活率也超過 90%。

皮膚擴張紋

皮膚擴張紋(striae distensa)是因為身體體積在短時間內變化太大，皮膚無法隨之擴張因而被撐開，當撐到一定程度時，真皮層內的膠原纖維長度撐到極限後斷裂，在皮膚表面就顯現出紋路來。依據不同的成因，皮膚擴張紋包含妊娠紋(striae graridanum)、肥胖紋（體重迅速增加）、生長紋（快速長高）及萎縮紋（如口服或塗抹類固醇）。妊娠紋是在懷孕中形成的紋路，大多出現在腹部、臀部或大腿，剛開始時呈現紅色紋路，經過一段時間後會轉變成銀白色，有些會呈突起狀，有些則會凹陷。

⊙ 治療及預防

在擴張紋的處理上是預防勝於治療，如懷孕時以按摩油作皮膚按摩，似乎有預防作用，若已形成紋路則較無效果，可以雷射或磨皮方式加以處理。

知識+ 瘢瘤(Keloid)

俗稱蟹足腫；是由於皮膚受傷後，在修復過程中出現纖維母細胞增加，產生過多的膠原蛋白，使得外觀呈現過度的疤痕組織增生，可能有紅腫、疼痛情形，亞洲人和有色人種發生機率較高，詳細機轉尚且不明，也許與基因相關。

瘢瘤的預防重點在於減少疤痕生成，透過濕潤的敷料和繃帶等物，保持傷口濕潤及避免過度牽扯傷口，皆有很好的效果；若已增生，可按摩病灶以軟化疤痕，減少疤痕體積。治療方式則包含病灶注射類固醇、冷凍治療、放射療法及手術切除等，但各有優缺，須和醫師溝通討論。

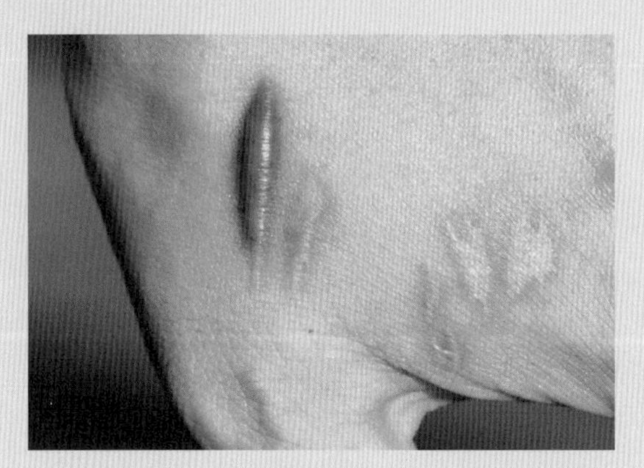

瘢瘤

參考資料 REFERENCES

呂耀卿(1996)．*皮膚科學手冊*．合記。

洪昺峰(2001)．*肌膚密碼*．晨星。

蔡呈芳(2002)．*從生活中照顧皮膚*．台視文化。

小試身手 REVIEW ACTIVITIES

( ) 1. 臉上有黑斑、雀斑，以下處理方式，何者錯誤？ (A)避免陽光直接照射 (B)平時保養可塗抹高濃度熊果素的化粧品 (C)外出時塗抹防曬化妝品 (D)多吃含維生素 C 之食物。

( ) 2. 下列何者屬於真皮性黑斑？ (A)雀斑 (B)太田母斑 (C)曬斑 (D)老人斑。

( ) 3. 治療效果最好的一種黑斑為？ (A)雀斑 (B)太田母斑 (C)曬斑 (D)老人斑。

( ) 4. 肝斑的出現與下列何種因素無關？ (A)日曬 (B)懷孕時體內荷爾蒙的變化 (C)使用品質不良的化妝品 (D)肝臟功能不好。

( ) 5. 使用下列何種藥物時要特別注意色素反彈的問題？ (A)對苯二酚 (B)杜鵑花酸 (C)熊果素 (D)維生素 C。

( ) 6. 下列關於刺激性接觸性皮膚炎的敘述何者錯誤？ (A)需要重複接觸才會發病 (B)接觸刺激物 4~12 小時後發生 (C)僅限於與刺激物接觸部位會發生 (D)接觸時間夠久或濃度夠高，就會發生。

( ) 7. 下列哪一種是屬於自體免疫性皮膚病？ (A)基底細胞癌 (B)帶狀疱疹 (C)乾癬 (D)接觸時間夠久或濃度夠高，就會發生。

( ) 8. 敏感型皮膚通常會因為下列哪一種因素而惡化？ (A)生活習慣 (B)飲食 (C)保養品 (D)以上皆是。

( ) 9. 下列哪一種皮膚癌是最為嚴重的一種？ (A)基底細胞癌 (B)鱗狀細胞癌 (C)惡性黑色素瘤 (D)上皮癌。

( ) 10. 下列哪一種微生物是形成汗斑的成因？ (A)痤瘡桿菌 (B)皮屑芽孢菌 (C)皮癬菌 (D)金黃色葡萄球菌。

( ) 11. 敏感皮膚最不適宜的護膚措施是？ (A)防曬 (B)去角質 (C)滋潤 (D)敷面。

MEMO

CHAPTER

04

蔡新茂．編著

青春痘、狐臭與多汗症

Aesthetic Medicine

前言

本章介紹 3 種皮膚常見疾病：青春痘、狐臭與多汗症，上述疾病雖不會對健康造成嚴重影響，卻會令人十分懊惱與尷尬，尤其是常發生在最注重外表與異性的青春期，使得社交行為與自信心備受影響，甚至是工作上的表現。故本章就其成因、治療方式與預防來探討。

4-1 青春痘

青春痘亦稱粉刺(acne)、面皰(comedo)或暗瘡，正式學名為「尋常性痤瘡」(acne vulgaris)，為皮膚病的一種，約 70~80%的病人集中於 11~25 歲，故俗稱青春痘，但其他年齡層仍有可能發生。粉刺產生的原因隨人各異，但多與皮脂腺分泌的脂質有關。

皮脂腺

全身皮膚除了足底與手掌以外，幾乎都有皮脂腺分布，而皮脂腺的大小、型態與分布密度在各個部位都有所差異。皮脂腺較多的部位在頭皮、臉部、前胸、後背、腋窩、腹股溝、陰部等，四肢則較少；頭皮與臉部除了皮脂腺較多以外，其腺體也較大，故皮脂分泌量也較多。

皮脂腺細胞由基底細胞演化而來，因此具備分裂能力可不斷增生，且特化出合成脂質的功能。這些脂質儲存於細胞內，必須等到細胞死亡才得以釋放，當皮脂腺成形後，被釋出的皮脂便經由皮脂腺導管和毛漏斗部排出體外，並與體表脂質混雜，能防止水分蒸發，保持皮膚濕度與柔軟性，並避免細菌入侵。

以性別差異而言，女性皮脂腺較男性大且分泌量多，直到停經後，分泌反比男性低；以年齡差異來說，新生兒的皮脂腺受到母體性激素影響而較旺盛，但在兒童期後，皮脂腺逐漸縮小，功能低下；到青春期，皮脂腺受性激素刺激而再度分泌旺盛，老年後衰退。

粉刺的形成

⊙ 粉刺成因

粉刺好發於皮脂腺稠密處，如臉部、肩、前胸、上背部，致病原因如下：

1. **皮脂分泌過盛**：青春期時皮脂腺受到睪固酮的刺激而發育變大，分泌也較旺盛，若脂質排除過慢，易滯留於毛囊內，導致粉刺發生。

2. **毛囊皮脂腺管閉塞**：毛漏斗若有角質化亢進，其肥厚的角質層會脫落入毛囊內而產生栓塞，皮脂排除因而受到阻礙，導致粉刺形成。細菌代謝物、物理性刺激和紫外線都能促進角質層之角質化現象，使粉刺更嚴重。

3. **毛囊皮脂腺管內細菌的作用**：毛囊既有開口與外界相通，便有細菌生存在其中，常見有痤瘡桿菌(*Propionibacterium acnes*)與葡萄球菌等。若毛囊及皮脂腺管阻塞會使皮脂滯留而導致細菌增殖，這些細菌能將皮脂中的三酸甘油酯分解成游離脂肪酸，游離脂肪酸能刺激毛囊上皮產生分解酵素，破壞毛囊壁，並引起毛囊周圍組織發炎，造成紅色丘疹、膿皰等發炎反應。

知識⁺ 蠕形蟎蟲

蠕形蟎蟲(*Demodex mites*)為生長在哺乳動物毛囊皮脂腺的節肢動物，有兩種寄生於人體，分別為生長在毛囊的「毛囊蠕形蟎(*Demodex folliculorum*)」與生長在皮脂腺的「皮脂蠕形蟎(*Demodex brevis*)」，主要分布在臉部；正常情況下不會致病，但在蟲體大量繁殖下可造成皮膚病，稱「蠕形蟎蟲病(demodicidosis)」。常見表現為毛囊開口有白點，面部可能發紅或毛孔粗大，亦可能出現丘疹、膿皰、結節或是囊腫。治療方法以外用藥膏為主。

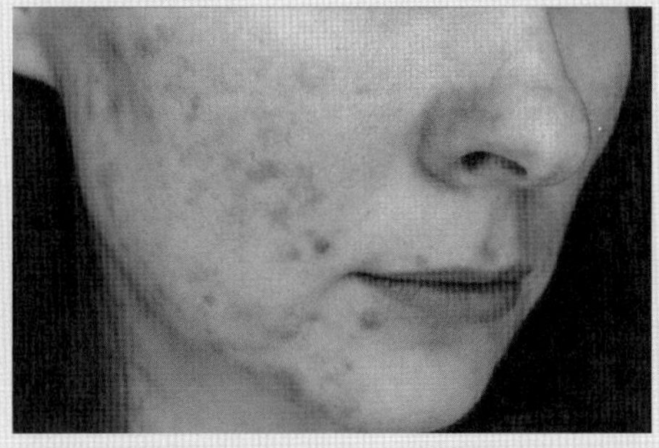

感染後發炎的病灶

⊙ 粉刺形成過程（圖 4-1）

粉刺發生過程包括非炎症之粉刺形成與炎症性損害。由於皮脂腺分泌旺盛與角質化亢進的共同作用，使毛囊孔窄縮，脫落的角質細胞、脂質及毛等在毛囊口形成栓塞，稱為**粉刺**(acne)或**面皰**(comedo)。若毛囊孔被肥厚的角質完全封閉，使皮脂尖端未被氧化，稱為白頭(whitehead)或閉鎖型粉刺，不挑破的話不能擠出皮脂栓(sebum plug)；若皮脂與角質的混合粉刺尖端突出於毛囊孔，接觸外界空氣，會導致尖端氧化變黑，稱為黑頭(blackhead)或開放型粉刺，可擠出皮脂栓。

粉刺或面皰形成後，受到毛囊內細菌的作用，導致毛囊壁及周圍組織被破壞，產生炎症性損害，稱為**丘疹**(papule)。其後皮脂與角質混合物向周圍真皮組織逸出，更引起白血球聚集，其殘骸與組織液形成含膿的**膿皰**(pustule)，觸摸起來略硬，稱為**結節**(nodule)；若膿皰或結節內蓄積的膿越多，造成皮表較明顯腫塊，稱為**膿腫**(abscess)，有觸痛感。若未妥善處理患部，雖通常仍會痊癒，但往往會形成**肉芽腫**(granuloma)或凹陷性**疤痕**(scar)及黑褐色色素沉著。

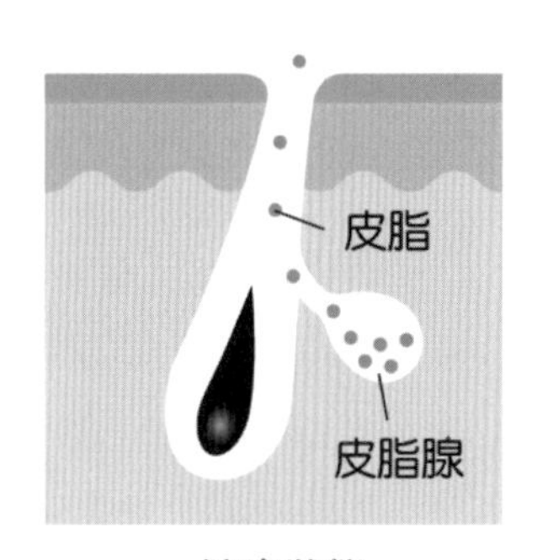

健康狀態

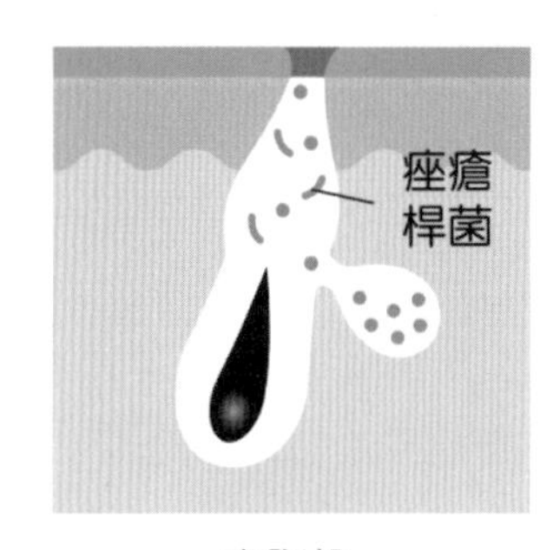

皮脂栓

白頭粉刺

黑頭粉刺

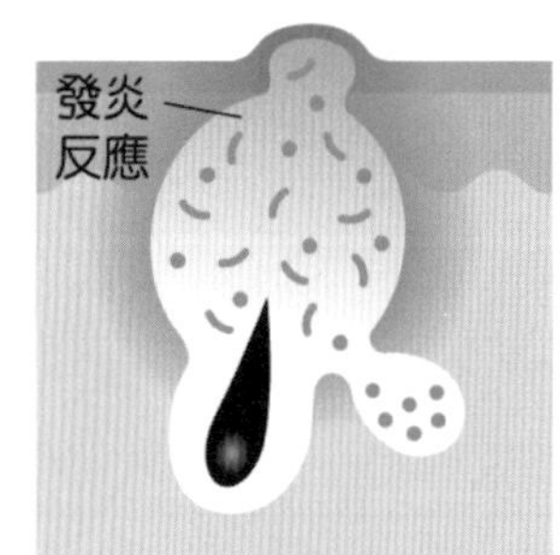

丘疹

膿皰

圖 4-1　粉刺形成過程

⊙ 粉刺刺激因素

許多因素皆能刺激粉刺產生，如下：

1. 內分泌激素：青春期性腺激素分泌增加，刺激個體生長與性徵發育，皮脂腺亦變得較大且功能亢進，尤其是雄性素（睪固酮）對皮脂腺的刺激更明顯。
2. 細菌感染：細菌的存在造成皮脂分解、毛囊破壞及發炎症狀的產生。
3. 化妝品：塗抹於皮膚的油性化妝品可能導致毛囊口阻塞而形成粉刺。
4. 月經週期：月經週期有雌性素(estrogen)等性激素的週期變化，在分泌較多時亦可能使粉刺更易發作。
5. 壓力因素：壓力過大、過勞與睡眠不足皆會刺激粉刺出現。
6. 飲食因素：澱粉類、甜食，如巧克力；高油脂飲食如肉類、堅果或咖啡、可可亞等刺激性食物攝取過多，易導致粉刺。
7. 其他：如氣候、藥物、遺傳等也都有影響。

粉刺的治療

⊙ 一般處理

1. 避免刺激：避免用手擠捏，可能導致細菌感染而惡化。
2. 臉部清潔：以溫水及中性或微鹼性肥皂洗臉，以去除油脂，但次數不宜過多。
3. 避免不當飲食：盡量不飲酒和食用刺激性食物；脂肪含量較高的肉類、堅果、巧克力、咖啡與可可亞等勿過量攝食。
4. 注意氣候與環境：過熱或潮濕都會加重症狀。
5. 避免壓力：保持心情愉快、避免過勞、睡眠充足、適度運動可改善症狀。
6. 化妝品使用得當：油基質、細粉類和使皮膚濕潤的化妝品會誘發或加重症狀，應減少使用量與時間。
7. 改變髮型、減少飾物遮蓋顏面。

⊙ 藥物治療

藥物可抑制皮脂分泌、減少角質化、抗菌、抗發炎等，分內服與外敷藥物。

1. 內服藥物
   (1) 抗生素：四環素、紅黴素等。
   (2) A 酸：抑制皮脂分泌、毛囊角化過度、抑制炎症。
   (3) 激素類：雌性素（女性）、腎上腺皮質素。
   (4) 中醫藥類：龍膽洩肝湯、五味消毒飲、枇杷清肺散等。
2. 外敷藥物
   (1) 抗生素。
   (2) 過氧化苯甲酸：具抗菌、抑制皮脂產生及角質溶解作用。
   (3) A 酸：具角質剝脫作用，塗抹後暫不宜接觸陽光、紫外線，建議夜間使用。

⊙ 外科療法

1. 粉刺壓出：尚未發炎的粉刺若能及早清除，可避免膿皰產生及減少癒後疤痕。但手部與器械需清潔消毒，避免感染，且不宜過度擠壓，以免造成刺激。
2. 切開引流：含膿的膿皰以消毒針刺或刀切，將膿引流乾淨，並對傷口作消毒，可加速痊癒，減少疤痕。
3. 皮膚磨削術：適合表淺性痤瘡後疤痕。

⊙ 光動力療法

光動力療法(photodynamic therapy, PDT)為光照治療的一種（圖 4-2），機轉是利用無毒性的光敏感物質，將其暴露於特定波長下，使該物質對特定細胞或病灶產生具有細胞毒性的單氧自由基；用於粉刺的治療上，可直接殺滅痤瘡桿菌並破壞皮脂腺，達到消炎、促進膠原合成和控油的治療目的。副作用為照射後可能出現紅腫，需稍加注意。

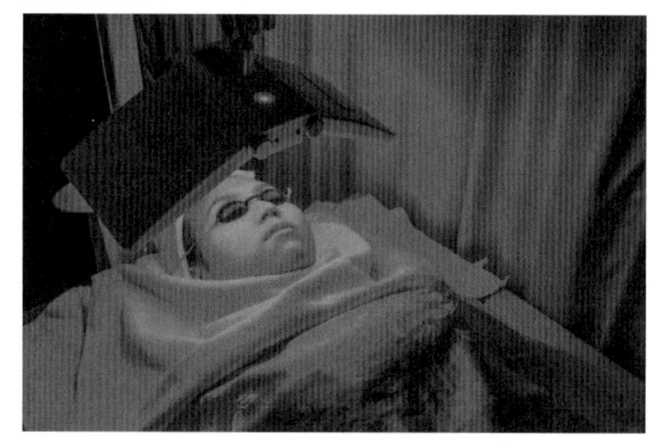

圖 4-2　光動力療法

4-2 狐臭

許多動物身上的體味具有演化上的意義，但人類的體味其實已無多大用處，甚至被稱為「狐臭(bromhidrosis)」，造成心理與人際關係的障礙。歷史上有狐臭的名人，如乾隆最喜愛的妃子－香妃，其體味可能為狐臭；法蘭西帝國皇帝拿破崙的妻子約瑟芬，也因其體味而受到拿破崙的喜愛。但現代人注重衛生，並不喜歡這類體味所帶來的困擾。

狐臭成因

狐臭是如何產生的？人體有一種特殊的汗腺，稱「頂漿腺(apocrine sweat gland)」，又名「大汗腺」，位於皮膚真皮層的基部。頂漿腺分泌的汗液進入毛囊中，與皮脂腺分泌物混合，含有醣類、蛋白質、脂質、鐵質、丙酮酸及阿摩尼亞等，易被細菌分解形成難聞的臭味。頂漿腺主要分布於腋窩、會陰、眼皮及外耳道等處，其中以腋窩最多，這便是狐臭的由來（圖 4-3）。

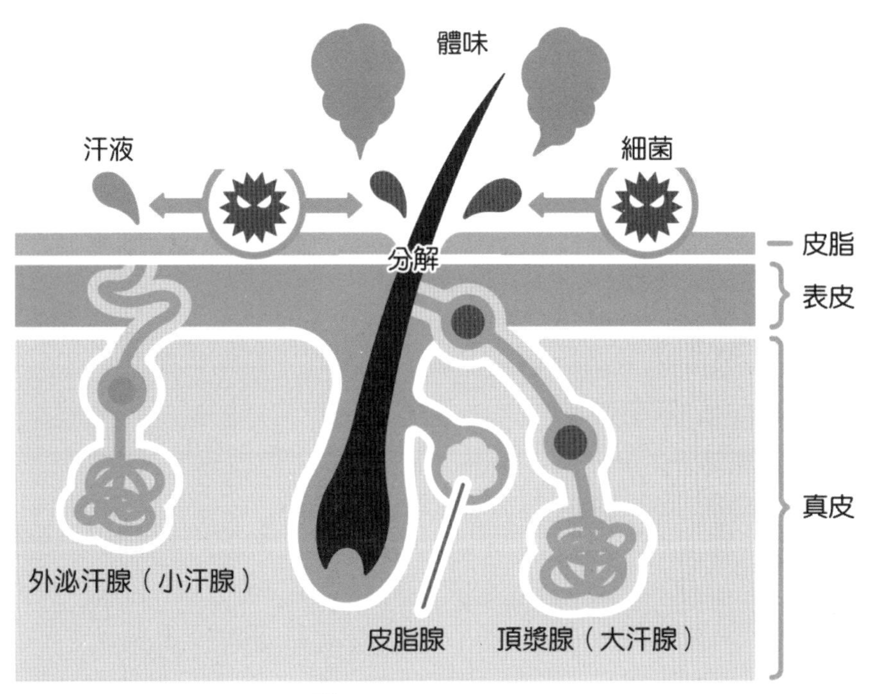

圖 4-3 狐臭成因

青春期由於受到性激素的影響，皮脂腺分泌較旺盛，狐臭會較嚴重，而女性分泌比男性活躍，且隨著經期有週期性變化，在月經前分泌最多，月經期間最低，停經後頂漿腺停止分泌，就不再有狐臭了。狐臭病人有時會合併腋下多汗症，在環境溫度較高（夏季）或緊張時，腋下就會過度出汗，發出異味。流汗過多和狐臭會染黃衣服，留下味道，造成清潔上的困擾。

耳垢較濕的人易成狐臭的潛在族群，這是因為耳道裡有少許頂漿腺分布，通常在青春期後因荷爾蒙的刺激會更加明顯。狐臭亦有遺傳傾向，根據流行病學調查發現，若父母親都罹患狐臭，其子女有狐臭的機會高達 60~80%；若僅一方有狐臭，則其子女有狐臭的機會亦達一半左右。

如何才能減輕狐臭？

1. **保持衛生**：輕微狐臭只需要保持腋下清潔、乾爽、通風，穿著寬鬆涼爽的衣服、避免大量的出汗等。每天洗澡，可用菲蘇德美、沙威隆、依必朗等清潔皮膚，以避免細菌感染，內衣也要特別清洗乾淨。可噴香水、擦痱子粉，但不要以濃烈的香水強壓味道，也不要層層鋪上痱子粉，最好是保持乾爽，以減少頂漿腺的活動。
2. **剃剪腋毛**：腋毛過多、過長容易造成細菌繁殖，在夏天可以剃掉腋毛或剪短至 1 公分。
3. **止汗劑／體香劑**：可抑制發汗或減少細菌繁殖。止汗劑有噴霧、滾筒和膏狀等多種類型，噴霧型適合腋毛已剃除的人，有腋毛者適合滾筒或膏狀止汗劑；體香劑通常只有除臭效果。止汗劑含鋁鹽及鋯，會阻塞和破壞汗孔，抑制汗腺分泌，故比體香劑更能有效減輕狐臭，最佳塗抹時間是睡前，因為睡前腋下水分較少，且平躺易於止汗劑吸收，但實際效果有限，須持續使用。
4. **微波熱能止汗**：透過加熱破壞汗腺以減少汗量，以改善汗臭的方式去除狐臭。

外科手術治療方式

1. **電燒療法**：此法須採局部麻醉，再以極細的電燒針插入毛囊及附近的頂漿腺，通以高週波電流，產生熱凝固來破壞毛囊及頂漿腺，可減少氣味，也可脫毛，幾無傷口，不需休息。但因毛囊方向及頂漿腺位置不易掌握，效果並不確定，復發機率也大。

2. **腋窩皮下抽吸術(subdermal axillary liposuction)**：利用抽脂的原理，在皮膚開約半公分長的刀口，再用抽脂吸管將皮下的頂漿腺抽出，約可去除 50~60%的頂漿腺。優點為傷口小、照顧容易，3 天後即可碰水及正常活動；缺點則是不能完全根治狐臭，較嚴重的病人並不適用。
3. **手術切除**：早期是將腋窩皮膚及毛髮整片切除，再移植其他部位的皮膚至此，傷口大且疤痕明顯，已不再採用，現今做法是在局部麻醉下，沿著皮膚紋路將腋下皮膚作 1~2 道平行切口，翻開皮膚切除頂漿腺後再縫合，約 7~10 天後拆線。此法必須避開真皮層豐富的血管叢，雖不易完全將頂漿腺去除，但效果可高達 9 成以上，且毛囊也隨之被切除，具有除毛效果。由於傷口較長（4~6 公分），術後須換藥，1~2 週後才能碰水，兩週內手臂不可舉高到肩膀以上。術後會留下疤痕，幸好在腋下且與皮膚紋路吻合，而不易察覺。
4. **內視鏡式微創腋下汗腺刮除術**：手術於局部或全身麻醉下進行，先在腋下皮膚皺摺前緣開 1 公分的小切口，藉內視鏡將皮下組織與筋膜分離後，置入電動旋轉刮刀，把皮下的頂漿腺刮除。無須住院，但術後腋下必須包裹紗布，約 3~5 天可將紗布拆除，換上較輕薄的紗布，約 10 天～2 週拆線。優點為傷口小、復原快、手術時間短（約 40 分鐘），效果極佳（可去除 95%以上的頂漿腺），亦可順便除毛，但目前健保並不給付手術費用。
5. **胸腔鏡交感神經切除術(the endoscope thoracic sympathectomy)**：在全身麻醉下，以內視鏡經由胸腔，導引電燒或雷射，將控制出汗的交感神經節燒掉。副作用是常造成下半身代償性的出汗，且對狐臭效果有限。

4-3 多汗症

流汗是為了調節體溫的正常現象，在運動及熱環境中更明顯。汗腺大約有 3 百萬～5 百萬，除了黏膜外，全身皮膚都有汗腺。汗腺由交感神經控制，感應體熱與環境溫度的變化而適當排汗。每個人排汗量差異甚大，若因交感神經過度亢進，使身體的排汗量明顯超過調節體溫需求，此種情形稱為「多汗症(hyperhidrosis)」。

多汗症最困擾的部位包括臉部、腋下、手掌及腳掌，且大部分為家族遺傳性，在小學時期就可能發生，到了青春期更加明顯，因為青少年情緒較易緊張、不安等，使交感神經促進汗腺排汗更多。此外，高溫和肥胖症也會增加汗液分泌；缺乏鋅亦會使人出汗過多並伴有異味，因為缺鋅會影響腎臟，導致皮膚分泌過多尿素，在適量補充鋅之後，異味會自然消除。瘦肉、堅果和貝類都是鋅的主要來源。

多汗症亦常伴隨某些相關症狀，包括脈搏加快、體重減輕、煩躁易怒和食慾大增。依照多汗症的發生原因，可區分為「原發性多汗症」與「續發性多汗症」，原發性多汗症乃因交感神經過度亢進所致，大部分屬於原發性，雖然對健康影響不大，但在生活上仍有許多困擾，目前藉著內視鏡交感神經切除術可以減少出汗。另外，有少數人是因為疾病而增加出汗，此種情況稱為續發性多汗症，例如甲狀腺功能亢進、內分泌疾病、精神疾病及更年期的內分泌失衡，此類因疾病造成的多汗並不適合接受交感神經手術，必須針對疾病本身尋求治療。

手汗症與臉汗症

手汗症(palmar hyperhidrosis)大都是原發性多汗症，並不影響健康，常因緊張、興奮、壓力或高溫，使得胸交感神經節機能亢進造成手掌排汗異常增加，常合併手及腳出汗的現象，通常無異味，情況有異於狐臭病人。由於臉部汗腺也是經由胸交感神經節控制，若藉內視鏡交感神經切除術治療手汗症，也會改善臉汗(facial hyperhidrosis)的症狀，然而，若要將臉汗完全去除，則可能發生代償性或轉移性出汗的困擾，除非有必要理由，否則並不建議手術。

腳掌多汗

手汗症病人常伴有腳掌多汗(plantar hyperhidrosis)的問題，造成腳臭及香港腳等困擾。由於控制腳掌汗腺的是腰交感神經節，其同時也影響生殖泌尿器官，若遭破壞，將影響其他正常功能，故國內外都不特別為治療腳汗而破壞腰交感神經節。若以胸腔內視鏡手術治療手汗症，約有 2/3 的病人腳汗有明顯的改善，2 成多無明顯變化，另有少數病人的代償性出汗會轉移到腳底，使腳汗困擾更加惱人。

腋窩多汗

腋窩多汗(axillary hyperhidrosis)的病人，其大部分的汗由腋窩排出，相對的手掌出汗量就比手汗症病人少。腋汗 75%由第 2 胸交感神經節支配，25%由第 3 胸交感神經節支配，故要有效治療腋汗，必須同時破壞兩側第 2 及 3 胸交感神經節。

治療多汗症

⊙ 局部治療

1. 氯化鋁溶液有抑制出汗的效果，但需每日塗用，對於腋汗效果尚可，但對手汗和腳汗的治療效果較差。
2. 電離子透入療法，效果約可持續 1~2 週，對腳汗的效果較佳。

⊙ 口服藥物治療

阿妥品類(Atropine)藥物僅有部分短暫的效果，卻有全身性的副作用如口乾舌燥等不適，並不建議使用。

⊙ 手術治療

1. 背部開刀的交感神經切除術：在上背部做一約 10 公分的切口，再切斷雙側的一根肋骨，將左右兩側的第二胸交感神經切除。此法傷口及疤痕甚大，且手術時間長，術後恢復時間較久，代償性出汗的問題嚴重，目前大多已不使用。
2. 經皮下交感神經燒灼術：此法利用燒灼針來破壞胸交感神經節，雖然術後無明顯疤痕，但復發率甚高，並不廣被接受，健保也不給付。莊金順醫師研究的「立體定位燒灼法」，在上胸脊突背部放置 10 公分長的細鐵桿，在斜角 20 度下照 X 光，再利用換算表求出交感神經節的正確深度與寬度；採局部麻醉，在前後位 X 光透視和立體定位儀引導下，把粗約 1.6 mm 的燒灼針經皮下插入，抵達第 2 胸交感神經節，以攝氏 85 度熱度，將神經節燒灼 5 分鐘。治療過程約 40 分鐘，99.5%病人手掌或臉部不正常多汗狀況可立即獲得改善，術後不必住院，傷口只有 2 個進針點，約 2 週後消失。
3. 內視鏡交感神經手術：手汗症手術成功率高，腋窩多汗也幾乎可以除去，此方法迅速，可減少併發症發生，是目前最常施行的治療多汗症手術，且有健保給付，但未滿 20 歲者禁止施術。

⊙ 注射肉毒桿菌素治療

肉毒桿菌素的主要作用是阻斷神經傳導物質－乙醯膽鹼(acetylcholine)的分泌，臨床上首先應用於肌肉痙攣及斜視等肌肉僵直引起的疾病治療，1992 年正式運用在面部除皺美容。此外，肉毒桿菌素被發現可以阻斷分布於汗腺的神經傳導物分泌，因此逐漸被應用於治療局部多汗症，且不會產生代償性出汗，但是療效只能維持約半年，需重複施打，每次費用大約 2~3 萬元。須注意孕婦、哺乳中、重度肌無力病人及對肉毒桿菌素過敏的人禁止施打。

⊙ 手術可能的併發症

1. 代償性出汗：截斷第 2 胸交感神經節來治療手汗症，會造成代償性或反射性流汗的問題。若保留第 2 及第 3 胸交感神經節，仍可以根治手汗症，代償性出汗也明顯的減少。
2. 眼瞼下垂。
3. 因胸部出血造成的血胸。
4. 因肺膜破損造成的氣胸。
5. 手術後可能有上背部疼痛，為短暫現象。

多汗症的保健之道

出汗有助於排除體內毒素，不可用止汗劑完全抑制出汗。平時應多喝水補充失去的體液，少吃重口味的食物，保持心情開朗及輕鬆；隨身攜帶毛巾、手帕，以備不時之需。

參考資料 REFERENCES

李福耀(2004)・*醫學美容解剖學*・知音出版社。

孫少宣、文海泉(2004)・*美容醫學臨床手冊*・合記。

許延年、蔡文玲、邱品齊、石博宇、周彥吉、黃宜純(2017)・*美容醫學*（2 版）・華杏。

光井武夫(2004)・*新化粧品學*（陳韋達譯；2 版）・合記。（原著出版於 2000 年）

小試身手 REVIEW ACTIVITIES

( ) 1. 頂漿腺(大汗腺)分泌異常容易產生? (A)狐臭 (B)香港腳 (C)粉刺 (D)濕疹。

( ) 2. 小汗腺分泌過量時容易造成? (A)多汗症 (B)痱子 (C)濕疹 (D)以上皆是。

( ) 3. 狐臭與何者無關? (A)多汗 (B)皮脂分泌亢進 (C)副交感神經 (D)交感神經。

( ) 4. 下列狐臭手術何者易引起代償性出汗現象? (A)放射電燒灼術 (B)汗腺刮除術 (C)腋窩抽脂術 (D)交感神經切除術。

( ) 5. 續發性多汗症成因可能為? (A)交感神經過度亢進 (B)甲狀腺功能亢進 (C)表皮傷口 (D)腎上腺功能低下。

( ) 6. 下列何者較不會產生異味? (A)腋下多汗症 (B)腳汗症 (C)缺乏鋅質所致出汗 (D)手汗症。

( ) 7. 較不適合動手術治療的是? (A)腳汗症 (B)狐臭 (C)手汗症 (D)以上皆是。

( ) 8. 肉毒桿菌素在醫學美容的應用上可改善? (A)局部多汗症 (B)國字臉 (C)臉部除皺 (D)以上皆是。

( ) 9. 有關肉毒桿菌素改善局部多汗症的作用何者為真? (A)刺激神經末梢分泌乙醯膽鹼 (B)療效可以維持數年 (C)孕婦不宜施打 (D)有代償性出汗的副作用。

( ) 10. 壓力容易使何種症狀惡化? (A)臉汗症 (B)手汗症 (C)青春痘 (D)以上皆是。

( ) 11. 哪一種面皰較容易形成嚴重性膿皰? (A)黑頭粉刺 (B)白頭粉刺 (C)丘疹 (D)脂肪球。

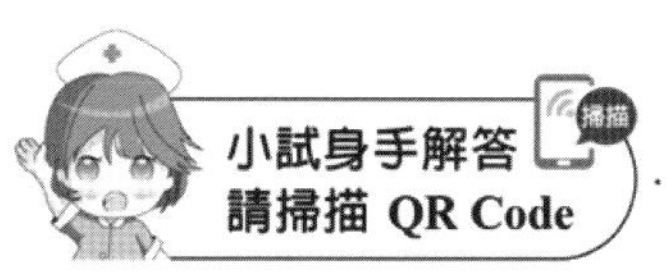

MEMO

CHAPTER

05

蔡新茂·編著

防曬、美白與換膚

Aesthetic Medicine

5-1 紫外線與麥拉寧色素

愛美是女人的天性，尤其是東亞民族認為一白遮三醜，故對白皙皮膚的追求向來不遺餘力。而白皙皮膚的天敵，正是陽光中的紫外線，因為紫外線會刺激皮膚麥拉寧色素（俗稱黑色素）的生成，使膚色變深或形成難看的曬斑，影響觀瞻，甚至造成曬傷。

紫外線

太陽輻射光譜中包含可見光譜與不可見光譜，其中可見光的波長範圍約為 400~700 奈米(nanometer, nm)，鄰近可見光但波長較長的為紅外線(infrared, IR)，而波長較短且介於 290~400 奈米間的為紫外線(ultraviolet, UV)。就波的物理性質來看，其波長越長，能量越弱，但穿透力較佳；波長越短，能量越強，穿透力較差。紫外線因能量較強，過度曝曬會引起皮膚曬斑、病變及老化，故成為防曬化妝品的防禦主因。依波長大小可將紫外線區分為 3 種：

1. UVA：波長 320~400 nm，波長最長，能量雖然較弱，但可深入真皮層。長時間曝曬使皮膚變黑、膠原蛋白和彈力蛋白變性，因而使彈性減弱，導致鬆弛性的皺紋，甚至產生自由基，破壞皮膚細胞，造成皮膚癌。
2. UVB：波長 280~320 nm，波長次之，能量較強，多數為大氣層所隔絕吸收，僅少量到達地表，可作用於皮膚表皮，造成皮膚發紅及麥拉寧色素增加，但麥拉寧色素對 UVB 的吸收量卻不大。
3. UVC：波長 200~280 nm，波長最短，能量最強，臭氧層可完全吸收，使其不能穿透大氣層到達地球表面。

麥拉寧色素

皮膚的基底層或毛囊具有麥拉寧細胞(melanocytes)，內含酪胺酸酶(tyrosinase)，可將酪胺酸(tyrosine)轉成多巴(dihydroxyphenylalanine, DOPA)，再經一系列氧化反應形成麥拉寧色素；麥拉寧色素可抵抗紫外線對皮膚細胞 DNA 的破壞，對於皮膚有保護功能。麥拉寧色素可經過正常的代謝排除掉，但若因老化，使代謝減緩或激素等影響以致無法代謝，會導致膚色不均。

麥拉寧色素在臉上沉澱，依照斑點大小和發生時間點，以及原始斑點的形態，可以分為顴骨斑、肝斑、雀斑、日曬斑、貝克氏母斑、老人斑、蒙古斑、太田母斑（圖 5-1），其中有先天性形成，也有後天受到生理（內分泌）、環境（日光）或藥物（金屬離子，例如銅、鋅離子）影響（請參閱第 3 章）。

除了紫外線，熱、感光食物、激素等也會促使麥拉寧色素釋放，如某些口服避孕藥，或是懷孕期婦女在臉部、胸部或腹部出現孕斑。其他洗臉時過度摩擦、長期的去角質，皆可能使角質層代謝不良，使得麥拉寧色素有沉澱情況發生。

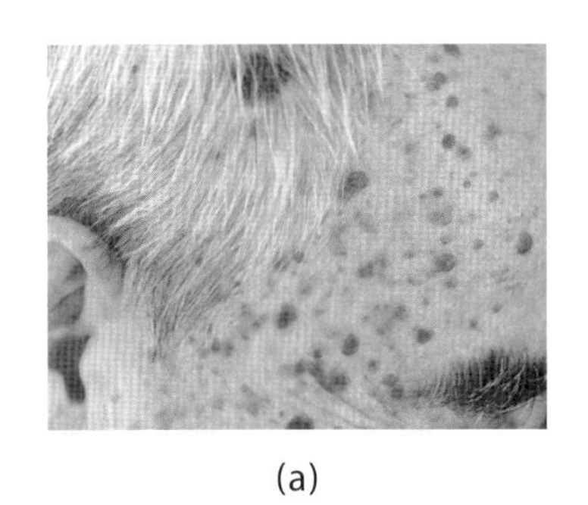
(a)

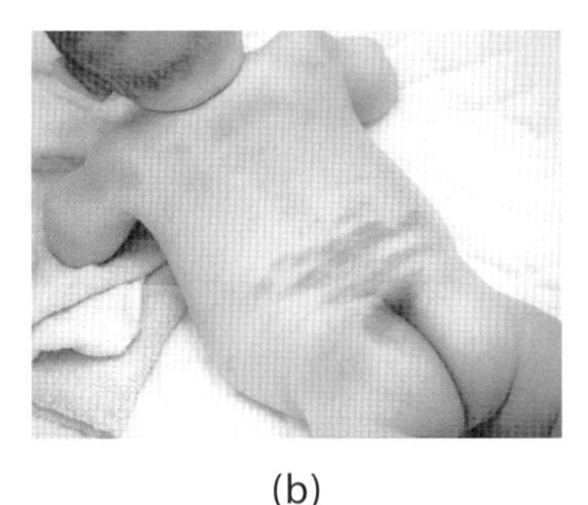
(b)

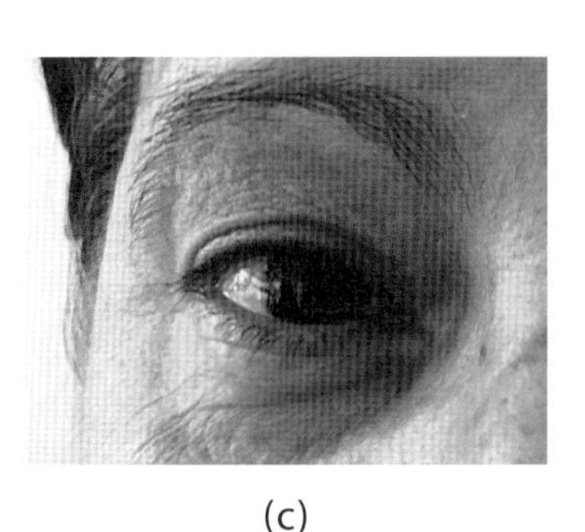
(c)

圖 5-1　(a)老人斑；(b)蒙古斑；(c)太田母斑

5-2 如何使膚色白皙

使膚色白皙的方式如下：

1. 防曬。
2. 遮飾麥拉寧色素。
3. 減少麥拉寧色素。

防曬

最簡單的防曬法為撐傘、著長袖、長褲、戴帽子、躲在室內或陰影處等避免皮膚直接受陽光紫外線照射，減少曝曬時間；積極一點則可以適當塗抹防曬品，以隔離紫外線，避免曬黑或曬傷。

依使用目的，可將防曬品區分為「不曬黑的防曬品」與「可曬黑的防曬品」兩大類，其配方中所用的防曬主劑常用成分，又分為物理性防曬劑、化學性防曬劑與可曬黑防曬劑三類。

1. **物理性防曬劑**：常用的物理性防曬製劑為不溶性的無機化合物，如氧化鋅(zinc oxide, ZnO)、二氧化鈦(titanium dioxide, TiO_2)及 silicate 等粒子，藉其固體顆粒將光線反射與散射，因而阻擋紫外線。優點是溫和不刺激，缺點則是使用後較具油膩感。
2. **化學性防曬劑**：化學性防曬劑吸收紫外線，將之轉換成不傷害皮膚的物質，可再劃分為 UVA 吸收劑與 UVB 吸收劑，UVA 吸收劑如二苯甲酮(benzophenones)；UVB 吸收劑包括 P-amino benzoate（PABA 衍生物）、水楊酸鹽(salicylates)及桂皮酸(cinnamates)等。優點是清爽不油膩，缺點是較具刺激性，甚至可能引起過敏。
3. **可曬黑防曬劑**：此類防曬劑能夠使膚色經日曬後變成褐色，卻不會造成曬傷，如 N-fatty-acyl tyrosine 衍生物、DNA 修復酶(repair enzyme)、1-oleoyl-2-acetyl glycerol、核黃素（riboflavin，即維生素 B_2）、烷基芳基吲哚(alkylaryl indoles)及季銨鹽滷化物(quaternary ammonium halides)、7-去氫膽固醇(7-dehydrocholesterol)。有些成分甚至不必經過日曬即可改變膚色，如二羥丙酮(dihydroxyacetone, DHA)。

目前新的防曬品大都為含有物理性及化學性防曬成分之混合型，適合一般膚質使用，且具有抗 UVA、UVB、IR 等作用，達到減少麥拉寧色素沉澱、延緩皮膚老化及減低皮膚癌發生的機率。

由於日照強度會隨天氣和季節變化，因此防曬效果的鑑定，係利用固定強度的人工紫外線照射進行。從接受紫外線照射到皮膚開始變紅為止，所經過的時間乘以紫外線強度，可計算出紫外線曝露劑量，稱為「最小紅斑量(minimal erythema dose, MED)」。更簡單的，是只要比較防曬化妝品使用前、後造成 MED 所需的照射時間即可。使用前的 MED 為分母，使用後的 MED 當分子，其比值稱為「**防曬係數**(sun protection factor, SPF)」，為防曬功能的指標。

$$\text{SPF} = \frac{\text{使用防曬品後紫外線達到 MED 所需之時間}}{\text{使用防曬品前紫外線達到 MED 所需之時間}}$$

例如某人在太陽下曝曬 10 分鐘，其裸露的皮膚就會開始發紅，但若事先塗上 SPF 15 的防曬品，則可延長 15 倍時間，即皮膚需曬 150 分鐘(15×10)才會發紅。

白天的美白防護，紫外線的隔離是主要關鍵，故在具滋潤效果的日間用乳液之後，可選擇具防曬效果的美白隔離乳，不僅可隔離紫外線，其美白成分尚能淡化麥拉寧色素，當然還要配合正確防曬，才能避免麥拉寧色素形成。日曬後除了平常的基礎美白保養外，夜間亦應使用美白精華液，或是敷美白面膜使皮膚保濕，活化及修護皮膚細胞，加速麥拉寧色素代謝。

炎熱的夏季，許多人會到海邊、室外游泳池及水上遊樂園等處玩水，但是又怕被烈陽紫外線曬黑及曬傷，所以防曬乳液成了必備用品，但防曬品必須考慮耐水性與防水性，以免被水溶解或沖洗掉，失去防曬作用。所謂**耐水性**(water resistant)指的是防曬品經塗抹皮膚再浸水 40 分鐘後，其防曬係數仍有原來的 70%以上；而**防水性**(water proof)為防曬產品經塗抹皮膚再浸水 80 分鐘後，其防曬係數不減。不過要注意的是，越高防曬係數及防水性的防曬品並非最佳選擇，因為其油脂對皮膚的遮蔽性也高，易致毛細孔阻塞，甚至形成痤瘡，故依照曝曬時間長短來選擇最適當的防曬品，才是正確作法。

遮飾麥拉寧色素

此法是使用各類化妝品塗抹在臉上皮膚，由光線與產品色料間的呈色變化作用來修飾膚色，也能遮住痣、色斑、青春痘、疤痕及黑眼圈等，迅速方便，廣為使用，但須記得卸妝，以免阻塞毛孔，讓青春痘更嚴重。

減少麥拉寧色素

減少麥拉寧色素的方式有二種：

1. 阻斷麥拉寧色素的合成
   (1) 阻斷酪胺酸酶合成的藥物：葡萄糖胺(glucosamine)、半乳糖胺(galactosamine)、甘露糖胺(manosamine)、衣黴素(tunicamycin)、薑黃素(curcumin)、甲酪胺酸(α-methyl tyrosine)、羥苯糖苷(hydroxyphenyl glycosides)。
   (2) 使酪胺酸酶失去活性：維生素 C 衍生物、麴酸(kojic acid)、熊果素(arbutin)、麩胱苷肽(glutathione)、維生素 C 磷酸酯鎂(magnesium ascorbyl phosphate)、二羥基萘(dihydroxyl naphthalene)、桑椹(mulberry)及甘草(licorice)萃取液。

A. 美白退斑藥膏：指的是弱效類固醇(steroid)、對苯二酚(hydroguinone)以及外用 A 酸(tretinoin)或其衍生物的混合使用，需醫師處方及後續追蹤。外用 A 酸具有剝離老舊角質、退斑、除皺、抗老化、抗癌、抗濾過性病毒、治療青春痘、治療乾癬及其他角化不正常的皮膚病之療效；對苯二酚使酪胺酸酶失去活性，因而阻斷麥拉寧色素合成，是目前最有效的退斑藥物，但不能添加於化妝品中；弱效的外用類固醇可減低 A 酸及對苯二酚對皮膚的刺激性。此美白藥膏對於老化皮膚及色素斑較有效，特別適合用在非母斑類的色素問題，但對於深層斑必須藉助雷射。退斑膏須持續使用才能維持療效，否則會因停止使用讓黑斑再次產生。有些人可能產生光敏感紅腫的副作用，應避免在白天塗抹，且用量要少而薄；使用後皮膚會較為乾燥，亦需加強防曬與保濕。

B. 維生素 C (vitamin C)：是第一個被發現的維生素（1928 年），又名抗壞血酸（L-(+)-ascorbic acid），其中大寫 L，代表分子結構中最下方不對稱碳的立體結構在左方，可稱為左式，若為大寫 D 則為右式。當光線通過某些分子時，產生偏振光，此現象叫做旋光活性，具有旋光活性的物質稱旋光物質。面對光線射來的方向觀察時，使振動面沿順時針方向旋轉的旋光物質，為右旋(dextrorotatory)旋光物質，以「+」表示，也有以小寫「d」表示，但不可與大寫 D 混為一談；使振動面沿逆時針方向旋轉的，稱為左旋(levorotatory)旋光物質，以「－」或小寫「l」表示。維生素 C 也是旋光物質，經由旋光儀測定的結果，其比旋光值是＋19.2°，故維生素 C 正確的說法應為左式右旋 C，而非左旋 C。

   維生素 C 為水溶性，具有顯著抗氧化效果，可使酪胺酸酶失去活性，淡化表淺色素，達到美白效果，但對於真皮色斑無效，如顴骨斑。外用可清除皮膚中因紫外線輻射產生的自由基，有效防止自由基破壞膠原蛋白，避免老化皺紋、色斑及皮膚癌等，所以可在日間使用，保護皮膚免受紫外線傷害，但仍需防曬。維生素 C 呈酸性，具強還原力，可是不易保存，且刺激性較大，因此部分產品採用其衍生物，如維生素 C 磷酸鎂鹽、維生素 C 磷酸鈉鹽。

   塗抹維生素 C 於臉部皮膚，可迅速抑制黑色素、促進新陳代謝和膠原蛋白增生、抗氧化及一定程度撫平疤痕，在夜間使用有更好的除皺效果。使用時會產生刺激感，若與果酸、A 酸及水楊酸等酸性護膚成分同時使用，易增加皮膚刺激性，故應錯開時段，日間使用維生素 C，夜間使用果酸等保養品。

蔬果中含豐富的維生素 C，但人體只能儲存約 1,200 mg，且只有 7%可以到達皮膚，無法充分供應所需；由於表皮所需要的維生素 C 是真皮的 5 倍，故擦的比吃的更有效，且不會有攝取過量導致腎結石的疑慮。濃度在 20%的吸收率最高，超過反不易吸收；為了增加吸收率，目前醫界採用兩種型式的導入方式，每週 1~2 次，需持續 10 週效果才顯著。

a. 電離子導入：利用電性相斥的原理，以電擊棒按摩表皮，讓維生素 C 被強迫導入真皮。過程約 15 分鐘，有點刺刺的感覺。

b. 超音波導入：利用超音波震盪，將維生素 C 震入真皮。導入過程約 15 分鐘，皮膚會感覺有微細震動現象。

除了經皮膚導入以外，另有注射美白針的方式，內含高單位維生素 C、維生素 B 群、銀杏等萃取物，可促進血液循環，排除體內毒素，迅速且均勻補充維生素 C，阻斷麥拉寧色素形成，達到抗氧化、延緩老化及全身美白之功效。

(3) 阻斷麥拉寧色素合成之中間物：麴酸(kojic acid)。

2. 促使麥拉寧色素由角質層剝落

(1) 物理換膚：又稱為磨皮（詳見 5-3）。

(2) 化學換膚：又稱為果酸換膚（詳見 5-3）。

3. 直接使麥拉寧色素消失

此法是利用雷射或脈衝光，去除局部小範圍的麥拉寧色素痣或斑，無法全面改變膚色。雷射為單一波長、帶有極高能量的光束（請參閱第 8 章），具有筆直前進、不易擴散、穩定而高強度的特性。雷射有不同波長，例如 585~595 nm 染料雷射、694 nm 紅寶石雷射、755 nm 紫翠玉雷射、1,064 nm 釹－雅各雷射等。

脈衝光(intense pulsed light)（請參閱第 8 章）是一種比雷射更溫和的光電，利用一塊 3.4×0.8 cm 的水晶體來發射光束，經濾光鏡片過濾(cut-off)有害光波，留下可被皮膚之麥拉寧色素與含氧血紅素吸收的波長。其波長範圍廣(550~1,200 nm)，幾乎涵蓋了常用的雷射波長。

雷射及脈衝光原理在於皮膚中的不同組織，可吸收不同波長光波，並將之轉為熱能，當達到一定溫度後（約 50~60℃）會產生熱凝結效應，藉此去除麥拉寧色素（雀斑及曬斑）、除毛、血管擴張（靜脈曲張）、刺激膠原蛋白再生、改善細紋和鬆弛現象，但對粉刺的治療效果不佳。

知識+ 傳明酸(Tranexamic acid)

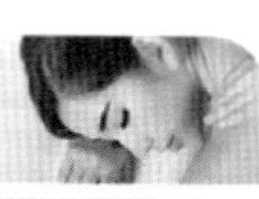

人工合成的胺基酸；本作為凝血劑，抑制纖維蛋白溶解，達到止血作用，因可抑制黑色素細胞活性，防止和改善色素沉積，被廣泛應用於美容醫學上。

5-3 換膚術

物理換膚術

物理換膚術(physical peeling)是利用物理性微磨皮(microdermabrasion)方式去除表皮老廢角質及粉刺，屬於深層去角質，並促進皮膚更新，常見有微晶磨皮與鑽石微雕，施術流程見圖 5-2。

1. 微晶磨皮：含有氧化鋁微晶體，經由管道真空吸引，高速噴射在皮膚表面，過程中易產生晶體粉末，有被吸入呼吸道的疑慮。
2. 鑽石微雕：係利用鑲嵌鑽石的微雕管(diamond tone wand)，配合真空抽吸器去除淺層皮膚。鑽石微雕管有不同粗細大小，從 75~175 微米，決定不同的深度以控制預期效果，為非侵入性治療，不具刺激性，簡單、安全，無副作用。

微磨皮可改善粗糙暗沉、促進皮膚更新，對較淺的痘疤、老人斑及細紋有淡化效果，術後能使皮膚立即呈現細滑觸感；磨皮時產生的衝激力，能刺激皮膚再生與膠原蛋白增生，使真皮層厚度增加，亦可促進血液與淋巴循環。施術後，皮膚對於維生素 C、美白製劑的吸收效果會更好，但也不宜過度換膚。

清潔皮膚；戴上護目鏡

探頭平貼皮膚，避開眼唇周圍，線狀來回移動

清潔殘留於面部的顆粒和皮屑，塗抹保濕乳液

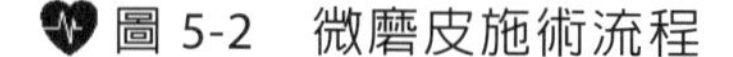

圖 5-2 微磨皮施術流程

化學換膚術

皮膚細胞由基底層分裂後，被逐漸推擠向上變成角質層，最後角化脫落，整個生長週期平均約需 28 天，若以人為方式將皮膚上層的老舊細胞去除，使其生長週期加速，可讓皮膚看起來較年輕，此即化學換膚術(chemical peeling)的理論基礎。

化學換膚的原理是利用各種化學物質傷害皮膚，脫皮後長出新的皮膚，可以有效改善皺紋、斑、疤痕等，對於老化的治療有不錯的效果。全身皮膚皆可使用，而臉部皮膚更新會較其他部位快。

依破壞皮膚的深度，可分為極淺層、淺層、中層及深層換膚。

1. **極淺層換膚**：破壞角質層，使用低濃度的果酸、A 酸、水楊酸、三氯醋酸(trichloroacetic acid, TCA)等，可每週一次。
2. **淺層換膚**：破壞可達表皮基底層，其深度視藥劑濃度而定；一般使用的藥劑有果酸、A 酸、水楊酸、三氯醋酸及傑森氏換膚液（Jessner's solution，為間苯二酚 14 克、水楊酸 14 克和乳酸 14 克溶於 95%的酒精中配成 100 ml 的溶液）。間隔為 2~6 週，視破壞深度而定。間苯二酚(resorcinol)具有抗菌、角質溶解等作用，刺激性強，易產生色素沉澱，不適合深色皮膚者，且長期使用會有過敏性接觸性皮膚炎等副作用。
3. **中層換膚**：破壞達真皮層的乳突層，有時需藉口服或注射止痛劑來對抗燒灼感，常使用的藥劑有三氯醋酸（35%以上），產生的白色屑為變性蛋白質。中層換膚術後皮膚會先變褐色，3~5 天後有發炎紅腫現象，5~7 天開始消腫且結痂的皮膚脫落；紅斑會持續 4~12 週，黃種人易色素沉澱，一旦發生則會持續 3~6 個月才會漸漸消退。
4. **深層換膚**：破壞達真皮層的網狀層。由於換膚深度較深、復原期長、副作用大，且使用的藥劑多為酚(phenol)，容易傷害麥拉寧細胞，使色素消失。中層與深層換膚應間隔 3~6 個月以上。

果酸換膚

果酸是存在於蔬果中的自然有機酸之總稱，其化學名稱為「氫氧基酸」或「羥基酸」(hydroxy acids)，因其作用之故，也被稱為柔膚酸，包括蘋果中的蘋果酸(malic acid)、柑橘中的檸檬酸(citric acid)、葡萄中的葡萄酸、酒石酸(tartaric acid)，以及乳酸(lactic acid)、杏仁酸(mandelic acid)等，可分為三大類：

1. α-氫氧基酸(α-hydroxy acids, AHA)：甘醇酸、乳酸等。
2. β-氫氧基酸(β-hydroxy acids, BHA)：水楊酸；易結晶，皮膚穿透力有限，不需中和。
3. α, β-氫氧基酸：蘋果酸、檸檬酸、乳糖酸(lactobionic acid)；分子量大，皮膚穿透力較差，但保濕性較好。

最常被使用的甘醇酸(glycolic acid)係由甘蔗提煉出來，又稱甘蔗酸、乙二醇酸，是所有果酸中分子量最小的（分子量 76）（圖 5-3），安全無毒，副作用低，能破壞角質細胞間交界面上的離子鍵結，降低角質細胞間的凝結力，去除老化角質及移除麥拉寧色素、縮短表皮細胞生長週期、增加表皮層厚度以及促進真皮層中膠原纖維、彈性纖維和黏多醣增生。

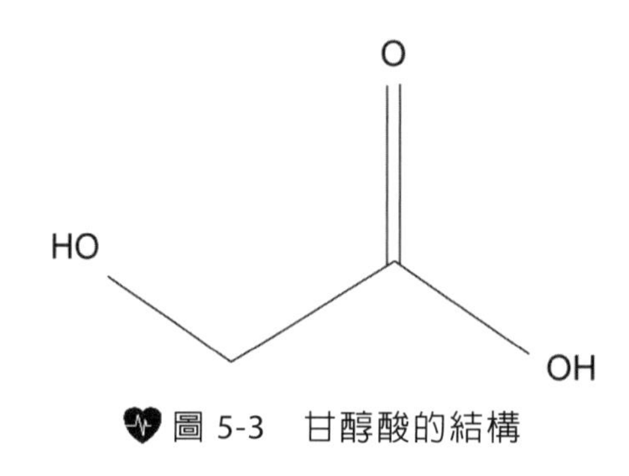

圖 5-3　甘醇酸的結構

果酸換膚屬於化學性淺層換膚，只能解決表皮層的問題，無法改善真皮層的疾患，必須藉助其他方式；果酸換膚係以高濃度的果酸(30~70%)，在醫師的控制下，於一定的時間內作用於皮膚，達到快速改善膚質的目的。果酸濃度 20%以下可由美容師進行極淺層換膚（作用在角質層），若濃度高於 20%為淺層換膚，需由醫師或護理人員在醫師指導下執行，最高不可超過 70%。至於自行使用的果酸保養品，依衛生福利部規定，其濃度必須小於 10%、pH 值在 3.5 以上。因果酸 pH 值越低作用越快，對皮膚也越刺激。

使用果酸前，先以低濃度(1~4%)試塗，若產生刺激性，就必須停止使用。第一次果酸換膚應從低濃度開始，通常使用 20%的甘醇酸，先讓它在臉上停留數分鐘，直到皮膚發紅或變白為止，若果酸停留不足 5 分鐘便發紅或變白，則下次需以相同濃度來進行，直到果酸可停留 5 分鐘以上，便可在下一次提高濃度，但最高濃度不可超過 70%。此外，先以酒精或丙酮擦拭除去表面油脂，可增加換膚深度，但不宜過度；最後以小蘇打水或大量冰水中和皮膚殘存果酸。換膚完成後，應做好防曬，避免色素沉澱；皮膚術後會較為敏感，因此要避免刺激性較強的化妝品或保養品，如 A 酸或高濃度果酸。

果酸換膚術的效果包括改善粗糙膚質、減少細紋、改善青春痘及疤痕，對黑斑、曬斑及色素沉澱的改善有限。一般而言，需施術 4~6 次較能達到效果，每次換膚的間隔時間視膚質及前次換膚使用果酸濃度而定。副作用包括造成皮膚刺激及過敏，產生紅腫、刺痛、灼熱感、脫皮以及發癢等。

水楊酸(salicylic acid)屬 β-氫氧基酸，呈白色結晶粉狀，存在於柳樹皮、白珠樹葉及甜樺樹中；為脂溶性，可去角質，並深入毛孔及皮脂腺中，溶解毛孔內堆積的老化角質，故可改善毛孔堵塞、防止粉刺形成並縮小毛孔。其他作用包括淡化色素斑、改善細紋及老化現象。與甘醇酸相比，30%的水楊酸與 70%果酸有相同換膚效果，一般去角質僅使用 3~6%濃度。水楊酸刺激性較果酸低，作用局限於淺角質層，不像果酸容易滲入角質深層甚至真皮層。高濃度（40%以下）的藥用水楊酸有強烈角質腐蝕特性，要特別小心，常用於治療疣、雞眼等角質變厚的疾病。此外，水楊酸不可以用於孕婦、哺乳中的婦女以及對阿斯匹靈(Aspirin)過敏的人身上。

生長因子換膚

冬天皮膚容易缺水、黯沉，尤其是熟齡肌膚感受特別明顯，這是因為熟齡肌膚的新陳代謝緩慢，導致老化角質堆積的結果，進而使得皮膚失去彈性和光澤，使用含有生長因子的保養品能夠達到改善作用，而同時包含不同種類的生長因子，效果更為明顯。現今生物科技已能夠把大分子的生長因子，經由特殊技術將之變成小分子生長因子，讓皮膚能確實吸收。

參考資料 REFERENCES

李福耀(2004)・*醫學美容解剖學*・知音出版社。

孫少宣、文海泉(2004)・*美容醫學臨床手冊*・合記。

許延年、蔡文玲、邱品齊、石博宇、周彥吉、黃宜純(2017)・*美容醫學*（2 版）・華杏。

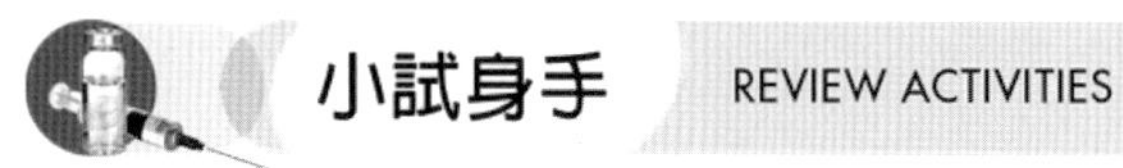

小試身手 REVIEW ACTIVITIES

( ) 1. 下列有關皮膚黑色素的敘述何者錯誤？ (A)黑色素會吸收紫外線，所以對皮膚具保護作用 (B)皮膚的黑色素由表皮基底層的黑色素細胞所產生 (C)黑人黑色素細胞的數量比白人多，所以皮膚較黑 (D)黑色素是酪胺酸經由酪胺酸酵素(tyrosinase)作用而生成。

( ) 2. 下列有關果酸的敘述何者錯誤？ (A)果酸 pH 值越低，表示相對濃度越高 (B)果酸分子越小，越容易滲透皮膚 (C)果酸的 pH 值越高，對角質層的更新作用越好 (D)果酸可促進真皮膠原蛋白與黏多醣體的再生。

( ) 3. 下列有關對面皰性皮膚保養的敘述何者正確？ (A)陽光會加速面皰惡化，應塗抹高 SPF 值的防曬霜 (B)面皰化膿，是因為白血球聚集而形成黃色的膿 (C)面皰肌膚保養時，宜多按摩促進新陳代謝以防止面皰再產生 (D)面皰肌膚嚴重發紅或化膿時，可以濃妝加以掩飾。

( ) 4. 防曬化妝品中常添加二氧化鈦，二氧化鈦屬於？ (A)化學性防曬劑 (B)物理性防曬劑 (C)混合型防曬劑 (D)可曬黑防曬劑。

( ) 5. 維生素 C 的美白作用在於？ (A)使酪胺酸酶失去活性 (B)阻斷酪胺酸酶合成 (C)阻斷麥拉寧色素合成之中間物 (D)使麥拉寧色素氧化。

( ) 6. 下列何種美白成分，不得添加於化妝品中？ (A)麴酸(kojic acid) (B)對苯二酚(hydroquinone) (C)維生素 C 衍生物(ascorbyl glucuronate) (D)熊果素(arbutin)。

( ) 7. 果酸包括蘋果中的蘋果酸及柑橘中的？ (A)乳酸 (B)乙醇酸 (C)酒石酸 (D)檸檬酸。

( ) 8. 下列何者是化學性的 UVA 防曬成分？ (A)氧化鋅 (B)對羥基苯甲酸 (C)膠原蛋白 (D)二苯酮衍生物。

( ) 9. 下列哪一種防曬劑對 UVA 之吸收效果較佳？ (A) para-aminobenzoic acid (PABA) (B) octyl salicylate (C) 4-tert-butyl-4'-methoxyl dibenzoyl methane (D) DEA-methoxycinnamate。

( ) 10. 甘醇酸換膚是屬於？ (A)淺層換膚 (B)中層換膚 (C)深層換膚 (D)以上皆是。

( ) 11. 使用脈衝光後，應建議顧客使用？ (A)含 A 酸之護膚產品 (B) SPF15 或以上之防曬產品 (C)含果酸之護膚產品 (D)以上皆是。

MEMO

CHAPTER

06

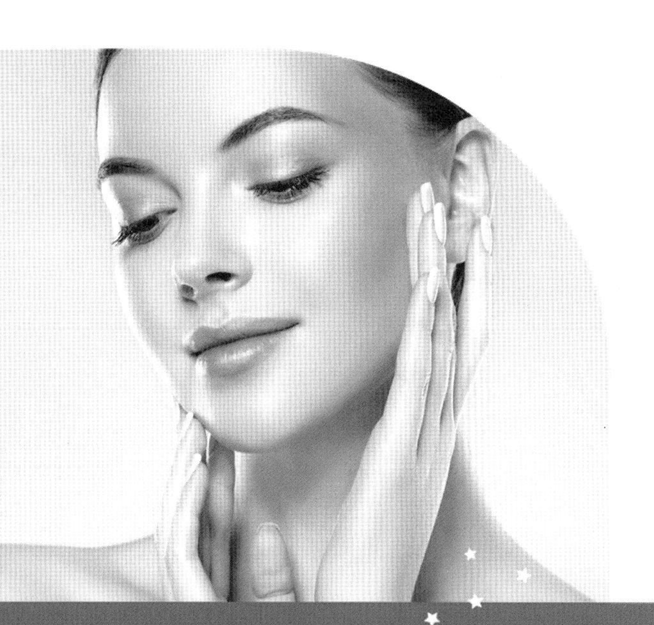

蔡新茂・編著

除皺與拉皮

Aesthetic Medicine

前言

人類從誕生之後，身體構造逐漸發育長大而至成熟，接著便持續著老化的過程，直到死亡。由於對死亡的恐懼，歷代出現許多追求長生不老的人，包括后羿、秦始皇等許多帝王，這種生、老、病、死的自然法則，上至帝王，下至平民，無一能倖免。長生仍然只是夢想，但至少現代醫學已能改善許多皮膚問題，延緩老化。本章將敘述皮膚老化之正常生理現象，以及目前美容醫學常見的改善方式。

6-1 老化的原因

可分為內因性與外因性老化：

1. 內因性老化(intrinsic aging)：為身體遺傳及體質控制的自然老化，以萎縮變化為主。細胞的生命期隨年齡增加而縮短，分裂速度也變慢，因此皮膚變薄、皮下脂肪萎縮，形成了臉頰凹陷、鬆弛現象。皮脂腺與汗腺功能退化，使皮膚較乾燥無光澤，血液循環變慢也使得膚色失去紅潤，顯得蒼白蠟黃。
2. 外因性老化(extrinsic aging)：汙染、有害物質及紫外線等外在環境因素對皮膚的傷害所引起之老化，以肥厚變化為主。紫外線導致的老化稱為光老化(photoaging)，會使表皮出現角化、粗糙、黑斑等現象，也使真皮層膠原蛋白及彈性纖維變性，導致皺紋；微血管周邊的纖維組織支撐減少，容易出現紫斑，甚至引起表皮細胞癌化病變。

如同機器零件，人體隨著使用時間日久會漸趨老舊，並產生問題，隨著老化程度而有越多的身體機能衰退，但較早出現明顯老化的通常是皮膚。老化速度因人而異，但基本老化過程相似，老化的改變包括臉型、眼袋下垂、牙齦萎縮、表皮角質層增厚堆積、天然保濕因子流失、真皮玻尿酸和膠原蛋白減少、彈力纖維變性，導致皮膚鬆垮無彈性、皺紋變多、紊亂且加深（圖 6-1）、皮下脂肪變薄，皮脂腺分泌減少，皮膚保護及保水能力減弱、膚色變黃無光澤、黑斑或白斑增加；頭髮稀疏、頭髮色素減少；指甲粗糙無光澤。

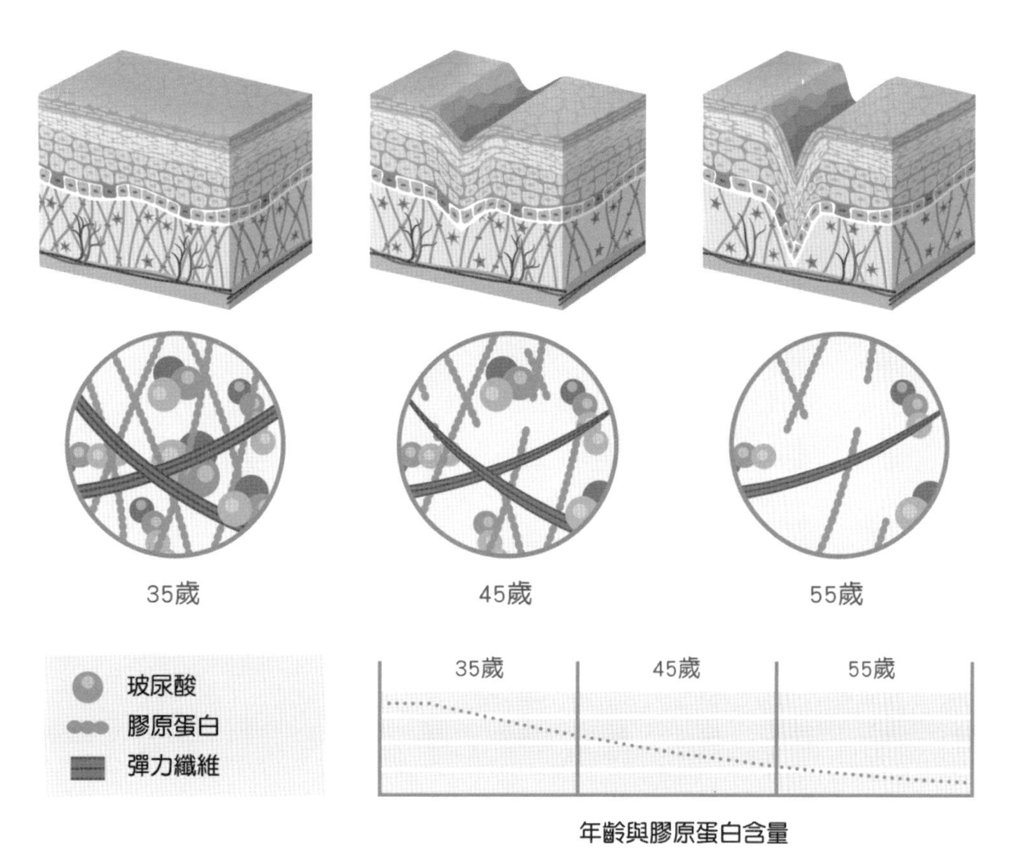

圖 6-1　皮膚老化之變化

6-2 皺紋的種類

皺紋(striae)常出現在面部、腹部與四肢，面部皺紋關乎面子問題，包含抬頭紋、皺眉紋、魚尾紋、法令紋等，故最受個人注意。依出現方式可分三種：

1. **靜態皺紋**：面部肌肉完全放鬆時所出現者。
2. **動態皺紋**：面部有表情時，因肌肉收縮使皮膚產生皺摺而出現者。
3. **姿勢壓擠性皺紋**：乃因長期重複某一種姿勢，壓擠顏面皮膚而形成的微細皺紋，例如長期側睡，易在某側臉頰產生深淺不一的細紋、眼鏡族鼻樑或兩側太陽穴，因鏡架長期壓迫亦有細紋產生；凡此種種，可能只需要將不適當的壓擠姿勢消除，便可自然褪去細紋。

依原因來分，則可區分為原發性與繼發性皺紋兩大類：

1. **原發性皺紋：**有因自然老化或光老化造成表皮及真皮變化所產生，或因骨骼、軟骨、肌肉及皮下脂肪等支持組織退化所形成。
2. **繼發性皺紋：**有因地心引力造成的重力紋、表情肌肉長期收縮拉扯所造成的動力紋，或長期睡姿不良壓迫造成的睡紋。

6-3 皺紋的治療方法

化學換膚除皺法

此法為使用含 A 酸、果酸或其他酸性物質保養品（參閱第 5 章）。A 酸能讓皮膚的膠原質增厚，加強保濕力，還能有效去除靜態小細紋，讓表層更光滑。但 A 酸保養品過敏者，若皮膚出現發紅現象，須立即停用。果酸比 A 酸溫和，但相對滲透性不如 A 酸，故只對淡細靜態皺紋的去除有效。

利用比抗皺乳霜更強的酸性物質，將表層皺紋皮膚酸蝕掉，能去除較深的皺紋，但可能會產生酸蝕過後的小疤，且約需 3 個月才能回復原有色澤，若只是普通細紋，此法並不適用。

物理磨皮換膚法

此法是以專用器具將皺紋（或疤痕）的部位磨平，如微晶磨皮與鑽石微雕術（參閱第 5 章），有深層去角質與除紋作用，還能改善青春痘、淺斑與疤痕，促進皮膚更新，但對於鬆弛下垂的皮膚不適用。磨皮結束後，傷口會產生結痂或腫大的現象，約 1~2 週後即可自動復原。

膠原蛋白注射

膠原蛋白(collagen)分布於真皮層，比例高達 75%，賦予肌膚彈性與張力，防止鬆弛，使肌膚緊實，並且能修復傷口，讓傷口癒合。然而，隨著年齡增長，由於自由基的破壞以及製造減少，膠原蛋白的比例會逐年下降，造成皺紋、老化、鬆弛，若能補充膠原蛋白，便可改善上述老化現象。膠原蛋白的補充可透過下列途徑：皮膚塗抹、皮下注射、飲食補充以及刺激皮膚製造膠原蛋白。

膠原蛋白的結構主要由三條螺旋狀的纖維組成，而這三條纖維是由許多胺基酸連結而成，其分子量相當大，若塗抹在皮膚，很難滲透到真皮層，故只能停留在皮膚表面，藉由膠原蛋白的吸水作用達到保濕效果，並幫助傷口的修復。

在飲食補充上，可多食用富含膠原蛋白的膠質食品，如豬皮、豬腳、雞爪、雞胗、魚頭、魚骨、牛腱、牛筋等，這種方式較間接，對肌膚的效果較慢，因為膠原蛋白進入腸胃道後，會被分解成胺基酸及小分子的水解蛋白，提供人體合成膠原蛋白的原料。至於美容補充食品的膠原蛋白，可合併維生素 C、E 及超氧化物歧化酶(superoxide dismutase, SOD)、葡萄籽萃取等抗氧化物一起服用，效果會更好。

膠原蛋白也運用於美容整形，將膠原蛋白直接注射在凹洞或皺紋、鬆弛處，將皮膚撐起，達到豐頰、豐額、豐鼻、豐唇、豐胸等效果，亦能去除魚尾紋、口角紋、抬頭紋、青春痘疤痕、凹洞。由於膠原蛋白多為動物性來源，在施打前必須先做測試，一般是在手臂上注射少量的膠原蛋白，3 天後如果沒有任何不適，再進行美容注射。注射效果可立即呈現，照顧簡單，不影響日常活動，但會被逐漸吸收，效果只能維持一年左右，所以必須重複注射。自從玻尿酸注射出現後，膠原蛋白有被取代的趨勢，但膠原蛋白價格較低，也較不會紅腫。

膠原蛋白大多數來自於動物（魚、牛、羊、豬）的皮膚、筋骨等結締組織，由於狂牛病的疑慮，國內的膠原蛋白多來自於海洋魚類以及非疫區國家的畜牧副產物，不需要過於恐慌。要避免此困擾，也可以運用誘導、刺激、保護的方法來幫助皮膚自行合成膠原蛋白，或是防止減少，例如左旋維生素 C，富含類黃酮素的植物萃取，或是組成膠原蛋白最重要的羥脯胺酸(hydroxyproline)等成分，此類成分分子小，容易滲透至皮膚深層，幫助膠原蛋白增生。

玻尿酸注射

玻尿酸(hyaluronic acids)又稱醣醛酸、透明質酸，為透明膠狀物質，基本結構是由兩個雙糖單位 D-葡萄糖醛酸及 N-乙醯葡萄糖胺組成的大型多醣類（圖 6-2），與其他黏多醣不同，它不含硫。玻尿酸是由膜蛋白玻尿酸合成酶合成的，脊椎動物有 3 種玻尿酸合成酶(HAS1, HAS2, HAS3)，這些酶交替反覆加入尿苷二磷酸-a-N-乙醯葡萄糖胺及尿苷二磷酸-a-D-葡萄糖醛酸，而延長玻尿酸鏈，使玻尿酸的分子量從 5,000 到 20,000,000 道爾頓(Dalton)。新產生的玻尿酸多醣透過細胞膜進入細胞外間質，主要存在脊椎動物的結締組織，如雞冠、臍帶、眼球、軟骨等部位，在人體主要存在於結締組織及真皮層中，是皮膚主要的保濕因子，可維繫人體內部的膠原蛋白，但隨著年齡增加而逐步流失。30 歲的肌膚，玻尿酸含量只有嬰兒期的 65%，到了 60 歲只有 25%。玻尿酸流失後的肌膚會使真皮層含水量降低，漸漸失去彈性與光澤，同時對陽光、環境的傷害，肌膚自我修護力也下降，進一步生成皺紋、黑斑等。

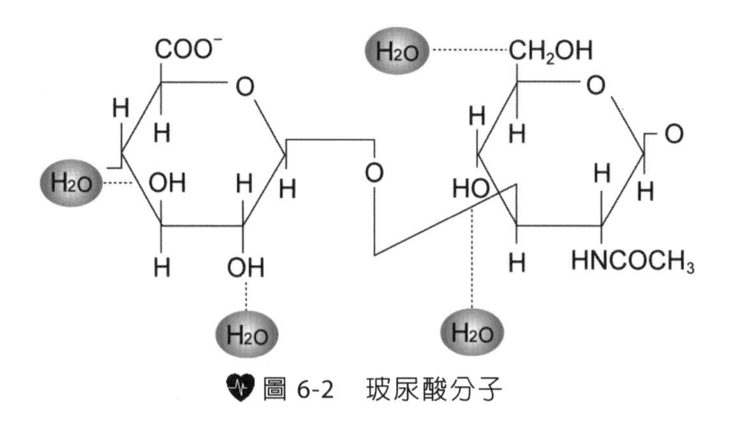

圖 6-2　玻尿酸分子

注射玻尿酸與注射膠原蛋白或自身脂肪都是為了填補凹洞，雖然玻尿酸也會被身體分解，但分解的同時也會逐漸吸收水分，產生鎖水的功能，使玻尿酸被吸收的時間較膠原蛋白久，可維持大約半年到一年的時間，而玻尿酸流動性佳且透明無色，填補凹陷處較易達到平順的效果，顏色也較均勻。有些人會出現皮膚紅腫或表面凹凸不平、表面顏色變淡，通常維持一段時間後就會消失。一般玻尿酸可吸收 300~500 倍的水分，維持高度飽水狀態，使皮膚柔嫩有光澤。不僅乾性膚質適用，油性及青春痘膚質也可以使用玻尿酸來恢復正常的油水平衡狀態。

玻尿酸可用於改善動靜態的皺紋及臉部雕塑，包括撫平抬頭紋、皺眉紋、魚尾紋、法令紋，填平淚溝、豐鼻、豐唇、修飾臉型、填補疤痕等。過去多由動物身上萃取，現在則是由人工合成，避免感染及過敏等問題。在臺灣核准的注射式玻尿酸，依分子大小可分 3 種，大顆粒的玻尿酸注射在真皮下層，填補較深的凹洞；小顆粒玻尿酸注射在真皮上層，改善較淺的皺紋，介於中間之玻尿酸則是注射在真皮中層，皆須由醫師操作。

肉毒桿菌素注射

肉毒桿菌素(botulinum toxin)是肉毒桿菌所分泌的毒素，其作用在阻止神經末梢再回收已釋放的乙醯膽鹼(acetylcholine)，使神經末梢的乙醯膽鹼耗盡，突觸失去作用，神經無法再傳遞訊號給肌肉，達到所謂的肌肉放鬆，甚至麻痺的效果。

肉毒桿菌素注射對於動態皺紋效果較為顯著，如消除皺眉紋、抬頭紋、魚尾紋皆可採用此法（圖 6-3）。此外，因嚼肌肥厚造成之國字臉及小腿腓腸肌運動肥大現象（俗稱蘿蔔腿），也可以藉注射肉毒桿菌素，讓肥厚的肌肉不收縮，進而導致萎縮，達到瘦臉及瘦小腿的目的。注射肉毒桿菌素亦能抑制交感神經作用，使多汗部位不再出汗，對於狐臭有改善效果。其他還能運用於以下方面：改變下垂眉型、增大眼睛、改善嘴型、改善顏面抽搐、改善腦性麻痺造成的肌肉緊縮、放鬆頸部肌肉、改善頸部皺紋等。

一般在注射後 2~3 週可看到效果，2~3 個月效果最佳，效用約維持 3~6 個月，可重複施打，持續效果會因注射次數增加而延長，若需要則每半年注射一次。對於因長期太陽照射或老化引起之皺紋，則效果較差；對於鬆垮下垂之皮膚則無療效。因幾乎沒有傷口，故沒有感染及照護之困擾，絲毫不影響日常生活。

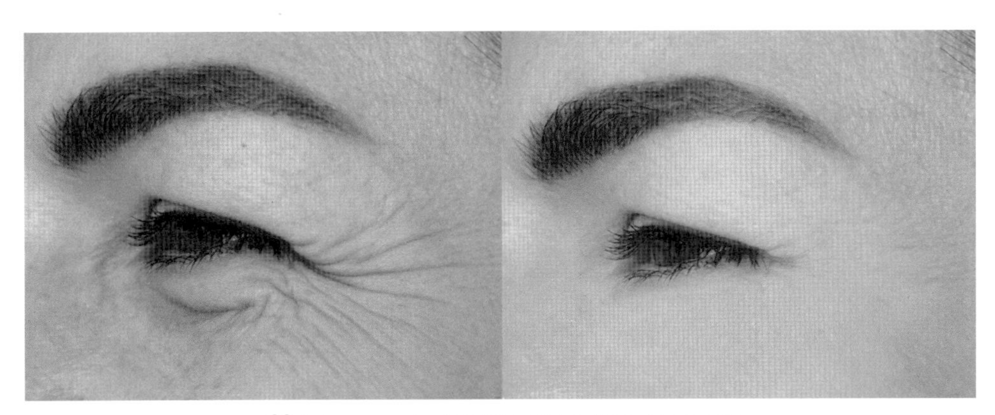

圖 6-3　肉毒桿菌素注射改善魚尾紋

傳統及內視鏡拉皮手術

拉皮手術可分成侵入性和非侵入性，前者包括傳統拉皮、內視鏡拉皮、羽毛拉皮和五爪拉皮等，後者則有電波拉皮、雷射磁波拉皮、微波拉皮和光波拉皮等。拉皮手術是針對皺紋和下垂肌肉最有效的方法，需全身或局部麻醉。傳統拉皮術傷口大（圖 6-4），出血量多，疤痕也較明顯，常會傷及神經，術後頭皮常有麻木感。自 90 年代拉皮手術結合內視鏡技術之後，刀口變小，約 1~2 公分，故疤痕小且可隱藏在髮際內，復原期也短，術後不腫不痛，不需住院，也不會有頭皮遲鈍或是麻痺的現象。通常可維持效果五、六年以上。但對臉皮或眼皮下垂的人來說，還是得做多餘皮膚切除。

術後需以彈性繃帶包紮 3~5 天，避免菸、酒、咖啡、辣椒、茶等刺激性食物。術後 3 天內不可洗頭，傷口約 1~2 週拆線，拉皮釘約 8 週拔除。拉皮手術不宜太早施行，最適合的年齡是在 35 歲以後。

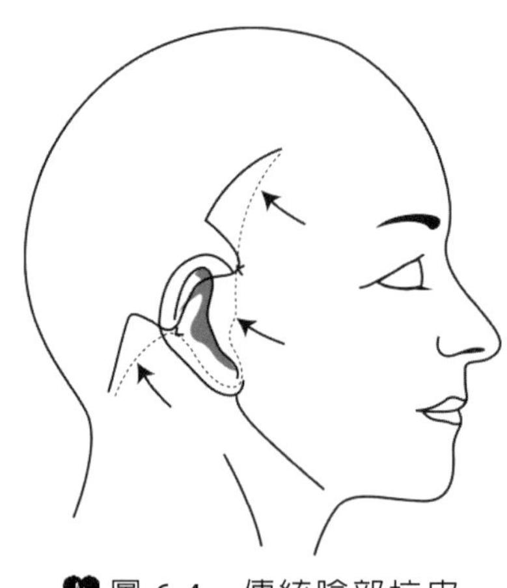

圖 6-4 傳統臉部拉皮

羽毛拉皮術

1999 年俄國整形外科醫師 Marlen Sulamanidze 改良心臟手術用的永久尼龍縫線，在平順的縫線沿線上設計出特殊的雙向倒鉤線，因為形狀放大後類似羽毛，稱為羽毛拉皮線(APTOS thread)（圖 6-5），羽毛拉皮術(feather lift)之名即由此而來。手術時，醫師將病人鬆垂的臉皮組織用手指往上拉緊，再配合可以彎曲的特殊針(spinal needle)將羽毛拉皮線埋入皮下組織，就可因倒鉤線支撐的原理，產生皮下支撐的效果，再將線頭剪掉。手術時間約半小時，瘀腫約在 3 天後消除。在羽毛拉皮術後 3~6 個月期間，因倒鉤線的植入反應，病人的臉部會逐漸產生纖維組織，並將羽毛拉皮線予以層層包住，此疤痕攣縮現象造成鬆弛的臉皮逐漸上拉、緊實。此術適合輕至中度臉皮老化狀態者，包括法令紋、嘴角紋明顯、眼袋皮膚鬆弛、眉毛下垂、臉頰下垂、頸部皮膚鬆弛等。因縫線無法取出，應由具經驗的醫師審慎評估及操作，以免整形失敗。

術後不宜大笑或用力咀嚼，否則拉皮線倒鉤可能鬆脫，使臉皮再度垮下。其他副作用包括線頭外露、皮下硬塊、針扎到血管等。對於嚴重的老化鬆弛，此術效果不佳，須依賴傳統拉皮才有較好成效。另一種改良的羽毛線稱為 Contour thread，也是一條布滿倒鉤的聚丙烯(polypropylene)手術線，差別在其兩端附有手術針，採用雙向拉緊鬆弛皮膚的方式，與 APTOS 羽毛線相比，可減少手術線移位的機會。

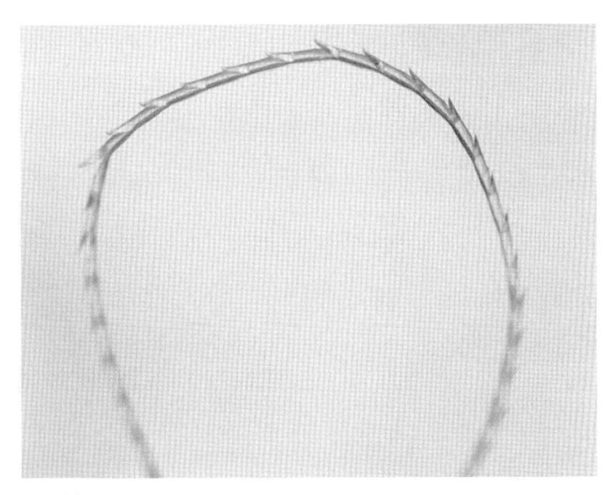

圖 6-5　羽毛拉皮線(APTOS thread)

五爪拉皮整形手術

「內視鏡五爪無痕拉皮」整形手術，簡稱「五爪拉皮」整形手術，是使用內視鏡手術將下垂的肌肉和顏面骨剝離，以五爪釘(endotine)釘在骨頭上（圖 6-6），再拉起肌肉掛在上面，進行重新提升固定的工作。五爪釘是乳酸與果酸的聚合物材質所製成的固定釘，在皮膚裡約 6 個月後會自動溶解，被皮膚吸收，而原本被剝離的組織此時已重新附著在骨骼上了。其提升效果較傳統拉皮手術、羽毛拉皮術更佳，且能維持 8~10 年以上。

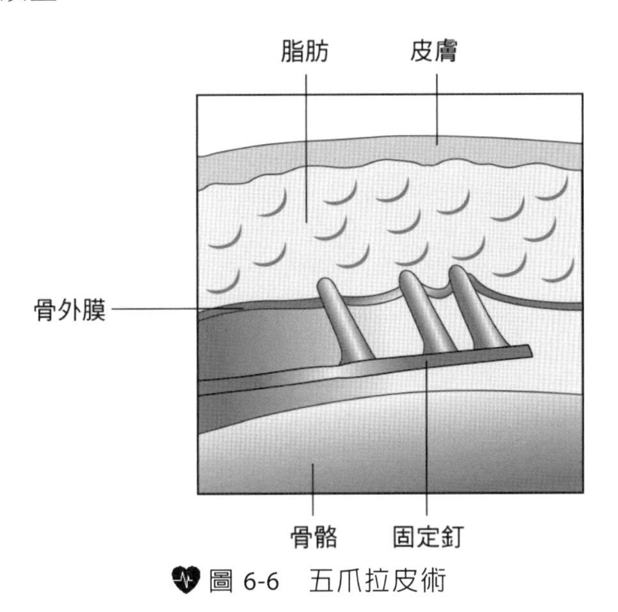

圖 6-6　五爪拉皮術

可以改善下垂的眉毛、下垂泡腫的眼皮、下垂的外側眼角、太深的法令紋及在下巴附近的贅肉。傷口較小，較不會傷到臉部神經，手術時間也短，術後恢復期快。缺點是價錢較傳統拉皮、電波拉皮昂貴，且不太能改善細紋。年紀太大、皮膚太鬆弛或頭皮比較薄的人，不適合進行五爪拉皮。

電波拉皮術

電波拉皮術原理與光波拉皮術相似，係利用特殊儀器所發出的電波使真皮層加熱，膠原蛋白遇熱收縮，之後真皮層會製造新的膠原蛋白，使皮膚緊實。過程中電波儀器可以冷凍表皮層，不會讓表皮層受到傷害。儀器所用耗材，其面積為 1 平方公分，與皮膚直接接觸，可使用 70 分鐘，共發射 150 發電波，而全臉必須要用 500 發電波才能撫平皺紋。此法不僅應用在臉部，其他部位如胸部、臀部、大腿等處皺紋也都適用。由於電波可以讓皮脂腺萎縮，故亦適用於治療青春痘。

電波拉皮進行 1~2 個月後效果會慢慢呈現，約有 3~5 年的除皺效期，但疼痛感重，且有因過熱而引發之脂肪溶解，真皮貼到脂肪下之結締組織而引起凹陷。

雷射磁波拉皮術

雷射磁波拉皮術結合「電磁波」與「雷射」兩種能量，先利用 900 nm 波長的雷射光進行選擇性光熱分解效應，使真皮層局部溫度升高，但不會對表皮及深層皮下組織造成傷害，再利用電磁波對皮膚組織阻抗之特性，對真皮層膠原蛋白做進一步加熱，並刺激膠原蛋白增生，增加皮膚彈性，達拉皮目的。雷射磁波拉皮和電波拉皮同原理，都是利用熱能打散並重組皮下膠原蛋白，電波拉皮的熱能較高，拉皮效果較好，可一次解決，但較疼痛；雷射磁波拉皮的熱能則較低，一般需要經過 3~5 次的治療，但疼痛感較低。全臉治療流程約 20~30 分鐘，治療後，短時間皮膚會呈現淡粉紅，之後即會恢復正常。因為是非侵入性治療，無傷口照護問題，只需加強保濕、防曬護理即可，約 2~4 個月後就能有顯著效果。

雷射磁波拉皮術可用在緊實皮膚、拉提眼部周圍、消除法令紋、唇邊細紋等皺紋，改善臉部、頸部及身體下垂囤積的脂肪，使臉部輪廓更立體、縮小毛孔、改善膚色和痘疤、改善腿部靜脈曲張及血管病變問題。

光波拉皮除皺術

光波拉皮術是以特殊的治療探頭，將紅外線光波（波長 1,100~1,800 nm）的能量均勻、準確地導入深層真皮層，讓膠原蛋白立即收縮，重組及刺激膠原蛋白的再生，達到緊緻肌膚及維持長時間的效果。其熱能作用於真皮層，故不會引發脂肪層凹陷。為了保護肌膚，治療全程探頭上的致冷式晶片會發生作用，冷卻保護表皮層。治療時間因治療區域大小而定，通常只需 30~45 分鐘，不須麻醉。因不會刺激皮膚的黑色素，故術後無暫時或永久性變黑的情形。

本法適用於眉毛下墜導致的雙眼皮變窄、臉型走樣、法令紋加深、下巴下墜變形、火雞脖子、手臂鬆弛（蝴蝶袖），甚至肚皮鬆弛等，費用比電波拉皮節省。

微波拉皮術

微波拉皮術與微波爐的原理相同，微波爐是 2.45 GHz，而微波拉皮所使用的微波頻率為 40.68 MHz，是微波爐的 1/60，與 FM 調頻的頻率類似。利用「微波振盪」的原理，讓表皮及真皮層內水分子旋轉磨擦以產生熱能，造成膠原蛋白收縮，來達到緊實拉提的效果，更可持續發揮類似生長因子的刺激作用，促進膠原蛋白的更新與大量增生，進而達到持續拉提的作用。電波拉皮操作時以單點重複加熱方式，而微波拉皮則採大面積均勻滑動，感覺有點溫熱而不痛。此外，微波拉皮也能穿透到富含水分的皮下脂肪組織，讓脂肪細胞體積大幅度的減少，故對於雙下巴與局部脂肪堆積等老化現象，也有修飾效果。

療程時間大約 40 分鐘，效果比傳統電波拉皮好且無副作用，費用也較便宜。術後患部呈現微紅，可使用舒緩面膜、甘草酸產品幫助退紅，通常 30 分鐘至一小時即可退去；皮膚會較為乾燥，需要加強保濕，也可使用生長因子促進膠原蛋白的更新速度。防曬不可少，可擦 SPF30 以上的防曬產品。應注意的是孕婦、裝有心臟節律器者需避免採用電波、磁波、光波及微波等無痕拉皮術。

6-4 不同部位之除皺與拉皮

皺紋會出現在身體的不同部位，其除皺或改善方式也不盡相同，必須視鬆弛老化程度選擇最適當且傷害較少的除皺方式；小部位皺紋可單獨除皺（如皺眉紋），或與其他相連部位一併解決（如全臉拉皮）；有些部位如腹部需參照過去手術記錄，可採用同一手術開口作拉皮（如剖腹產），但應注意前次手術是否造成組織沾黏。此外，治療效果與費用也是要考慮的條件。

皺眉紋

皺眉紋位於兩眉之間，常眉頭深鎖或常瞇眼的人容易出現，如年紀尚輕且無眼皮下垂的問題，可注射肉毒桿菌素讓皺眉肌暫時麻痺，效果半年到一年，或是注射膠原蛋白、玻尿酸等填平皺紋，但費用較高，效果也只能維持一年左右，需重複注射。若採自體脂肪移植，也需要進行數次，但花費較注射膠原蛋白少；也可以在髮際開約 1 公分的小切口，藉內視鏡輔助將皺眉肌切除。年齡稍大，又伴隨眉尾及眼皮下垂等其他問題，則可視鬆弛下垂程度，做傳統或內視鏡「前額拉皮手術」來提高眉毛、改善眼皮下垂並切除皺眉肌。

法令紋

法令紋是從鼻翼外側延伸到嘴角的深刻紋路，令人看起來如法官般威嚴故稱之。主要是因皮膚老化、鬆弛所引起，有人年輕時即出現。如確因皮膚老化、鬆弛所引起，可做臉部拉皮手術來改善；年輕及不需要拉皮者則可注射膠原蛋白或移植脂肪來改善。

眼袋整形術

亦稱下眼皮成形術，適用下眼皮鬆弛而有眼袋者（圖 6-7）。眼袋是因為下眼瞼組織臃腫所造成，若是老化，眼袋則與下眼瞼皮膚、肌肉及筋膜鬆弛有關，導致眼眶內脂肪膨出。眼袋整形術作法是在下眼瞼睫毛下方 2 mm，自內眥到外眥作平行眼瞼邊緣之切口，需局部麻醉，分開眼輪匝肌後，將膨出脂肪切除；至於鬆弛皮膚的切除以不會造成下眼瞼外翻為原則，可事先測量後再做切除，之後便逐層縫合，並作加壓包紮，減少水腫，術後約 5 天即可拆線。

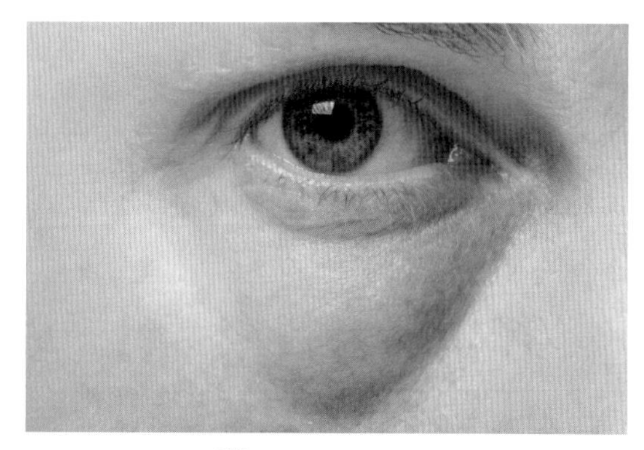

圖 6-7　眼袋

內視鏡前額拉皮術

適用於上額皺紋、皺眉紋、眉毛外側下垂、上眼皮鬆弛、魚尾紋。於髮際線內作 5 個約 1 公分的小切口，分別以 0.4~0.5 公分的微小內視鏡伸入導引，可避開對神經、血管的傷害。因手術切口小，較不會引起脫髮或癒合不良、疤痕組織擴大等問題，而術後腫脹時間也因為組織傷害較少而明顯縮短。手術時間約 1~1.5 小時。

中段拉皮

臉部可分為三個部分：從前額髮線至眉毛的上三分之一稱為上臉部；從眉毛至鼻子的鼻唇角（俗稱人中）中間的三分之一，稱為中臉部；至於下臉部，指的是鼻唇溝至下巴的位置，也就是臉部的下三分之一。中段拉皮手術又稱為迷你拉皮，係針對中臉部的老化－包括眼眶周圍皺紋（上眼皮鬆弛、眼袋、魚尾紋或眉毛外側下垂）、鼻唇溝深化皺紋以及顴骨軟組織下垂等，所進行的局部拉皮手術。通常自耳朵上方至顳部 5~8 公分的髮際邊緣作切口後進行拉皮。手術時間約 1 小時。

全臉拉皮

適用於全臉皮膚鬆弛、皺紋明顯的人。皮膚鬆弛的程度越嚴重，越應考慮傳統切口，由耳垂後－耳前－顳部－額部，延長至對側同位置，再進行多餘的皮膚切除，同時拉緊面部的表面肌肉、腱膜系統，手術傷口雖長，但多位於髮際線內。若鬆弛程度不大，則可利用內視鏡手術減少傷口長度。手術時間約 3~4 小時。

頸部拉皮及抽脂

下巴到前頸部的皮下組織鬆弛下垂、大量脂肪堆積於頸部肌肉下，或有最深層的頸部老化狀況－也就是頸闊肌的鬆弛，這些現象會導致頸部皮膚皺紋或下垂，必須進行頸部拉皮手術，若頸部的皮下脂肪太多，也可先施行抽脂手術，再做頸部拉皮，以改善頸部的皮膚下垂。手術時，自耳垂後方延伸向下至頸後髮際處切口，進行頸部的拉皮。手術時間約 1~2 小時。

腹部整形手術

腹部是最容易堆積脂肪的部位；而懷孕女性則是必須忍受被成長胎兒日漸撐大，甚至出現妊娠紋，在產後失去支撐而鬆弛，若未適當按摩保養，腹部逐漸鬆弛下垂，並堆積脂肪，必須藉腹部整形來改善。依照鬆弛的狀況有不同處理方式，如表 6-1 所示。

表 6-1　鬆弛狀況與處理方式

鬆弛狀況	處置
單純脂肪囤積，無皮膚和筋膜鬆弛	飲食控制和運動或抽脂手術
腹部皮膚正常或輕度鬆弛，腹直肌筋膜輕至中度鬆弛	以內視鏡腹部整形術將筋膜拉緊，再加抽脂手術治療。傷口位於恥骨上方，長約 4 公分，可藏在陰毛中而不易被發現
下腹皮膚和腹直肌筋膜中度鬆弛	行中度腹部整形手術；沿恥骨上方及鼠蹊部開一道約 15~30 公分的刀口，把筋膜往下拉緊並切除多餘皮膚，若加上抽脂手術效果更好。女性可利用剖腹產的傷口來施行，順便修疤，更可除去肚臍以下的妊娠紋
上下腹皮膚和腹直肌筋膜嚴重鬆弛，妊娠紋明顯	開刀口位於恥骨上方和鼠蹊部，長 25~30 公分，將筋膜拉緊及切除過度鬆弛的皮膚，刀痕約一年後淡化。若切除的皮膚過多使肚臍拉低，必須另外將肚臍上移。腹部抽脂不宜同時進行，否則會因破壞皮膚的血液循環使傷口癒合不良，需待 3~6 個月後再施行

腹部拉皮手術需採全身麻醉，手術時間約 2~3 小時，住院時間 2~3 天。女性若只做抽脂手術，仍可再懷孕生產；但無論是內視鏡腹部整形或中度腹部整形手術，因術後肚皮已經沒有膨脹空間，便不宜再懷孕，應特別注意。術後傷口小心護理，避免感染，可貼上防水性敷料再沖澡，兩個月內不可泡澡或溫泉，且應避免菸、酒、咖啡、辣椒、茶等刺激性食物。

6-5 皺紋的預防與保養

1. 避免日曬過久，否則易使皮膚脫水萎縮。
2. 勿過度清洗，以免皮膚太過乾燥。
3. 清潔皮膚後，使用適量潤膚乳液擦拭。
4. 以不含油脂的化妝品修飾皺紋。
5. 睡眠充足，但要注意睡姿，避免臉部壓迫，才不易引起皺紋。

6. 年紀越大，皮膚越鬆弛，減肥後會形成較多的皺紋，故應趁年輕時減肥。
7. 營養均衡，特別是胺基酸、維生素及礦物質，是維持肌膚年輕的重要物質，不可缺少。
8. 勿吸菸及喝酒，吸菸會導致口腔周圍的皮膚提早老化；酒精使臉部浮腫，收縮時易出現皺紋。
9. 培養運動習慣，可使肌膚緊實。
10. 放鬆心情，避免累積壓力，收斂臉部表情，不要過度擠眉弄眼及張嘴。

參考資料 REFERENCES

孫少宣、文海泉(2004)・*美容醫學臨床手冊*・合記。

許延年、蔡文玲、邱品齊、石博宇、周彥吉、黃宜純(2017)・*美容醫學*（2 版）・華杏。

光井武夫(2004)・*新化粧品學*（陳韋達譯；2 版）・合記。（原著出版於 2000 年）

小試身手 REVIEW ACTIVITIES

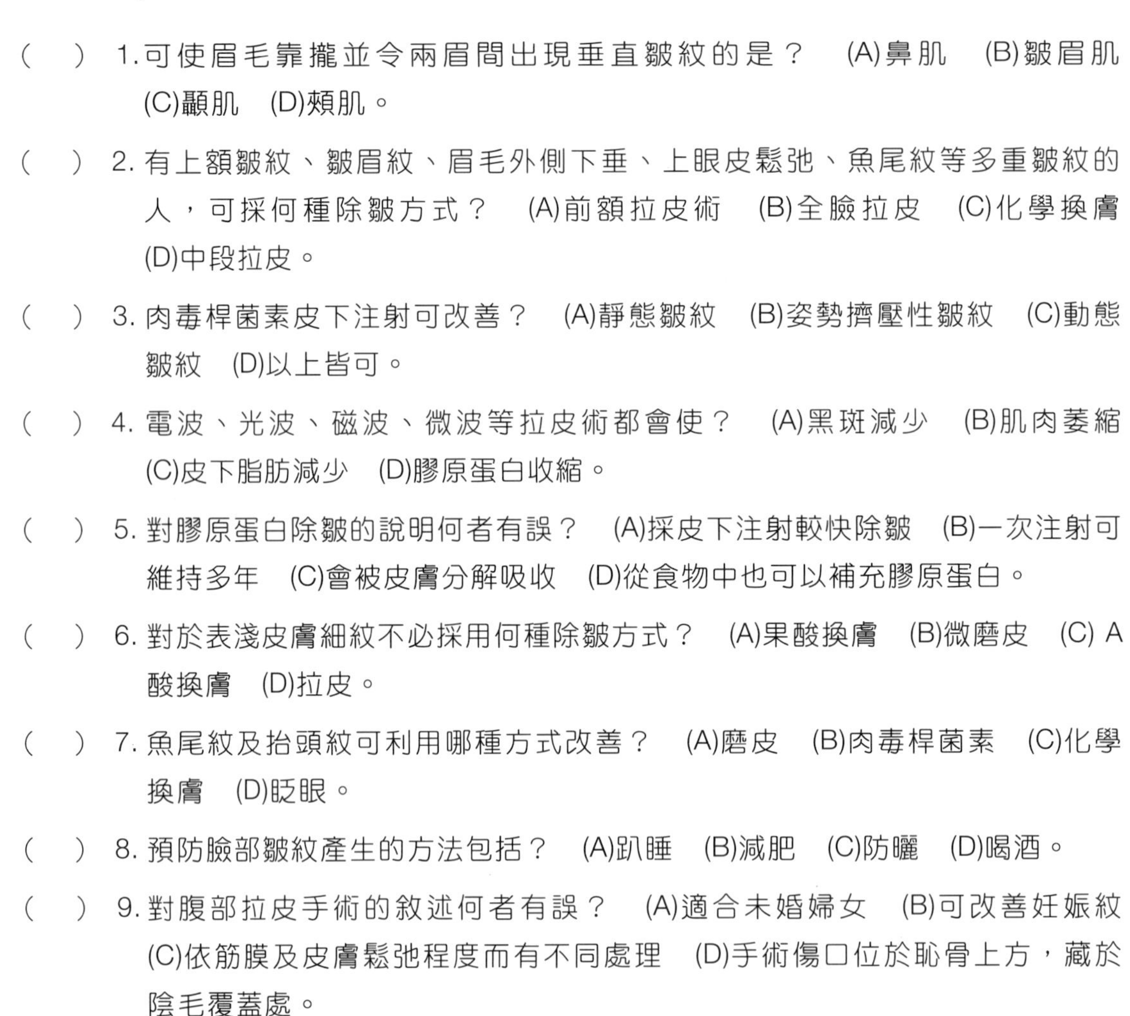

(　) 1. 可使眉毛靠攏並令兩眉間出現垂直皺紋的是？ (A)鼻肌 (B)皺眉肌 (C)顳肌 (D)頰肌。

(　) 2. 有上額皺紋、皺眉紋、眉毛外側下垂、上眼皮鬆弛、魚尾紋等多重皺紋的人，可採何種除皺方式？ (A)前額拉皮術 (B)全臉拉皮 (C)化學換膚 (D)中段拉皮。

(　) 3. 肉毒桿菌素皮下注射可改善？ (A)靜態皺紋 (B)姿勢擠壓性皺紋 (C)動態皺紋 (D)以上皆可。

(　) 4. 電波、光波、磁波、微波等拉皮術都會使？ (A)黑斑減少 (B)肌肉萎縮 (C)皮下脂肪減少 (D)膠原蛋白收縮。

(　) 5. 對膠原蛋白除皺的說明何者有誤？ (A)採皮下注射較快除皺 (B)一次注射可維持多年 (C)會被皮膚分解吸收 (D)從食物中也可以補充膠原蛋白。

(　) 6. 對於表淺皮膚細紋不必採用何種除皺方式？ (A)果酸換膚 (B)微磨皮 (C) A酸換膚 (D)拉皮。

(　) 7. 魚尾紋及抬頭紋可利用哪種方式改善？ (A)磨皮 (B)肉毒桿菌素 (C)化學換膚 (D)眨眼。

(　) 8. 預防臉部皺紋產生的方法包括？ (A)趴睡 (B)減肥 (C)防曬 (D)喝酒。

(　) 9. 對腹部拉皮手術的敘述何者有誤？ (A)適合未婚婦女 (B)可改善妊娠紋 (C)依筋膜及皮膚鬆弛程度而有不同處理 (D)手術傷口位於恥骨上方，藏於陰毛覆蓋處。

(　) 10. 皮膚老化始於？ (A)皺紋 (B)黑斑 (C)面皰 (D)長繭。

CHAPTER

07

蔡新茂・編著

毛髮生理與疾病

Aesthetic Medicine

7-1 毛髮生理

毛髮的分布

人體的表面除了手掌、腳底、眼睛、嘴唇、乳頭及陰部等處的黏膜之外，身體各處都有毛髮的生長。最明顯的毛髮為頭皮的頭髮，頭皮的面積大約為 700 平方公分，每平方公分平均約有 150 根頭髮，一般人毛囊數約 7~14 萬，平均約 10 萬，女性多於男性，西方人多於東方人。人體的毛髮數目在出生後是不會再增加的，而不同部位之毛髮其長度、粗細與生長速度有所不同。頭髮並非與表皮呈垂直成長，一般傾斜角度為 40~50°，且不同部位的頭髮傾斜方向也不一致，形成「頭漩」。

毛髮的結構

毛髮是皮膚的附屬器官，由角化的上皮細胞構成，不含神經、血管。髮質主要成分為一種蛋白質，稱硬角質素(keratin)，約由 18 種胺基酸結合而成，富含胱胺酸(cystein)。完整的毛髮構造，包括毛髮(hair)以及長出毛髮的毛囊(hair follicle)，毛髮由上到下可再分為毛幹(hair shaft)、毛根(hair root)（圖 7-1）。毛髮位於皮膚以外的部分稱為毛幹（或髮幹），其末端稱為髮梢；位於皮膚以內的部分稱為毛根，毛根末端膨大部分稱為毛囊球(hair bulb)，毛囊球下端有一內凹區，為毛乳頭(hair papilla)，包含結締組織、神經末梢和微血管，為毛囊球提供氧氣與營養。毛乳頭周圍與毛囊球相鄰處，有具分裂能力的毛母細胞，稱毛基質(hair matrix)，是毛髮及毛囊的生長區，此區有麥拉寧細胞製造麥拉寧色素。

⊙ 毛 囊

毛囊為表皮向真皮層凹陷所形成包圍毛根的管腔，由內根鞘(inner root sheath)、外根鞘(outer root sheath)和底部突起的毛乳頭組成。在毛囊上部，從皮脂腺開口以上部分，稱為毛漏斗部；自皮脂腺開口以下至豎毛肌附著點之間的部分稱為毛峽部（或毛囊頸）。

與毛乳頭相鄰的毛母細胞會不斷分裂和分化，形成毛髮的髓質層(medulla)、皮質層(cortex)、毛鱗層(cuticle)以及與毛鱗層相連的內根鞘，並合成毛髮角質素。內根鞘位於毛囊中段，是角質化的硬直厚壁管，其下半部與毛髮毛鱗層相鄰，可維持毛根的形狀，由內而外分為三層：內鞘皮質(cuticle of sheath)、赫氏層(Huxley's layer)及亨利氏層(Henle's layer)。內鞘皮質是一層互相連疊的細胞，其會與毛鱗層

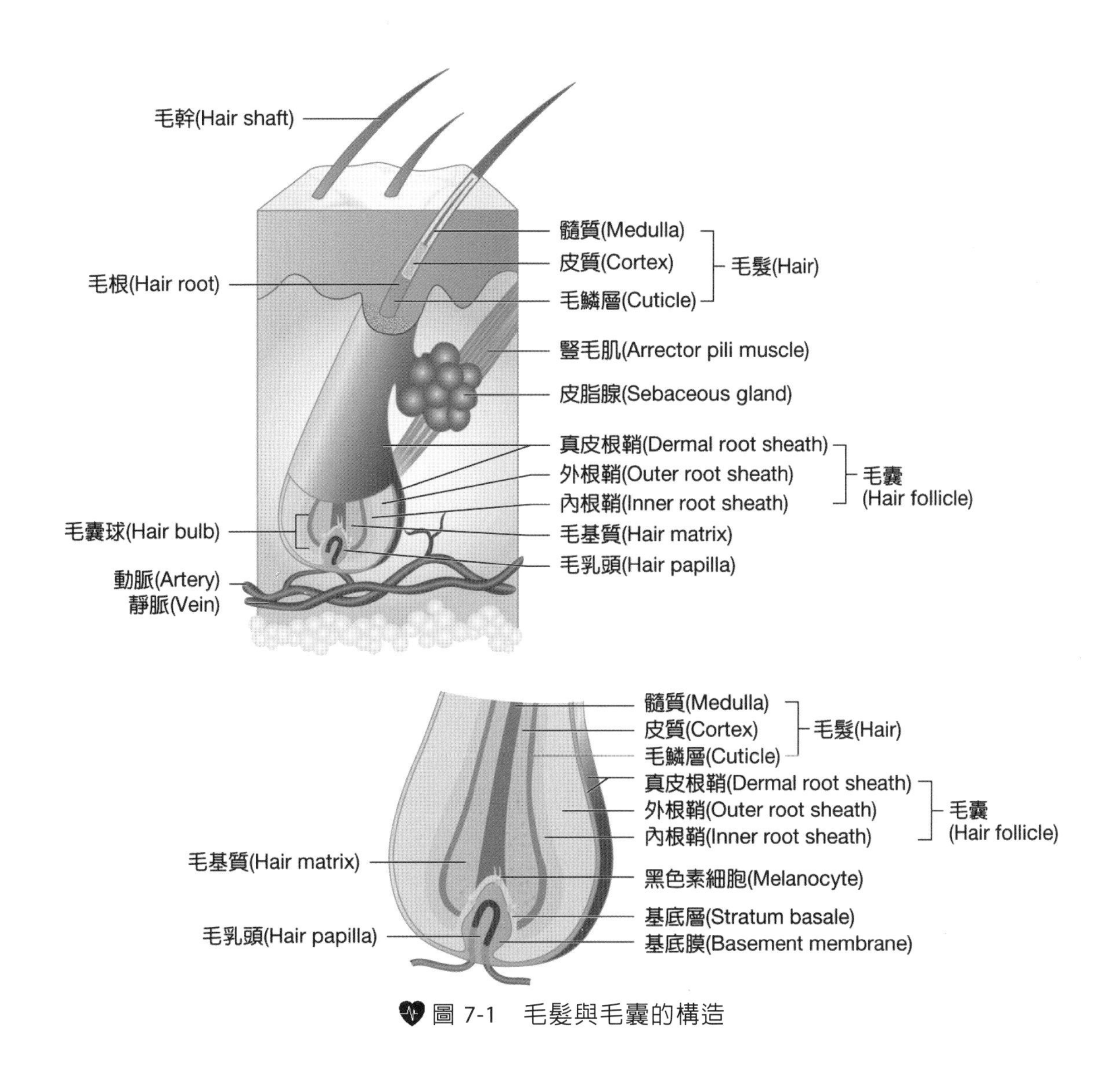

圖 7-1　毛髮與毛囊的構造

交錯，使毛髮固定。赫氏層有 2 層細胞，亨氏層僅 1 層細胞，排列較扁平，位於內根鞘的最外層。在毛囊中部以上，這三層融合成透明無核的內根鞘，到皮脂腺管開口處附近消失。外根鞘包圍整個毛囊，但並非由毛母細胞分化而來，而是表皮的衍生物，相當於表皮的基底層和棘狀層。

毛囊上方與皮脂腺相接，皮脂腺的功能是分泌皮脂，經皮脂管擠出，為毛髮提供天然的保護作用，賦予頭髮光澤和防水性能。皮脂分泌的多寡可決定毛髮的乾性、油性、中性。毛囊的中段有豎毛肌(arrector pili muscle)連至表皮層，屬於一種平滑肌，可因溫度下降或腎上腺素的作用而刺激收縮，拉動毛囊使毛髮豎起，形成雞皮疙瘩。

⊙ 毛髮的組成成分

毛髮由同心圓狀排列的細胞構成，分為三層：最外層的毛鱗層由 5~8 層扁平角質化、透明無核的毛鱗細胞重疊排列而成（重疊部分約占 80%，方向由髮根朝髮梢），將皮質層予以包覆保護；這些毛鱗片遇酸性合攏，遇鹼性張開。皮質層是毛髮的主體，占頭髮結構 85~90%，含有硬角質素(keratin)，決定頭髮的柔軟度、伸張性與彈性。細胞內有細胞核殘骸，並含有大量麥拉寧色素，決定頭髮顏色；皮質層中心為髓質層，由 2~3 層皺縮的多角形細胞沿毛髮長軸方向排列，形成連續或斷裂分布之空洞。在毛髮的末端以及柔毛或嬰兒毛髮中無髓質層，此層被認為與毛髮物理及化學性質較無關。

皮質層由纖維螺旋細胞與黏多醣體(mucopolysaccharide)相互結合而成，纖維螺旋細胞內含纖維細絲(fibrils)和纖維間基質。細絲由纖維蛋白組成，基質則是由富含胱胺酸的非螺旋蛋白組成。胺基酸所組成的角質蛋白形成 α-螺旋，3 條 α-螺旋再互相盤繞成為 1 條原纖維絲(protofibril)，11 條原纖維細絲纏繞結成 1 條微纖維絲(microfibril)，數百條微纖維絲結合基質後構成巨纖維絲(macrofibril)，許多螺旋狀的巨纖維絲組成了皮質層纖維細絲(cortical fibril)，提供毛髮彈性與強度。在纖維絲之間的間隙裏充滿了自然保濕因子(natural moisture factors)，占毛髮組成的 1%，能吸收大量水分，使水分占頭髮組成的 10~15%；頭髮水分越充足，便越柔軟、越有光澤。因此，皮質層對頭髮粗細、彈性、張力、捲曲、強度等性質有決定關係。

⊙ 角質素鍵結力

角質蛋白纖維的鏈狀結構由數種鍵結力量維持：氫鍵(hydrogen bonding)、雙硫鍵(disulphide links)、鹽橋(salt linkages)、凡得瓦爾力(Van Der Waals forces)、胜肽鍵(peptide bonds)，其中凡得瓦爾力強度最弱。氫鍵由胜肽鏈中的羰基(-C=O)與位置合適的胺基(-NH)形成，並使胜肽鏈成為螺旋形，但其結合強度較雙硫鍵弱，尤其在水中更易斷開，健康頭髮在潮濕的情況下牽拉可增加 30%的長度（螺旋被拉直），乾燥後又恢復到原來長度，故利用吹風機吹乾頭髮時也可以暫時改變頭髮捲度做造型。

雙硫鍵是由胱胺酸(cysteine)的-SH 互結而成-S-S-，發生於頭髮角質化過程中，鍵結數目決定硬角質素硬度，可受到紫外線、氧化劑、還原劑、強酸或強鹼，以及熱度等因素破壞。在頭髮冷燙過程中，一般先使用還原劑作為第一劑，將雙硫鍵切斷後再使用氧化劑作為第二劑，使雙硫鍵再度結合，頭髮便可定型。

鹽橋由胺基酸鏈上氨基(-NH)的正電荷與羧基($-COO^-$)的負電荷相互吸引而產生，是相當強的鍵結，可受到頭髮酸鹼度影響。頭髮 pH 值在 4.5~5.5 之間是鹽橋最強的時候，因此，弱酸性頭髮產品可維持毛髮健康，鹼性化學產品則使鹽橋減弱。胜肽鍵是由前一個胺基酸的羧基與後一個胺基酸的氨基，經脫水反應而成的共價鍵結。硬角質素為一種蛋白質，即是由多個胺基酸經胜肽鍵結所構成。

毛髮的顏色

毛髮的顏色主要受到兩種麥拉寧色素－黑褐色的真黑色素(eumelanin)與含高量胱胺酸(cystein)的黃紅色亞黑色素(phaemelanin)所決定，真黑色素含量越多，毛色越偏棕色與黑褐色；亞黑色素含量越多，則越偏金色甚至紅色；若兩種色素合成較少，則偏白色，對髮色較黑的東方人而言，可視為老化的一種徵象。另外，毛髮含有金屬元素成分，如銅、亞鉛、鐵、錳、鈣及鎂等，也會影響毛髮的自然顏色，例如鎳的含量增多時，就會變成灰白色、金黃色頭髮含有鈦、紅褐色頭髮含有鉬、紅棕色除含銅、鐵外，還有鈷、銅離子過多則會使頭髮變綠。

毛髮的種類

全身毛髮可因其出現時期之不同而分為以下數種：

1. **胎毛**：於出生後不久即會脫落。
2. **柔毛（軟毛、毳毛）**：不含髓質層，長度不超過 2 公分，一般體毛屬此類，有些部位的柔毛會在青年期以後轉變成終毛。
3. **終毛**：由柔毛轉變而來，依其長度可細分為短毛與長毛。眉毛、耳毛、鼻毛、睫毛等皆為短毛；頭髮、鬍子、胸毛、腹毛、腋毛、陰毛等為長毛。

毛髮週期

每根毛髮都有經歷生長到脫落的過程，然後新的毛髮再度出現，此稱為毛髮週期(hair cycle)，可分為生長期、退化期與休止期（圖 7-2）。

1. **生長期(anagen)**：約有 80~90%的頭髮處於生長期，其毛囊長而深，毛髮濃密而有色澤，此時毛母細胞不斷分化，子細胞不斷向上移行，生長速度每日約 0.27~0.4 公厘，一個月約長 1 公分；男性毛髮生長期約 3~5 年，女性約 4~7 年，若以 4 年成長期來估計，可長 50~60 公分。

2. 退化期(catagen)：也稱為移行期，介於生長期與休止期的過渡，為期約 2~4 週，僅 1%的頭髮處於此階段。此期毛母細胞停止分化，毛髮底端毛囊球逐漸遠離毛乳頭，並萎縮成棒狀，進入休止期。

3. 休止期(telogen)：為期 2~4 個月，約 9~19%的頭髮處於此期，毛囊的基部會漸漸萎縮，最後掉落。新的頭髮會在同一位置開始生長，重複整個週期。

此生命週期是動態平衡的，正常同時間內處於生長期的頭髮，與休止期的頭髮比例約為 9：1。若生長期：休止期比例由正常 9：1 下降時，掉髮量會增加，為禿髮的徵兆。正常人每日脫落 70~100 根，同時也有等量的頭髮再生，若每天掉髮都超過 100 根，且持續 2~3 個月以上，將導致頭髮日漸稀少，必須及早挽救。

不同部位的毛髮長短與生長週期長短不同有關，如眉毛和睫毛的生長週期較短，僅 2 個月。毛髮的生長受遺傳、健康、營養和激素等多種因素影響，青春期時頭髮生長較快速。

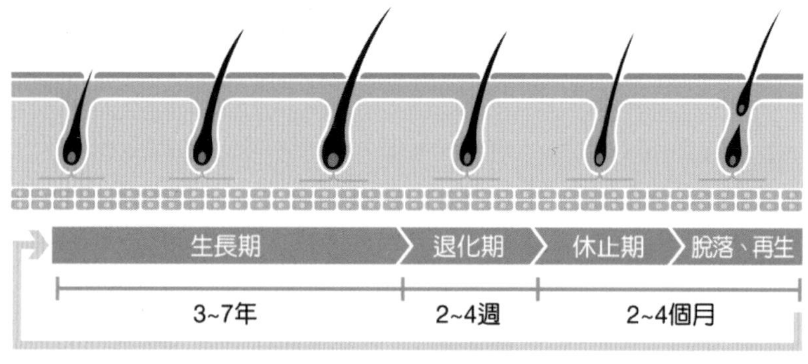

圖 7-2　毛髮週期

7-2 髮 質

毛髮的性質

毛髮的物理及化學性質，由毛皮質細胞中纖維細絲及纖維間基質所決定。

1. 頭髮的粗細：頭髮根部較粗，越往髮梢處越細，所以髮徑也有所不同，直徑小於 60 μm 為細髮、60~80 μm 之間為中等髮徑、大於 80 μm 以上為粗髮。

2. 頭髮的形狀：可分為直髮、波浪捲曲髮、天然捲曲髮；粗細與捲度無關。

3. 顏色：與毛皮質麥拉寧色素的種類及數量有關。

4. 光澤亮度：與油脂多寡及毛鱗層平滑性、完整性有關。
5. 頭髮的多孔性：指頭髮能吸收水分的多寡，染髮、燙髮均與多孔性有關。
6. 頭髮的吸水性：一般頭髮含水量為 10~15%，最大可到 35%，吸水後長度增加不大，但直徑可增加 20%。
7. 疏水性：與不溶性的硬角質素以及頭皮皮脂腺所分泌脂質有關。
8. 頭髮的彈性與張力：彈性是指頭髮做最大伸長後，可恢復其原狀的伸長程度，此程度決定於皮質層，且濕潤狀態（可拉長 40~60%）優於乾燥狀態（可拉長 20%）；張力是在不發生斷裂情形下，頭髮所能承受的最大拉力，一根健康頭髮大約可支撐 100~150 克的重量，乾燥髮強度較濕潤髮高。
9. 頭髮的耐熱度：與性質有密切關係，一般加熱到 100℃開始有極端變化，最後碳化溶解。
10. 梳理性：受頭髮之間的作用力、頭髮與梳子間的摩擦係數、頭髮硬度、直徑及靜電荷影響。

影響髮質的因素

1. 物理因素：不當洗頭、梳髮及吹風會使毛鱗層剝落，造成傷害。
2. 化學因素
   (1) 酸鹼度：頭髮周圍的分泌物 pH 值在 4.5~5.5 間是最佳健康狀態，髮質佳、有光澤。若遇鹼性，毛鱗層會張開、分裂，變成粗糙多孔性；遇酸則毛鱗層合攏。
   (2) 氧化劑與還原劑：經常染燙的頭髮會受到氧化劑與還原劑的傷害，使毛鱗層受損。
3. 環境因素
   (1) 紫外線：陽光中的紫外線會破壞頭髮的雙硫鍵，產生過量的-SO_3H，傷害頭髮結構。
   (2) 濕度：濕度增減會影響頭髮的含水量，進而影響其直徑與強度。
   (3) 溫度：在 55℃時頭髮角蛋白便會產生變化，超過 100℃會影響頭髮結構，200℃以上會造成頭髮傷害。

4. 生理因素

(1) 營養素：生長所需營養素包括必需胺基酸、維生素 B 群與鐵等微量元素。

(2) 激素：頭髮、鬍鬚、四肢軀幹毛髮、腋毛及陰毛受到腎上腺與睪丸雄性素的影響，甲狀腺素過多會使髮徑變細、髮質較油，不足時則較粗、髮質乾燥。另外，甲狀腺素過多或不足皆易掉髮；副甲狀腺素不足會導致禿髮。

(3) 年齡：嬰兒、孩童與高齡者髮質柔細，高齡者髮色轉白。

髮質的分類

髮質受頭髮本身及物理、化學、環境、生理等因素影響，分為正常、受損及特殊髮質。正常髮質依頭皮油脂分泌量多寡而有油性、中性及乾性三種；受損髮質指的是經常吹整染燙的頭髮，髮質脆弱無光澤，或是易產生頭皮屑的頭髮；特殊髮質是指幼童與高齡者的髮質。

7-3 常見的頭皮毛髮症狀

頭皮屑

表皮深處的基底細胞，能不斷地進行細胞分裂，製造出新的角質細胞，並向皮膚表面依序推擠，角質細胞逐漸變成圓形，越靠皮膚表面則趨於扁平形，然後開始角質化，最後成為表皮最上層的角質細胞。當角質細胞被推擠到皮膚的最表面時，細胞間的連結減弱，最終導致角質細胞脫落，發生在頭皮即稱為頭皮屑，而這樣的表皮細胞週期約為 28 天。正常頭皮屑並不多，若是因頭皮角質細胞更新速度亢進，造成表皮角質化不完全，便成片脫落而產生頭皮屑增多的情形；若皮脂分泌減少，是為乾性頭皮屑；若皮脂分泌增加，則頭皮屑較濕潤黏稠，稱為油性頭皮屑，不論是乾性或油性，都會令人感到困擾。頭皮屑在青春期開始出現，20 歲左右達到高峰，之後隨年齡增長而減少。

頭皮屑增多在中國古代稱為「白屑風」，中醫理論認為頭皮屑的產生是因為體內「火」性偏高，因火性炎上，會沖到頭皮處，體內津液蒸發，此為血虛風燥型，容易出現乾性頭皮屑；若是平日喜食辛辣、油炸、菸、酒等，會在胃腸道內囤積廢物，形成「濕氣」，濕氣和火熱一起上沖到頭皮，稱為濕熱內蘊型，容易出現油性頭皮屑，皮膚和毛髮油膩發亮，觸之有黏性，伴有頭皮搔癢。此兩型治療方式並不相同，需辨症下藥才會有效。

⊙ 頭皮屑的病因

1. **病理性**：疾病引起，如「脂漏性皮膚炎」（圖 7-3）、「乾癬」、「頭癬」等。脂漏性皮膚炎產生的頭皮屑，在秋冬季節會明顯感到頭皮發癢、發紅、脫屑增多，主要是因為油脂分泌旺盛區域的皮膚發炎所引起。

2. **生理性**：生活作息不正常（熬夜、睡眠不足、情緒緊張、壓力過大）、刺激性的飲食（辛辣、菸、酒、咖啡、油炸食品）、胃腸障礙、營養不均衡，缺乏維生素 A、B_6、B_2 以及內分泌異常，都會加重頭皮屑的產生。

3. **微生物**：皮屑芽孢菌(*Malassezia furfur*)分布在皮脂腺分泌旺盛的部位，能分解皮脂，產生油酸(oleic acid)和亞麻油酸(linoleic acid)，造成頭皮發炎與發癢。頭皮屑病人頭皮的皮屑芽孢菌較正常人多，引起頭皮屑增生，甚至造成皮膚紅腫、發炎。

4. **其他**：如頭皮上的皮脂過多、洗髮精沒沖淨、使用脫脂力過強的不良洗髮精、使用不良美髮用品（如酒精濃度過高或 pH 值過高）、季節轉換（初冬最嚴重，夏季較減輕）等，都會刺激頭皮屑增多。

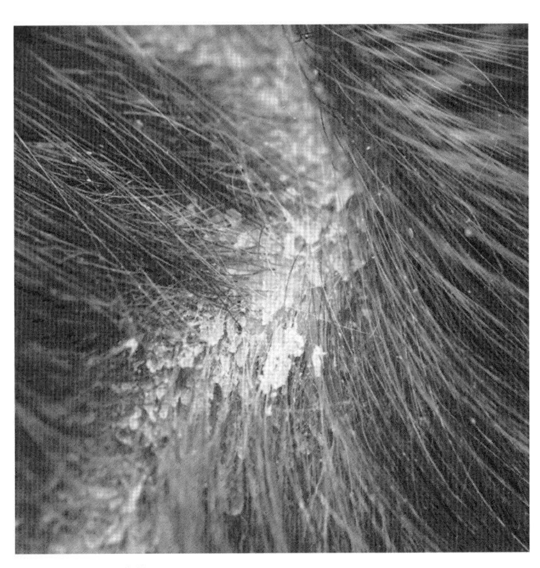

圖 7-3　脂漏性皮膚炎

⊙ 處 置

有頭皮屑困擾的人應攝取含有植物性蛋白質或維生素之食物，少吃甜食、含脂量高等食物。常做頭部按摩，並用紅外線照射以促進血液循環。油性髮質者，勤洗頭並保持頭皮乾淨，嚴重者需經醫生治療或指示服藥。洗髮時選擇去屑專用洗髮精，其成分有角質剝離溶解劑，如二硫化硒(selenium disulphide)、硫磺、間苯二酚、水楊酸(salicylic acid)；抗脂漏劑則以維生素 B_6 (pyridoxine)及其衍生物為主；抗氧化劑如維生素 E (tocopherol)；避免頭皮乾燥的保濕劑，如甘油(glycerin)；殺菌劑如 ketoconazol、酚、煤焦油(coal tar)；其他還有含醋酸、啤酒及少量皮質激素等成分的洗髮劑。使用洗髮劑時需在塗抹後充分揉搓、按摩頭皮 5 分鐘以上，然後再用清水沖洗掉。若頭髮較乾澀，可使用潤絲精，但勿接觸頭皮，以防惡化。

毛髮分叉

毛幹容易受到外界各種因素傷害，使外圍毛鱗層細胞數目逐漸減少，尤其是在靠近髮梢的部位更嚴重；一旦毛鱗層細胞個數減少到 2 個以下，只要洗髮、吹乾、梳頭等動作便會導致毛髮分叉(split hair)。

要避免分叉必須小心呵護頭髮，如選擇適當的洗髮精，洗髮時不可亂抓頭、水溫不可過高，洗完後充分潤髮及護髮；濕髮先以毛巾溫和擦乾，再以吹風機吹乾，且溫度不可過高，吹乾時應距離頭髮 20 公分以上；避免用橡皮筋長時間綁頭髮等，減少傷害頭髮的因素。

脫髮症

頭髮約有 1/10 處於休止期，此時毛囊萎縮，之後便會脫落，每日掉髮 50~100 根都屬正常落髮量。若不正常地大量脫落，則可能罹患脫髮症(alopecia)。約 50 歲後，多數人都會有頭髮漸稀疏的情形，此稱為老年禿髮(alopecia senilis)，最後可能造成全部禿髮(alopecia totalis)，至於何時會全禿則因人而異，視乎遺傳特性及其他類型的禿髮等因素而定，有些情況甚至造成全身脫毛(alopecia universalis)。

⊙ 脫髮症的類型與原因

造成脫髮及禿髮的種類與原因甚多，分述如下：

1. 非瘢痕性禿髮(non-scarring alopecia)

(1) 休止期脫髮(telogen effluvium)

A. 先天或遺傳因素：毛囊發育不良、新生兒生理性禿髮、雄性激素引起的雄性激素型禿髮(androgenic alopecia)。

B. 內分泌因素：甲狀腺機能亢進或低下、副甲狀腺機能低下、腦下垂體功能低下(hypopituitarism)。

C. 全身性疾病：貧血、嚴重感染、嚴重慢性疾病（肝硬化等）、持續高燒不退（如瘧疾）。

D. 壓力因素：圓禿（alopecia areata，亦稱斑禿，俗稱鬼剃頭）、重大外傷、重病、重大手術、產後掉髮、拔毛癖(trichotillomania)。

E. 營養因素：缺乏蛋白質、鐵、鋅和生物素(biotin)、重度營養不良、絕食、短期體重驟減。

F. 藥物因素：降血壓藥（如 Enalapril）、胃潰瘍藥（如 Cimetidine）、乙型阻斷劑（如 Propranolol、Metopranolol）、過量 A 酸、Etretinate Isotretinoin、化學治療藥物、抗凝血劑（如 Heparin、Warfarin）、躁鬱症用藥（如鋰鹽）、停用口服避孕藥、痛風用藥（如 Colchicin）、抗癲癇藥（如 Trimethadione）、降血脂藥（如 Clofibrate）、抗甲狀腺藥、殺蟲劑（如 Boric Acid）、干擾素等。

G. 其他：飲酒。

(2) 生長期脫髮(anagen effluvium)：生長期毛囊死亡，毛髮生長突然停頓，並於數天內大量剝落，只剩下休止期頭髮。脫髮起因移除後，通常能夠再生。

A. 藥物：抗甲狀腺用藥、抗凝血劑（如 Heparinoid、Coumarin）、A 酸攝取過量、Colchicin、化學治療藥物（如 Bleomycin、Cyclophosphamide）。

B. 中毒：鉈(thallium)、汞(mercury)、鉛(lead)、砷(arsenic)、鉍(bismuth)、硼酸鹽(borate)。

C. 輻射：如放射線治療、X 光。

(3) 感染型脫髮(inflammatory effluvium)

A. 病毒：愛滋病。

B. 細菌：第二期梅毒性禿髮(alopecia syphilitica)、結核病。

C. 黴菌：頭癬。

D. 寄生蟲。

2. 瘢痕性禿髮(scarring alopecia)：由於毛囊已遭破壞，無法再生新髮，故多為永久性禿髮。
   (1) 疾病因素
      A. 自體免疫疾病：如紅斑性狼瘡(systemic lupus erythematosus, SLE)、類肉瘤病(sarcoidosis)。
      B. 腫瘤：基底細胞癌、鱗狀細胞癌、淋巴癌、轉移性癌、皮膚附屬器腫瘤。
      C. 感染症：帶狀疱疹病毒、金黃色葡萄球菌性毛囊炎、頭癬(tinea capitis)。
      D. 其他皮膚發炎性疾病：脂漏性皮膚炎〔造成脂漏性禿髮(alopecia seborrhoeica)〕、毛囊扁平苔癬、糖尿病性脂肪類壞死症、禿性毛囊炎(folliculitis decalvans)、線性硬皮症(linear scleroderma)、硬化萎縮性苔癬(lichen sclerosus et atrophicus)、瘢痕性類天疱瘡(cicatricial pemphigoid)、疙瘩性痤瘡(acne keloidalis)、類澱粉沉著症(amyloidosis)等。
   (2) 物理因素：拔毛癖、牽引性禿髮（如綁髮過緊）、損傷性禿髮(traumatic alopecia)（如頭皮外傷、燒、燙、灼傷、電傷）、整髮護髮不當等。
   (3) 化學因素：洗髮精裡的硼酸或染燙髮藥水。
   (4) 先天遺傳因素：先天性禿髮(congenital alopecia)、魚鱗癬(recessive X-linked ichthyosis)、表皮痣(epidermal nevi)等。

⊙ 脫髮症的治療及預防方法

1. 口服藥物治療。
2. 局部塗抹生髮劑。
3. 常按摩以促進新陳代謝。
4. 服用維生素 B 群。
5. 多吃蔬菜水果。
6. 選擇優良美髮品。
7. 養成正常規律的生活習慣。

掉髮徵兆

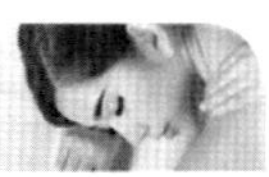

1. 頭皮時常油膩。
2. 頭皮發紅，頭皮屑很多、頭皮時常發癢。
3. 頭皮緊繃、頭髮蓬亂毛燥。
4. 頭皮變厚，按壓有下陷感，可能是「脂肪層水腫」，是局部淋巴循環不良造成，長期會引起嚴重掉髮。
5. 頭皮太硬，可能黏多醣物質不足，使真皮硬化或皮下組織萎縮，直接壓迫骨頭。
6. 頭髮突然從粗硬變細軟，沒有彈性、容易斷裂，可能是早期雄性禿。
7. 毛囊口凹陷變黑，可能是雄性禿的前兆。

⊙ 治療禿髮的藥物

1. 雄性禿(androgenic alopecia)：雄性禿主要發生在青春期之後，年齡約在 12~40 歲，男性居多，有家族遺傳傾向。其發生機制是因為雄性激素睪固酮(testosterone)經由 5α- 還原酶(5α-reductase)的作用轉變成二氫睪固酮(dihydrotestosterone, DHT)，可與頭皮之激素受體（額部較枕部多）結合，促使毛囊變小，頭髮生長期變短，頭髮變細變柔，於是前額的髮際線向後退，表現常見 M 型或 O 型，嚴重者甚至前額至頭頂全禿，其分級採 Hamilton-Norwood scale (I~VII)（圖 7-4）來鑑定其嚴重程度。其他部位毛髮如鬍鬚、胸毛、四肢毛囊受睪固酮影響而變大，與頭髮相反。女性也會發生雄性禿，但只是頭髮稀疏，而不會全禿。
   (1) Minoxidil：男女皆可局部外用含 2%及 5% Minoxidil 之生髮劑（如落建，Regaine®）。原本為治療心臟血管疾病的藥物，可開啟鉀離子通道，使血管舒張，研究發現亦可縮短毛髮休止期，增加生長期比例，並使毛囊尺寸增大，是目前唯一醫學證實可以有效抑制落髮的藥物，且不影響雄性素，但須於毛囊尚未萎縮前使用，否則無效。常見副作用包括頭皮乾燥、刺激、紅腫、搔癢，亦會造成過敏性／接觸性／光敏性皮膚炎；多毛症(hypertrichosis)之發生率女性高於男性，停藥後會減輕。

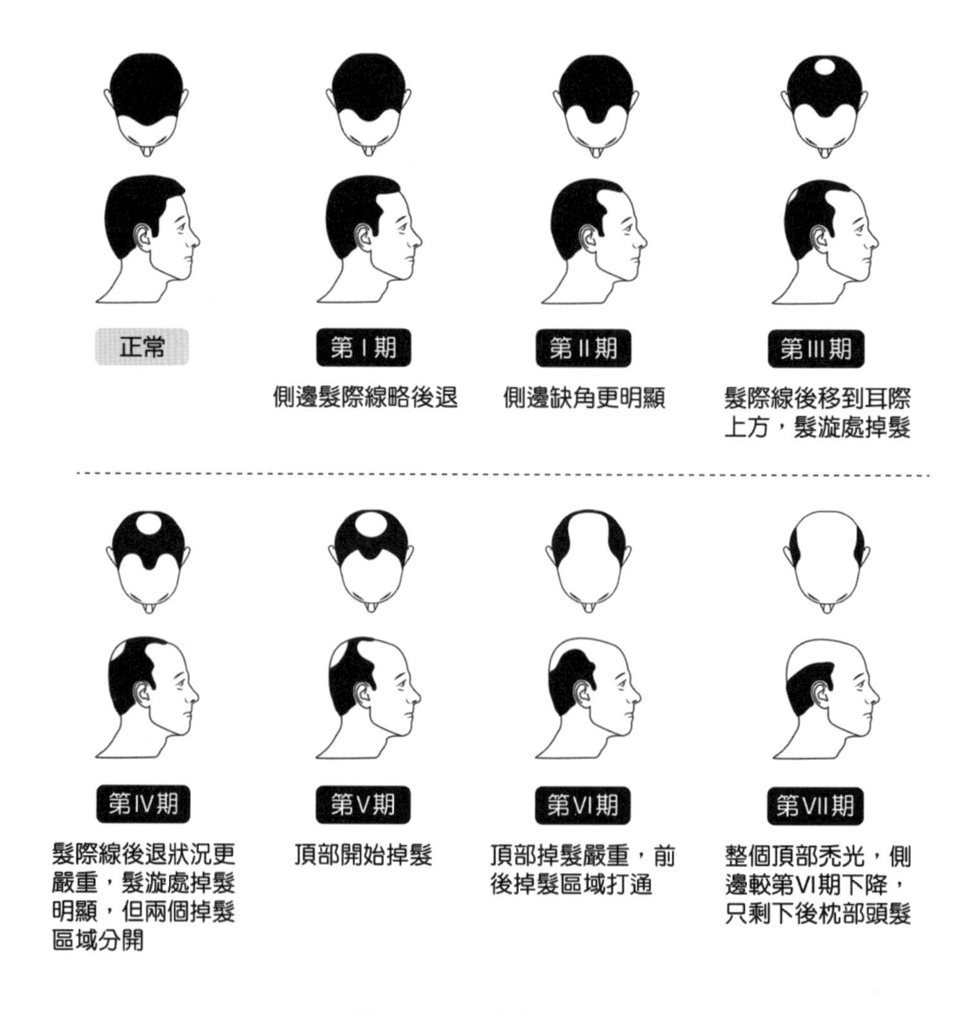

圖 7-4　雄性禿分級

(2) Finasteride：男性可合併口服含 Finasteride 之藥物，例如柔沛(Propecia®)、MK-906、Proscar 等。Finasteride 是 5α-還原酶的抑制劑，能降低血中二氫睪固酮之濃度，常用來治療前列腺肥大及雄性禿，其代謝經由肝臟，故肝功能不佳者須謹慎使用。治療期約 6~12 個月，每日一次，每次 1 mg，須持續治療，若中斷將失去療效，且毛髮密度會恢復至未治療前。常見的副作用包含性慾降低、勃起及射精功能減退，其性功能障礙在持續治療或停止治療數天或數週後消失。此外，Finasteride 會造成男性胎兒外生殖器發育不完整，故女性禁用。

2. 圓禿(alopecia areata)：圓禿（斑禿）是頭上突然出現如硬幣大小的圓形禿髮，原因不明，故又稱為「鬼剃頭」。圓禿為自體免疫疾病，常見於特異性甲狀腺疾病或白斑症(vitiligo)，在髮根部有淋巴球聚集，造成頭髮被破壞，通常會自動緩解及復發，惡化時甚至造成全禿或全身毛髮脫落。治療以免疫調節為主，治療方式的選擇依據年齡及毛髮掉落的程度而定；治療可促進毛髮生長，但無法預防掉落，亦不會影響疾病進展，須使用數月或數年。治療方式如下：

(1) 糖皮質素：如 Glucocorticoids，局部真皮注射及口服，副作用可能造成皮膚萎縮。
(2) 局部免疫治療(topical immunotherapy)。
(3) 酚劑：如 Anthralin，0.5~1%軟膏，一天一次，具免疫調節及抗蘭格罕氏細胞作用，有刺激性，須於使用後 20~60 分鐘後清除。
(4) Minoxidil：5%，1 天 2 次，效果於 12 週內可見，須持續使用至症狀緩解。

⊙ 其他非藥物性的治療方法

1. 戴假髮(hairpieces and wigs)或利用織髮術(hair weaving)來覆蓋禿頭部位。
2. 植髮術(hair transplant)：從多髮的地方，每次移出 50~80 個連皮帶髮的「髮栓」(hair plugs)，將其植入禿髮部位（圖 7-5），可重複進行，直到外觀修復為止。初期頭髮轉成休止期並掉落，之後再長出新髮。
3. 頭皮削減術(scalp reduction)：適合禿髮面積大者。將無髮的頭皮部位拉緊，並以手術去除，再予縫合。每隔 6~10 星期即可重複施行一次，直到效果令人滿意為止。禿髮部位縮減為合適的大小後，就可以進行植髮術。
4. 頭皮光療：利用不同波長的光線原理來刺激毛囊，使毛囊進行自我修復，促進生長。光療後無傷口，僅出現暫時性泛紅，術後護理只需保濕及防曬即可。

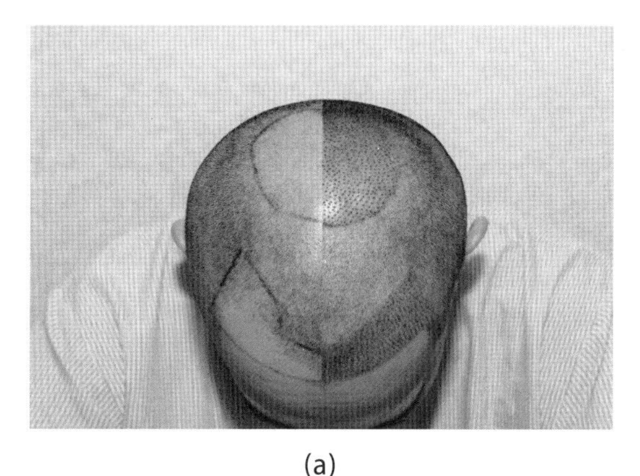
(a)

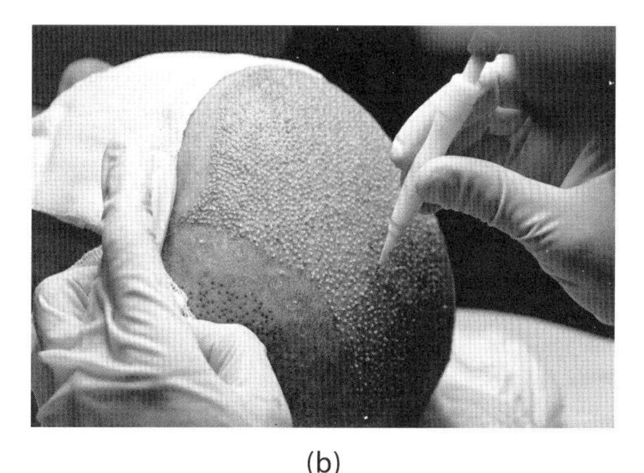
(b)

圖 7-5　植髮術。(a)植髮前後比較；(b)植入髮栓

白髮症(Canities)

老年頭髮灰白或變白是一種生理現象，是由於麥拉寧細胞中酪胺酸酶(tyrosinase)活性逐漸喪失，而使毛幹中色素消失所致。灰髮中麥拉寧細胞數目正常，但色素減少，而白髮中麥拉寧細胞也減少。

未到老年的早期灰髮或白髮常有家族史，表現為體染色體顯性遺傳，也可見於某些疾病，如早老症(progeria)、肌肉強直性營養不良(dystrophia myotonia)、惡性貧血、甲狀腺機能亢進、結核、傷寒、梅毒、心血管疾病，如冠心病、心肌梗塞、高血壓等會出現白髮。

⊙ 白髮症種類

1. 老年性白髮(canities senilis)：其白髮常從兩鬢角開始，慢慢向頭頂發展，數年後鬍鬚、眉毛等也變灰白，但胸毛、陰毛和腋毛即使到老年也不變白。
2. 早老性白髮(canities premature)：發生於青年或中年，也稱為壯年性白髮，起初只有少數白髮，以後逐漸增多。
3. 白化症(albinism)：為遺傳性疾病，全身皮膚及毛髮缺乏麥拉寧色素。

⊙ 白髮症治療

目前尚無有效療法，可用染髮方式消除白髮或調整生活方式，不使用不良美髮品。有些中藥自古以來被認為對再生黑髮有效，可詢問中醫師，了解其藥補、食補或外用方式後再進行。

7-4 頭髮的美容與保養

頭髮清潔

洗頭的次數主要是取決於頭髮是否屬於油性髮質、活動量、環境、髮式，以及頭皮是否有問題，每日一次或數日一次皆可。洗髮的步驟分為預備洗、正式洗、護髮及乾燥。

1. 預備洗：用大量的水沖洗頭髮，將灰塵、異物、頭皮屑洗掉，最適當的水溫是38°C，若水溫過高，毛鱗片會翹起來，使頭髮膨脹，這種現象稱為膨潤，且熱水會洗掉必要的皮脂，使頭髮變得乾澀無光。

2. 正式洗：使用洗髮精清潔。正確的方法是先將洗髮精倒在手上，滴一些水在上面輕輕搓揉，發泡後再均勻塗抹在頭髮上（非頭皮），避免局部濃度過高。洗頭時勿用指甲撓抓，應以指腹按摩頭皮，促進血液循環，避免傷害頭皮，徹底洗淨後將洗髮精完全沖洗掉。

3. 護髮：若使用鹼性的皂類洗髮精，必須在洗完頭髮後用潤絲精洗掉鹼性成分，保持頭髮最適當的弱酸性。大部分洗髮精是中性或弱酸性，可減少毛鱗層傷害，但洗淨力強，常將油脂洗掉使髮質乾澀，使用潤絲精可以補充被沖洗掉的油脂，促進毛鱗片附著於髮幹上，增加光澤，修補斷裂的頭髮皮質與髓質，將正電荷沉積於髮幹，中和靜電反應，減少髮幹間的摩擦力，使頭髮易於梳理。使用方法如下：取適量的潤絲精放在手上，先由髮際著手，從髮根開始塗抹，再順勢往髮梢塗抹，盡量塗抹均勻，塗抹完畢，用大量清水沖洗，直到黏稠感消失為止。通常是在過度吹整頭髮，或者溫度、濕度低、造成頭髮破壞的時候，才需要潤絲，過度潤絲會造成頭髮油膩，平常偶爾為之即可。潤絲精依留置在頭髮上的時間，可分為瞬間型、深部型、置留型、潤絲型：
   (1) 瞬間型：洗頭後馬上使用，留置時間 5 分鐘，再用水沖洗掉。僅具稍微的潤絲效果，可使頭髮容易梳理，但修復頭髮的能力有限，大部分家用與美容院使用的產品多為此種；適用於輕微受損的頭髮，增加頭髮濕度。
   (2) 深部型：乳霜形態；使用時須停留在頭髮上約 10~30 分鐘，並用吹風機或溫毛巾熱敷；此產品適用於化學性受損的頭髮。
   (3) 置留型：毛巾擦乾頭髮時使用；此種產品僅具輕微的防止熱傷害功用，可以在髮幹上形成薄膜，使頭髮直徑稍增，促進光澤與易於整理；適用於防止頭髮乾燥、受損，使頭髮易於梳理及造型。
   (4) 潤絲型：分為清除型與乳霜型，於洗髮後馬上使用，並在頭髮變乾前清除。清除型是由檸檬汁與食醋形成，可以移除鈣、鎂等離子，可恢復頭髮的中性 pH 值、光澤，易於梳理，適用於油性髮質；乳霜型為使用四級銨鹽類的陽性界面活性劑，其潤絲效果較其他類弱，適用於油性或正常髮質，使頭髮容易梳理，並去除肥皂所留下的殘餘物。

4. 乾燥：剛洗完的頭髮容易受損，必須盡快吹乾。方法是先用毛巾包住頭髮，輕輕拍乾，吸掉多餘水分，不可用力搓揉或讓頭髮互相摩擦，再用吹風機吹乾（溫度不必很高，也不要使用最強風力），盡量遠離頭部，且避免固定吹同一處；另一手輕輕翻動頭髮，使頭皮也能受到吹拂而乾燥。梳髮時使用間隙較寬、頭較鈍的梳子，以免傷害頭髮及頭皮。

頭髮的日常保養

1. 每月修剪一次，髮型才能漂亮，髮質也會比較健康。
2. 勿用太多洗髮精，否則殘留於頭髮上易生頭皮屑，影響毛髮生長。
3. 芝麻含有大量維生素 E，食用可使頭髮烏黑亮麗。
4. 綁頭髮時不要束得太緊，以免傷害髮質。
5. 時常更換分髮線，可防止禿頭，因分髮線的頭皮直接曝曬陽光，容易脫髮。

頭髮造型劑

依造型持續時間可分為永久與暫時造型劑。永久造型劑為可使頭髮本身結構重新組合的燙髮液，分為冷燙液（室溫使用）與熱燙液（加熱使用）。使用目的則是為了形成波浪捲髮或回復直髮（離子燙）。一般配方中含有兩劑，第一劑為還原劑，如乙硫醇酸(thioglycolic acid)及其衍生物、半胱胺酸(cysteine)，用來打斷頭髮的雙硫鍵結〔還原反應，形成胱胺酸(cystein)〕，頭髮經定型後再用第二劑的氧化劑，如雙氧水（過氧化氫）、溴酸鹽、過硼酸鈉(sodium perborate)，重新組合雙硫鍵結（氧化反應）。為使還原劑發揮功能，燙髮液酸鹼值通常調整在 8.8~9.5，稱為鹼性燙髮液，對頭髮特別是外圍毛鱗層傷害較大，故造型後應加強護髮。也有以甘油酯(glycerin ester)為主的酸性燙髮液，酸鹼值約 5~7，其捲髮造型能力較弱些，但對頭髮損傷較小。

暫時性造型劑不牽涉頭髮的化學反應，通常使用高分子成膜劑，在頭髮表面形成具有可塑性的透明固定薄膜，如髮膠(hair gel)、髮膠水(water grease)、髮雕、慕絲（hair foam or mousse，泡沫整髮劑）、噴霧定型液(hair spray)等，使頭髮可輕易做造型，此類造型劑能藉由洗髮精清除。

染髮劑

染髮劑可以改變頭髮顏色，其種類可分為暫時性染髮劑、半永久性染髮劑、永久性染髮劑。暫時性染髮劑之染料附著於毛鱗層的最外層表面，可輕易被洗髮精洗掉，使用簡單且安全；半永久性染髮劑之酸性染料經苯甲醇溶劑攜帶，可滲透入毛鱗層以及部分毛皮質內，再藉離子鍵作用使染料固定及顯色，其染色效果可持續將近一個月，須經 5~6 次洗髮才能去除；永久性染髮劑分為兩劑，第一劑含小分子氧化染料，易擴散至毛皮質內，再經過第二劑的氧化劑（過氧化氫）氧化聚合而呈色，聚合後的高分子染料無法自由進出毛髮，因此染色效果可以持久，無法用一般洗髮精去除。

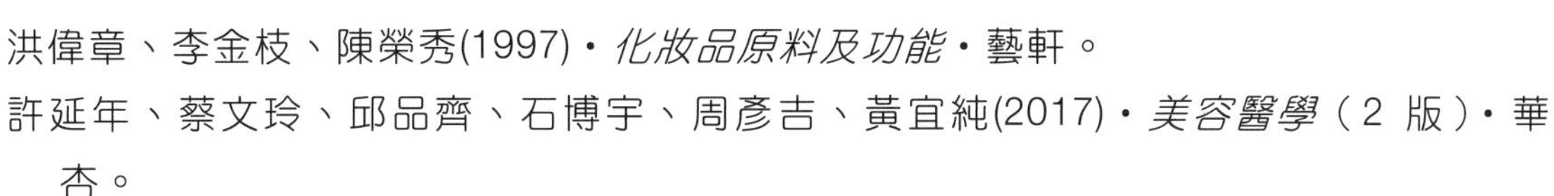

參考資料 REFERENCES

洪偉章、李金枝、陳榮秀(1997)．*化妝品原料及功能*．藝軒。

許延年、蔡文玲、邱品齊、石博宇、周彥吉、黃宜純(2017)．*美容醫學*（2 版）．華杏。

光井武夫(2004)．*新化粧品學*（陳韋達譯；2 版）．合記。（原著出版於 2000 年）

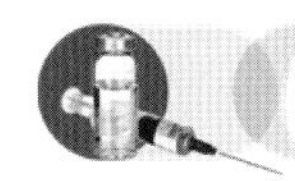

小試身手 REVIEW ACTIVITIES

( ) 1. 掉髮與下列何種內分泌失調有最明顯關聯？ (A)胰島腺 (B)甲狀腺 (C)胸腺 (D)腎上腺。

( ) 2. 促使毛髮生長的部位靠近？ (A)表皮層 (B)皮脂腺 (C)毛乳頭 (D)髮梢。

( ) 3. 正常人頭髮有多少比例處於生長期？ (A) 1% (B) 10% (C) 50% (D) 90%。

( ) 4. 洗髮精的 pH 值最好為？ (A) 2.5 (B) 4.5 (C) 7 (D) 9。

( ) 5. 過度使用強鹼性洗髮精清洗頭髮會造成頭髮？ (A)潤滑 (B)捲曲 (C)乾燥 (D)柔軟。

( ) 6. 毛髮鱗片開口重疊方向為？ (A)髮根朝髮梢 (B)髮梢朝髮根 (C)與頭皮呈平行 (D)任意重疊。

( ) 7. 毛髮主要成分為？ (A)硬角質素 (B)軟角質素 (C)色素 (D)纖維素。

( ) 8. 頭髮平均生命約？ (A) 2~3 個月 (B) 1 年 (C) 2~6 年 (D)超過 10 年。

( ) 9. 界面活性劑中適用於洗髮精的是？ (A)兩性離子 (B)非離子 (C)陽離子 (D)陰離子。

( ) 10. 頭皮的皮脂腺分泌過多或過少都可能造成？ (A)狐臭 (B)頭髮分叉 (C)脫髮 (D)頭皮屑。

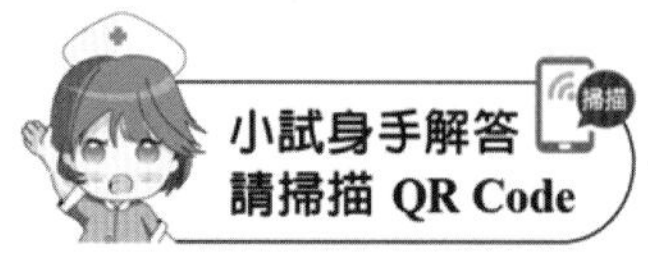

CHAPTER

08

楊佳璋・編著

射線療法

Aesthetic Medicine

前言

地球表面充滿了各種不同波長的射線（圖 8-1），這些射線帶有能量，人們利用這些射線應用在醫學診斷及治療，獲得了很大的效果。而在皮膚疾病及美容上，亦運用不同的射線來治療皮膚的各種異常狀況，近年得到了極大的發展。本章將介紹雷射、脈衝光及光動力療法等不同射線的發展與應用。

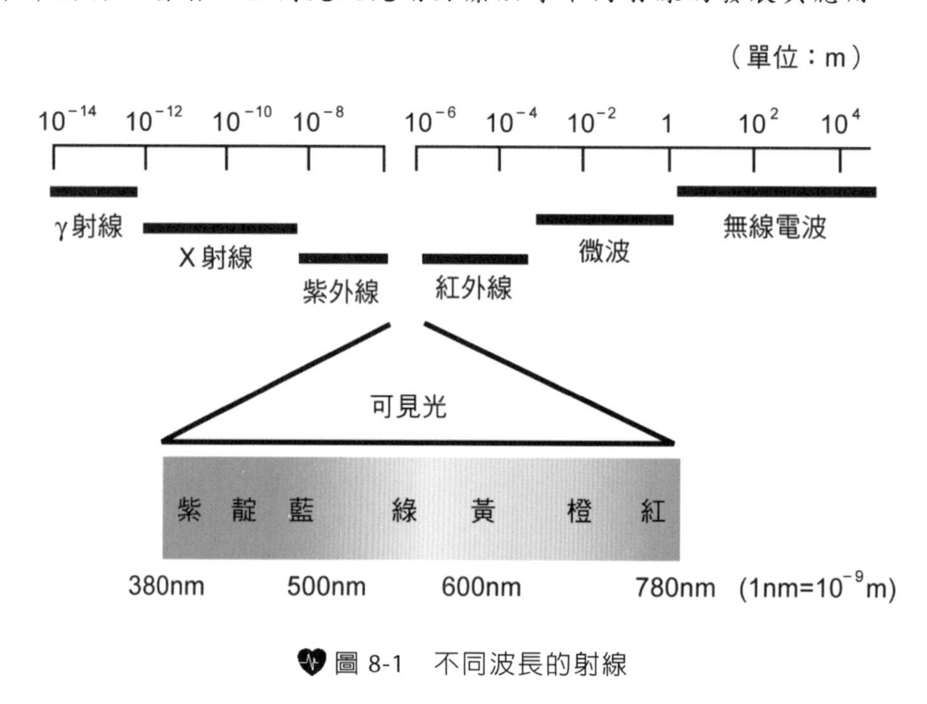

圖 8-1　不同波長的射線

8-1 皮膚雷射

發展歷史

雷射是“LASER”的音譯，全文為「Light Amplification by Stimulated Emission of Radiation」，意即利用受激所引發之放射，進行光放大作用後的光束。此雷射光束因具有單一波長、帶有極高能量以及可以被皮膚組織吸收等特性，使得雷射可以被應用在醫學美容及皮膚科的臨床治療上。

雷射的理論最早是由愛因斯坦(Albert Einstein)於 1917 年所提出的「受激發射理論」，也就是利用特定頻率的入射光波，去刺激原子發射出相同頻率的光。而首先實現的是美國梅曼博士(Theodore Harold Maiman)，他在 1960 年使用氙燈(xenon flash lamp)激發紅寶石(ruby crystal)，產生了波長為 694 nm 的紅光，進而發展出第一台紅寶石雷射，命名為 Laser（雷射），也因此梅曼博士被稱為「雷射之父」。在此之後，許多研究者相繼發展出各種不同形式的雷射。1963 年，美國辛辛那提大學醫院皮膚科醫師 Goldman 首度將紅寶石雷射應用在各種皮膚疾病的治療，這是第一次將雷射技術應用在人體上；緊接著，氬雷射及二氧化碳雷射於 1964 年問世，分別應用於血管增生疾病及各種表皮和真皮疾病。直至今日，應用於皮膚疾病治療及美容的各種不同功率、不同激勵方式、不同波長的雷射相繼問世，也擴大了美容醫學的應用範疇，並對皮膚美容產生革命性的影響。

原 理

雷射的原理是利用電子從高能階移至低能階時，會發出某特定波長的放光，並且設法增加光束能量（振幅）而成。作法是找到兩個適合的能階（某種介質，例如紅寶石、氦、氖、CO_2 等），想辦法將很多電子移到高能階，造成高能階的電子數多於低能階的電子，結果就是電子會掉下來並放出光線，因為能階差一樣，放出的光頻率一樣，而後通常會利用腔體讓光束在裡面反彈，到一定的亮度（振幅）後再放出，這也造成放出的光束方向集中，所以雷射就是單一頻率、振幅大、集中的光束。當雷射光照射到皮膚時會反射、穿透、吸收與散射（圖 8-2），只有當雷射光產生吸收與散射時，才能對皮膚組織產生影響。

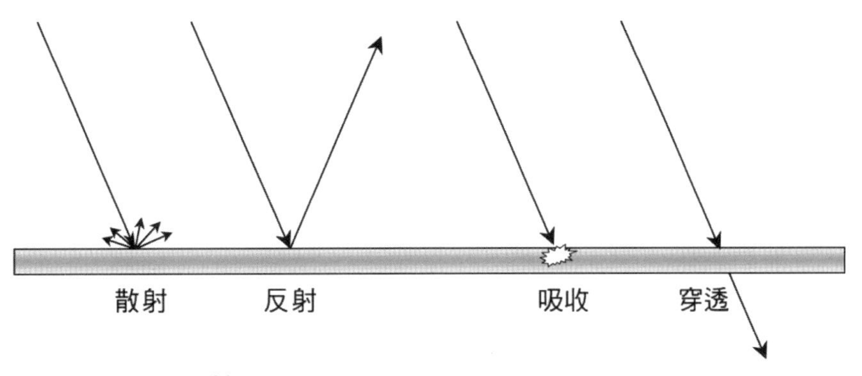

圖 8-2　物體表面對雷射光的作用

下列是雷射與其他種射線不同的特點；雷射光束因為具有這些特色，所以光束可以又細又直，同時具有適當及穩定的能量來治療各種皮膚病灶。

1. 高亮度(brightness)：雷射光束即使經過一大段距離也不會減低太多能量。
2. 高方向性(directionality)：雷射光束可以保持細直，所以容易瞄準，不易分散。
3. 單色性(monochromatity)：雷射光束是某一種顏色或是一段波長非常短的窄波，可被特定的皮膚組織吸收。
4. 同調性(coherence)：在空間（或時間）上任兩位置（或任兩時刻），都具有相同或相似的相位關係。

1983 年哈佛大學學者 Anderson 與 Parrish 提出近代皮膚美容雷射史上重要的觀念－「選擇性光熱分解效應」，此理論成為日後皮膚雷射發展的重要基礎，包括染料雷射(nashlamp-pumped pulsed dye laser)、超脈衝二氧化碳雷射(ultra-pulsed carbon dioxide laser)以及各種 Q-開關(Q-switched)雷射，皆是應用此理論而被大量的研發應用。此理論大致說明如何以控制的雷射能量來破壞目標物，而不至於對周邊的組織造成熱破壞，其內容主要有三點：

1. 皮膚內的各種組織會選擇性地吸收某段波長的雷射光，對特定組織產生光熱效應，使組織凝固、碳化、氣化，造成組織破壞。在皮膚中會吸收雷射光的組織有黑色素、氧合血紅素(oxyhemoglobin)及毛囊，此外，外來的刺青色素顆粒也是雷射的目標物。黑色素吸收係數大致上與波長成反比，波長越短，吸收越好；相反地，水的吸收係數則是與波長約略成正比。氧合血紅素則是在 418、542、577 nm 有三個吸收顛峰（圖 8-3）。

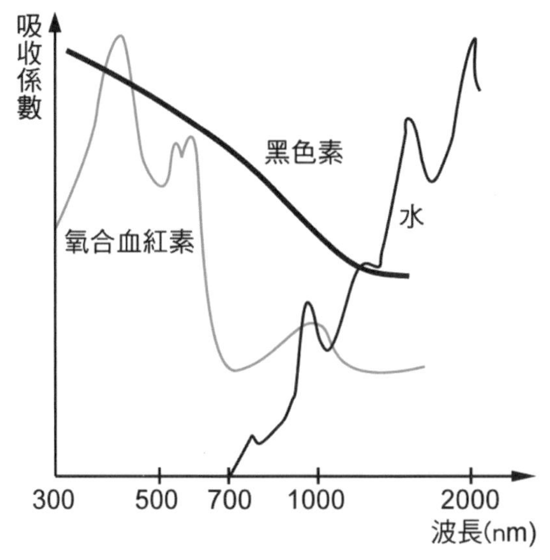

圖 8-3　波長與氧合血紅素、黑色素以及水之間的吸收關係

2. 脈衝寬(pulse duration)代表目標組織暴露於雷射光照射的時間；熱緩解時間(thermal relaxation time)為組織接受雷射能量後，組織溫度降到最高溫度的一半所需的時間，通常和目標組織的大小成正比。如果控制脈衝寬小於目標組織的熱緩解時間，就可以減少雷射對於周圍組織的熱破壞。

3. 能量密度(fluence)代表雷射作用於皮膚單位表面積的能量，通常以每平方公分多少焦耳(J/cm^2)來表示。雷射傳遞的「能量密度」必須足夠，才能在指定的時間內破壞目標。

一般而言，光的波長越長，穿透皮膚的能力越強，而光點大小與治療效果也有關。光點越大則雷射穿透的深度越深，治療效果會較好，但對於周遭組織的破壞也會比較強。有效的雷射治療必須對於皮膚症狀有正確的診斷，同時要了解病灶的深度以及厚度，才能選擇適當波長的雷射機種，並配合適當的光點大小、能量密度以及脈衝寬，方可達到最好的治療效果。

雷射種類

依照不同的屬性對雷射加以分類，有下列三種分類方法：

1. **雷射介質**：依照雷射所使用的活性介質狀態來區分，可將雷射分為氣態（如二氧化碳雷射）、液態（如染料雷射）及固態（如紅寶石雷射）等三種。
2. **脈衝寬**：依照雷射光束輸出的波式，可將其區分為連續波式(continuous wave mode)、半連續波式(quasi-continuous wave mode)與脈衝波式(pulsed wave mode)。雷射的脈衝寬越短，能量越集中，對目標物的作用將更具專一性，相對地對於周圍正常組織的破壞會更少。
3. **功能**：依照臨床上不同用途對各種雷射加以分類：(1)色素性雷射；(2)血管性雷射；(3)刺青雷射；(4)除毛雷射；(5)磨皮／換膚雷射。以下根據此分類方式詳加說明。

色素性雷射

色素性雷射是利用雷射的特定波長及能量，破壞皮膚的色素病灶，為目前臨床皮膚美容使用率最多的雷射。主要有 Q-開關紅寶石雷射(694 nm)、Q-開關釹－雅各雷射(532, 1064 nm)及 Q-開關亞歷山大雷射(755 nm)。Q 指的是雷射介質的能量儲存係數(quality factor of energy storage)，介質產生的能量會被儲存於共振器，並於其後的脈衝中放射，其好處是可以在極短時間發出相當大的能量，將皮膚色素破壞，但對周遭組織的傷害可以降到最低。

亞洲人的皮膚具有較高含量的黑色素，因此接受雷射治療後，常會出現色素變化，也就是發炎後的色素沉著，俗稱「**反黑現象**」。然而，只要病人配合防曬以及使用美白產品，大多數人在 2~3 個月內皆可恢復正常；肥厚性疤痕的副作用則是相當少見。值得注意的是，由於眼底和虹膜等處亦含有黑色素細胞，在治療時必須配戴護目鏡，以免受到傷害。

⊙ Q-開關紅寶石雷射(Q-Switched Ruby Laser)

紅寶石雷射的波長為 694 nm，此波長可以穿透表皮層並深及上真皮層，並且被黑色素選擇性地吸收。配合 Q 開關的設計，紅寶石雷射可發出 25~40 nsec 的短脈衝。因為這些特性，紅寶石雷射可用以治療各種真皮以及表皮的色素性病灶，而不會傷害正常組織，目前較常用來治療太田母斑、顴骨痣及咖啡牛奶斑等。

雖然紅寶石雷射也可以用來治療表皮層較表淺的病灶，如雀斑(freckles)及曬斑（日光性小痣）等，但是為了減少對於真皮層的破壞，應選擇其他波長較短的色素性雷射。

⊙ Q-開關釹－雅各雷射(Q-Switched Nd-YAG Laser)

釹－雅各雷射為波長 1,064 nm 的紅外線，脈衝寬為 5~7 nsec。由於波長比較長，所以治療的深度比紅寶石雷射更深，而且較不會影響表皮層的正常黑色素，適合較容易產生黑色素變化的亞洲人；也可透過磷酸鉀晶體(potassium diphosphate crystal)的作用，將釹－雅各雷射的波長改為 532 nm 的綠光。由於波長比較短，可以對比較表淺的表皮層內黑色素做有效破壞，治療雀斑及曬斑。然而，真皮內的氧合血紅素也會吸收 532 nm 的波長，所以上真皮層的微血管會被破壞，治療後的 10~14 天，常會有紫斑(purpura)的現象，但之後會逐漸改善。

⊙ Q-開關亞歷山大雷射(Q-Switched Alexandrite Laser)

亞歷山大雷射又稱為紫翠玉雷射，波長為 755 nm，脈衝寬為 50~100 nsec。波長比紅寶石雷射長，較適合治療深層的病灶。雖然波長較 1,064 nm 的釹－雅各雷射短，治療的深度會降低，但是黑色素吸收效果比較好，且治療時的熱效能較低，疼痛感也會比較小。

血管性雷射

血管性雷射主要是針對血管內的氧合血紅素的吸收，其吸收光譜主要在黃色波長，有三個吸收高峰(418, 542, 577 nm)。在組織吸收雷射光後，雷射的能量可以有效破壞血管，治療血管病變相關的疾病，目前比較常使用的血管性雷射有染料雷射(flashlamp-pumped pulsed dye laser)及 532 nm 釹－雅各雷射。其中染料雷射（波長 585 nm，脈寬 450 μsec）是第一個根據「選擇性光熱分解效應」的理論發展出來的血管性雷射，目前已被證實可以有效治療酒色斑、蜘蛛樣血管瘤、微血管擴張、化膿性肉芽腫等。血管性雷射治療後，紅血球會跑出血管外，因此會有紫斑或是瘀傷的副作用出現。

刺青雷射

刺青可分為外傷性及裝飾性刺青，前者是指外傷後異物入侵包埋入皮膚所形成的，如車禍擦傷時，砂石瀝青包入傷口，或是被筆芯戳到臉或手所留下的黑點；後者又可分為業餘性及專業性刺青，業餘性刺青一般使用的顏色較少，多為碳顆粒，刺青深度較淺，大多位於表皮，因此較易去除；而專業性刺青使用的顏色多，常以有機金屬為原料，顏料量多且刺青深度較深，可達真皮層，較難去除。

治療色素病灶的 Q-開關雷射可以有效清除刺青（圖 8-4），且結疤危險性低。依據刺青色素吸收光譜的波長，必須使用不同種類的雷射來治療，見表 8-1。

表 8-1　刺青染料與適用之雷射

染料顏色	適用雷射種類
黑色	會吸收紅色及紅外線的光源，可選擇 Q-開關紅寶石雷射(694 nm)、Q-開關紫翠玉雷射(755 nm)以及 1,064 nm Q-開關釹－雅各雷射
藍色及綠色	會吸收 600~800 nm 的波長，可選擇 Q-開關紅寶石雷射及 Q-開關紫翠玉雷射
黃色、橘色及紅色	會吸收綠色光，可選擇 532 nm Q-開關釹－雅各雷射

刺青雷射會出現的副作用，包括肉芽腫性組織反應(granulomatous tissue reaction)及全身性過敏，這是一種身體對於染料粒子抗原產生的免疫反應。此外，一些膚色、紅色、白色的化妝性刺青，在使用高能量短脈衝雷射處理後，有可能會出現不可逆的變黑反應。目前已知的機轉可能是這些刺青含有氧化鐵的成分，在雷射治療後會出現還原反應，變成黑色的氧化亞鐵，產生永久性反應。建議在做此類雷射時必須先做小區域的試驗，以免出現副作用時，需要更多治療來挽救。

(a)雷射前

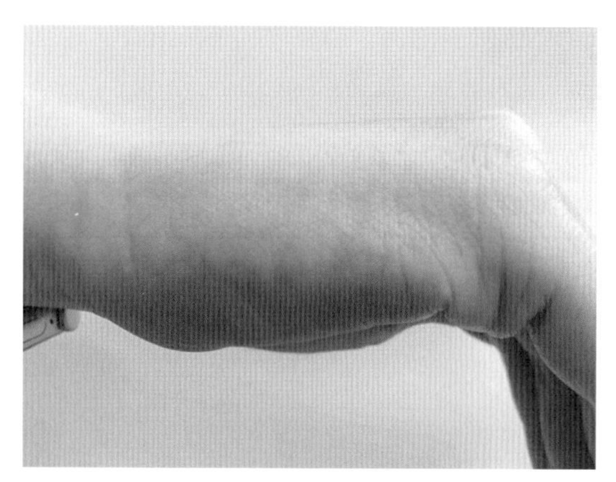

(b)雷射後

圖 8-4　刺青雷射

除毛雷射

除毛雷射的原理是利用位於毛幹、毛球及毛囊中的黑色素會吸收雷射光能量的特性，藉此破壞毛囊構造，達到永久除毛的目的。目前有多種雷射被證實可以有效除毛，包括長脈衝紅寶石雷射、長脈衝紫翠玉雷射、Q-開關和長脈衝 1,064 nm 釹－雅各雷射、長脈衝二極體雷射及脈衝光。其中長脈衝紫翠玉雷射及長脈衝二極體雷射(800 nm)因為波長較長，穿透較深，表皮黑色素對其吸收較少，再加上表皮冷卻系統可降低對表皮的傷害，同時雷射光點也加大（18 nm；紅寶石雷射約 4~6 nm），因此是目前較普遍被使用的雷射。使用長脈衝雷射的原因是因為黑色素在毛囊結構中只占一小部分，所以必須增加脈衝寬，才有足夠的熱擴散以破壞整個毛囊結構，此時間約為 170~1,000 msec 之間，比毛囊的熱緩解時間(10~100 msec)還長，藉此達到破壞毛囊及除毛目的。

雷射除毛必須進行多次療程才能達到最佳的除毛功效，這是因為毛髮的生長是有週期性的，可分成三個時期：生長期、退化期及休止期。毛囊黑色素的含量在生長期最高，此時雷射作用的能量才足以破壞毛隆起(hair bulge)內的多潛能細胞(pluripotential cell)及毛球；人體毛髮中這三個時期是並存的，必須間隔一段時間、多次治療才可將所有的毛囊徹底清除。

磨皮／換膚雷射

磨皮／換膚雷射自 1990 年代中期開始被運用在改善臉部凹疤（如痘疤、水痘疤痕、外傷疤痕）、老人斑（包括日光性小痣、脂漏性角化）及臉部皺紋等；以二氧化碳雷射及鉺－雅各雷射為主。其波長位於紅外線區，此波長雷射會被水分吸收，皮膚構造因為含有大量水分，所以會產生非選擇性破壞，將皮膚氣化，藉此消除不要的疤痕構造。

⊙ 二氧化碳雷射(Carbon Dioxide Laser)

二氧化碳雷射乃一種氣體雷射（圖 8-5），所激發的光波長為 10,600 nm，主要的吸收介質為水。二氧化碳雷射具有兩種功能，使用聚焦模式時具有切削功能，而使用離焦的模式則為止血功能。早期，二氧化碳雷射只有連續波的輸出模式，對於周邊組織的傷害大，因此大多僅使用於皮膚腫瘤的治療。直到近年，已發展出超脈衝(ultra-pulse)以及掃描式二氧化碳雷射，可以減輕雷射後的熱效應和術後副作用（皮膚發紅、黑色素沉澱），二氧化碳雷射才正式使用於皮膚美容的領域。

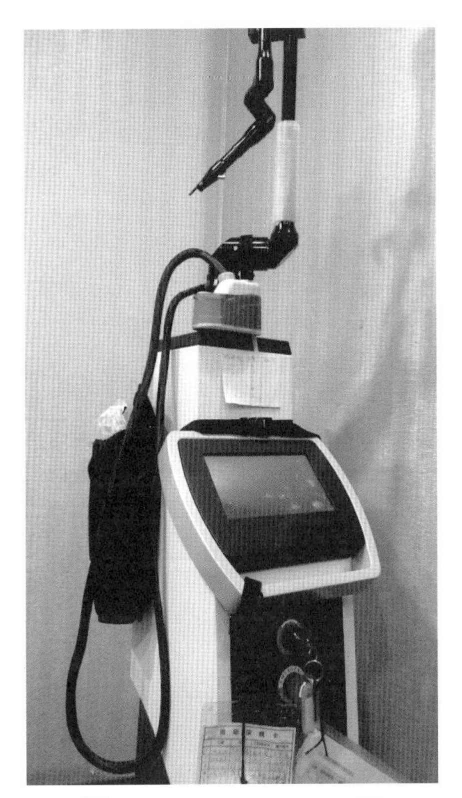

圖 8-5　二氧化碳雷射
（白壁美學診所提供）

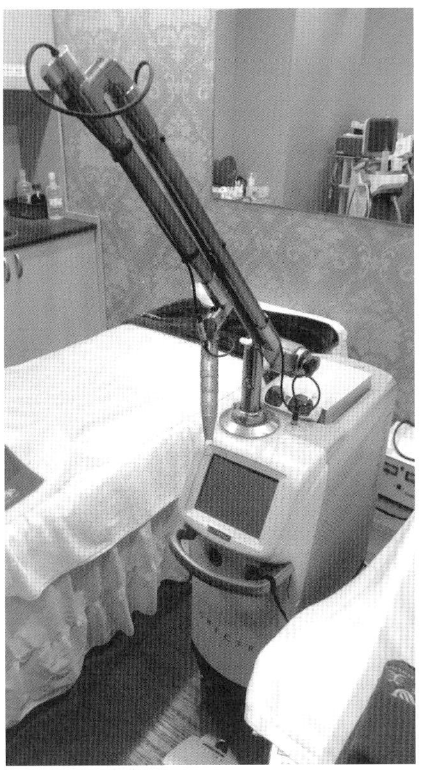

圖 8-6　鉺－雅各雷射
（白壁美學診所提供）

⊙ 鉺－雅各雷射(Er-YAG Laser)

鉺－雅各雷射（圖 8-6）的波長為 2,940 nm，水分對它的吸收效果比二氧化碳雷射更好（約 16 倍），而且對於組織熱傷害比二氧化碳雷射少，但也因此止血效果比較差，治療到真皮層時，常會出現點狀出血。不過相比於二氧化碳雷射，其汽化和熱破壞的效果都優於前者，故較普遍使用。

⊙ 非表皮性氣化磨皮雷射(Non-ablative Skin Resurfacing Laser)

此種雷射運用皮膚冷卻系統及「選擇性效應」的觀念，利用 1,000~1,500 nm 之間近紅外線區域的波長，此波段的雷射不易被水分吸收，因此可以減少對於表皮的破壞，而直接作用在真皮內。1994 年冷觸雷射(cool touch laser, 1,320 nm Nd-YAG laser)出現，其利用表皮冷卻系統把表皮冷凍，使其溫度下降，照射雷射光時，可以緩解掉雷射光對表皮的熱傷害，因而不會造成表皮的傷害及汽化；而雷射光進到真皮層時，會選擇性地破壞真皮乳突層(papillary dermis)及上網狀層(upper reticular dermis)的膠原纖維，引起膠原重組(collagen remodeling)，進而刺激纖維母細胞(fibroblast)活性，達到除疤去紋的功效。

⊙ 分段光熱分解(Fractional Photothermolysis)

2004 年由 Manstein 等人提出「分段光熱分解」理論，其原理是利用雷射在皮膚造成散在性極小區域（直徑為 100 μm）的破壞，也就是將雷射光束分成許多更細微的小光束，如將 1 平方公分的雷射光分隔成 125 或是 250 個小光束（圖 8-7），小光束間保有細微間距，因此皮膚被小光束照射到時的能量，可以擴散到這些間距組織中，用以治療表皮病灶，而不會造成表皮的過度受損，同時雷射破壞的深度可以達到真皮層，引起膠原重組反應。1,550 nm 摻鉺光纖雷射(erbium-doped fiber laser)就是應用這種原理，在臨床應用上對於疤痕處理、治療眼睛周圍的皺紋和老化，或日光造成的色素病灶都有不錯的效果。

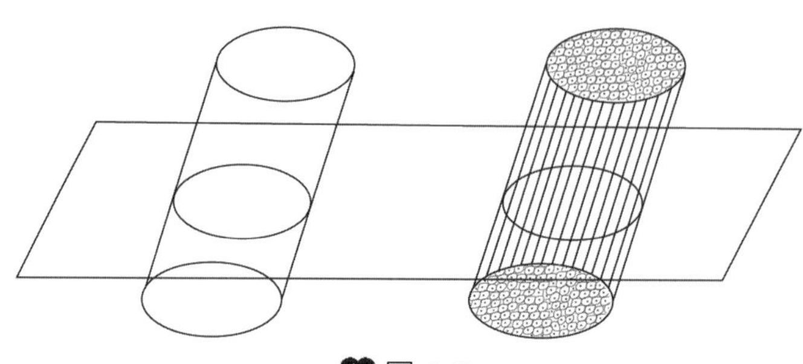

圖 8-7

雷射手術術後護理

皮膚雷射手術之術後皮膚基本會有兩類情況，一類是打完後會出血、造成表皮破皮的雷射，例如用於除痣的鉺－雅各雷射、處理痘疤的飛梭雷射等；另一類則是不會流血、破皮，如改善膚況的淨膚雷射、去除紅色素及微血管的染料雷射等。

1. 沒有表皮傷口者，術後保養主要是保濕和防曬工作：
   (1) 淨膚雷射治療後會形成痂皮，3~7 天會自行脫落，勿摳除，以免疤痕產生。
   (2) 術後 2 週內勿使用含果酸或 A 酸類的藥膏及保養品。
   (3) 加強保濕及防曬。
   (4) 術後可能會產生輕微紅腫、敏感及熱感，若感覺疼痛，可冰敷減輕疼痛。

2. 表面有傷口者，傷口照顧是術後保養的一大重點：
   (1) 傷口癒合前的照顧：
      A. 可在傷口處貼上人工皮保護，直到傷口癒合。
      B. 如果不方便貼人工皮，可以使用抗生素藥膏來保護傷口。
      C. 暫時不要使用含有果酸、A 酸、水楊酸等的保養品，以避免刺激傷口。
      D. 在傷口癒合前不要在傷口處使用化妝品。
   (2) 傷口癒合後的照顧：
      A. 使用防曬乳(SPF>30)，出門要戴帽子、雨傘、太陽眼鏡、口罩等防曬用品，避免皮膚直接曝曬於陽光下，避免斑點產生或反黑現象發生。
      B. 皮膚癒合新生後，可能會出現搔癢感，需做好保濕，禁止大力抓癢。
      C. 術後約 1 週內痂皮會自然脫落，不要去摳除，以免留下疤痕或色素沉澱、反黑。
      D. 避免使用成分過於複雜的化妝產品，以免對新生皮膚造成刺激與傷害。

8-2 脈衝光

脈衝光(intense pulsed light)（圖 8-8）是藉由強力的弧光燈作為發光源，可以在幾毫秒內發出幾十焦耳能量的光線，並且利用水晶濾光片去除對皮膚組織比較沒有功效的短波光線，留下在可見光到紅外線間的光譜，基本上大多介於 550~1,200 nm 之間，因此與雷射光具有單一波長的性質不同，表 8-2 列出脈衝光與雷射之間的差異處。

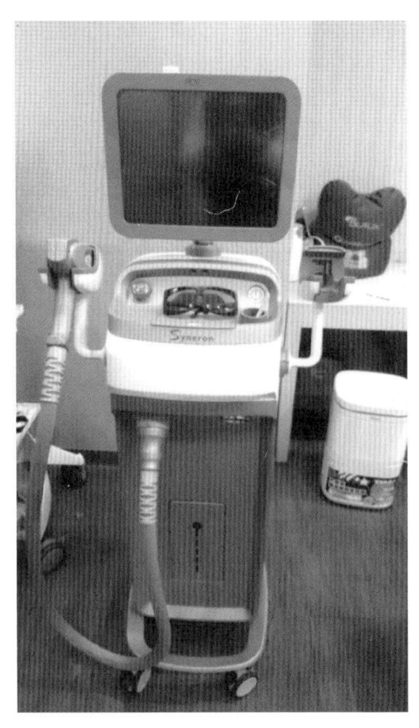

圖 8-8　脈衝光（美國 Syneron 公司，白壁美學診所提供）

脈衝光因為具有多波長的特性，可深及皮膚各種深度，而且可以針對數種吸光物質作用，故應用在許多皮膚疾患的治療上，如下列項目：

表 8-2　脈衝光與雷射的比較

項目	脈衝光	雷射
波長	550~1,200 nm	視種類而定；單一特定波長
作用範圍	長條型光束，能做大範圍治療	點狀光束，適合小面積治療
能量	光束能量小，較無疼痛感，不需塗局部麻醉藥	光束能量大，有疼痛感，需塗局部麻醉藥
效果	較慢	較快
術後處理	幾乎無傷口；反黑現象較少	有傷口，易滲血、結痂；易反黑

1. **色素性病變**：如色素痣或斑，特別是表皮層的色素問題效果最好。
2. **血管性病變**：如葡萄酒色斑，或是臉部、小腿之微血管擴張，在脈衝光的照射下，也可逐漸去除。
3. **疤痕淡化**：對於痘痘的發紅性疤痕，或輕微性凹疤較為有效。

4. **除毛**：如腿毛、腋毛均可治療；治療後，毛髮可逐漸變淡、變細、進而消失。
5. **除皺**：脈衝光具有刺激膠原重組的功效，對於微細皺紋有淡化效果。
6. **光顏回春術**：因長期日光曝曬所產生的臉部老化病變，如微血管擴張、色素斑、皮膚鬆弛、皺紋、毛孔擴大等，經數次治療後可望改善。

一般而言，脈衝光治療較為溫和，術後可能會有輕微紅腫現象，約 1~3 日即可恢復。但因為膚質差異及操作手法，可能會有不良反應，敘述如下：

1. **起水泡**：可塗抗生素藥膏，5~10 天可復原。
2. **色素不均勻**：常見於術後過度日曬及膚色較深的人身上，但一般在 1~3 月後會逐漸消散。
3. **組織腫脹**：屬暫時性反應，3~7 天可復原。

8-3 光動力療法

光動力療法(photodynamic therapy, PDT)是 1897 年德國泰品勒教授(Hermann von Tappeiner)及其學生瑞伯(Oscar Raab)在進行抗瘧疾藥物實驗時，觀察到閃電可以減少草履蟲的存活時間，因而發現光線扮演重要的角色。此後經過多位學者研究，將其應用在醫學的治療上，如腫瘤治療、殺菌等，獲得相當好的效果，而後應用在美容醫學上，發現可治療皮膚的各種病灶。

光動力療法包含三大元素：**感光劑**、**光**與**氧分子**的參與。其原理為使用感光劑後，選擇適當波長的光線照射感光劑，使其變成激發態，當感光劑要回到基態時，便會把電子及能量傳給氧分子，因而產生自由基及單價氧，攻擊細胞，使細胞崩解死亡。

在皮膚治療的應用上，理想的感光劑必須具有下列特性：純度高、能釋出大量的單價氧、在長波長範圍能夠吸收足夠的光能、能夠塗抹皮膚使用及高組織專一性。目前發展出來的感光劑，其吸收波峰大多落於可見光範圍(400~780 nm)，也因此可見光是光動力療法最常使用的光線。

在皮膚美容應用上，1987 年德國曼佛特(Meffert)醫師就提出以可見光治療青春痘，而後又提出可用波長為 400~420 nm 的高能量藍光來治療青春痘。藍光主要針對青春痘及毛細孔粗大，因藍光可被痤瘡桿菌中的內紫質（內生性感光劑）吸收，產生自由基，進而破壞細菌，達到治療目的。而厭氧的痤瘡桿菌是以皮脂腺為中心，會在皮脂腺分泌聚集大量內紫質，藍光照射殺菌的同時，連帶破壞部分的皮脂腺組織，因此有減少皮脂分泌的效果；若以紅光照射，可以達到更深層的治療效果。此外，應用黃光(570 nm)或紅光(630 nm)在皮膚上照射，能夠誘發表皮細胞分泌細胞激素，甚至刺激真皮內的纖維母細胞，經由兩者交互作用影響到真皮內的膠原纖維重組，進而達到抗老化及除皺的功效。

參考資料 REFERENCES

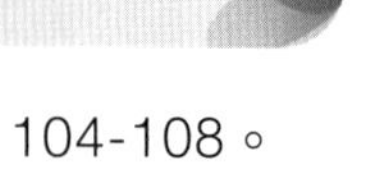

王正坤(2006)．皮膚雷射在醫學美容應用上的新發展．*台灣醫界，49*(3)，104-108。

許延年、蔡文玲、邱品齊、石博宇、周彥吉、黃宜純(2017)．*美容醫學*（2 版）．華杏。

蔡仁雨(2000)．*皮膚美容外科學*．武陵。

小試身手 REVIEW ACTIVITIES

(　) 1. 雷射具有下列哪些特色，所以光束可以又細又直，同時具有適當及穩定的能量來治療各種皮膚病灶？ (A)高方向性 (B)高亮度 (C)單色性 (D)以上皆是。

(　) 2. 下列哪一種皮膚構造對於雷射光在 418、542、577 nm 有三個吸收顛峰？ (A)水 (B)黑色素 (C)氧合血紅素 (D)角質細胞。

(　) 3. 下列何者不是屬於色素性雷射？ (A)二氧化碳雷射 (B)Q-開關紅寶石雷射 (C)Q-開關釹－雅各雷射 (D)Q-開關亞歷山大雷射。

(　) 4. 雷射除毛只對於下列哪一時期的毛髮有效？ (A)退化期 (B)休止期 (C)生長期 (D)以上皆有效。

(　) 5. 亞洲人的皮膚因具有較高含量的黑色素，因此接受雷射治療後常會出現什麼症狀？ (A)白斑產生 (B)反黑現象 (C)瘀青 (D)以上皆是。

(　) 6. 雷射磨皮的雷射光主要是針對下列哪種構造作用？ (A)水 (B)黑色素 (C)氧合血紅素 (D)膠原纖維。

(　) 7. 下列關於脈衝光的敘述，何者錯誤？ (A)光束能量小，較無疼痛感 (B)能做大範圍治療 (C)反黑現象較少 (D)單一特定波長。

(　) 8. 光動力療法中常用來治療青春痘的是？ (A)藍光 (B)紅光 (C)黃光 (D)綠光。

(　) 9. 光動力療法需要下列哪些要件？ (A)感光劑 (B)氧分子 (C)光 (D)以上皆是。

(　) 10. 下列哪一種雷射較不會傷害到表皮？ (A)二氧化碳雷射 (B)紅寶石雷射 (C)冷觸雷射 (D)紫翠玉雷射。

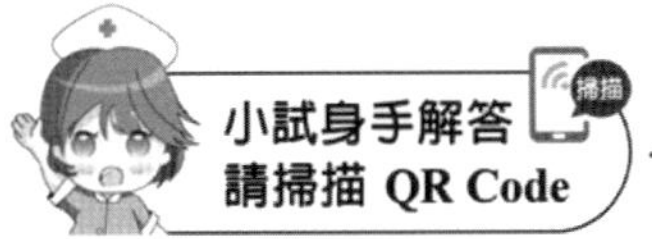

MEMO

CHAPTER

09

蔡新茂・編著

近視雷射手術

Aesthetic Medicine

前言

眼睛是靈魂之窗，但如果因為視力問題而戴上眼鏡，則會遮掩了眼睛的美麗，尤其是國人近視比例甚高，開始近視及戴眼鏡的年齡也有逐年下降的趨勢，顯示國內兒童從小就疏忽了眼睛的保養。

近視可透過戴眼鏡來矯正，但有增加鼻子負擔、運動麻煩、容易下滑、髒汙等缺點，更常被譏為「四眼田雞」，不小心弄壞了還得暫時面對視茫茫的困擾，因此有人選擇配戴隱形眼鏡，但長時間配戴恐會引起缺氧傷害或消毒不夠乾淨。其實要擺脫眼鏡的糾纏還有個確實有效的解決方法，那就是「角膜雷射手術」，以下將分別針對角膜結構、眼球屈光異常與屈光雷射手術來說明。

9-1 角膜的構造及屈光異常

角膜的組織結構

角膜(cornea)是眼球壁最外層纖維膜的前凸部分（圖 9-1），略呈橫橢圓型，表面光滑透明，有一層淚膜保護，其中含有一定比例的黏蛋白、水分和脂質，具有防止角膜乾燥、保持平滑及光學特性的作用。角膜不含血管，營養主要來自角膜邊緣血管網、房水及淚液。代謝所需的氧約 80%來自空氣、15%來自角膜邊緣血管網、5%來自房水。角膜的感覺神經主要由三叉神經的眼支經睫狀神經分布於角膜各層，使得角膜為全身最敏感的組織之一。

成人角膜橫徑約 11.5~12 mm，垂直徑約 10.5~11 mm，厚度各部分不同，中央最薄，平均為 0.5~0.57 mm，周邊為 1 mm。中央約 4 mm 直徑的圓形瞳孔區域內的曲率半徑基本相等，其餘部分角膜曲率半徑並不完全相同。角膜形態發生改變會出現扁平角膜(cornea plana)，角膜曲率異常則有圓錐角膜(keratoconus)，是屈光性角膜手術中需注意的情況。角膜外、內表面曲率半徑分別為 7.7 mm、6.8 mm。外表面屈光力為+48.83D，內表面屈光力為–5.88D，總屈光力+43D，占眼球屈光力的 70%，屈光指數 1.376。

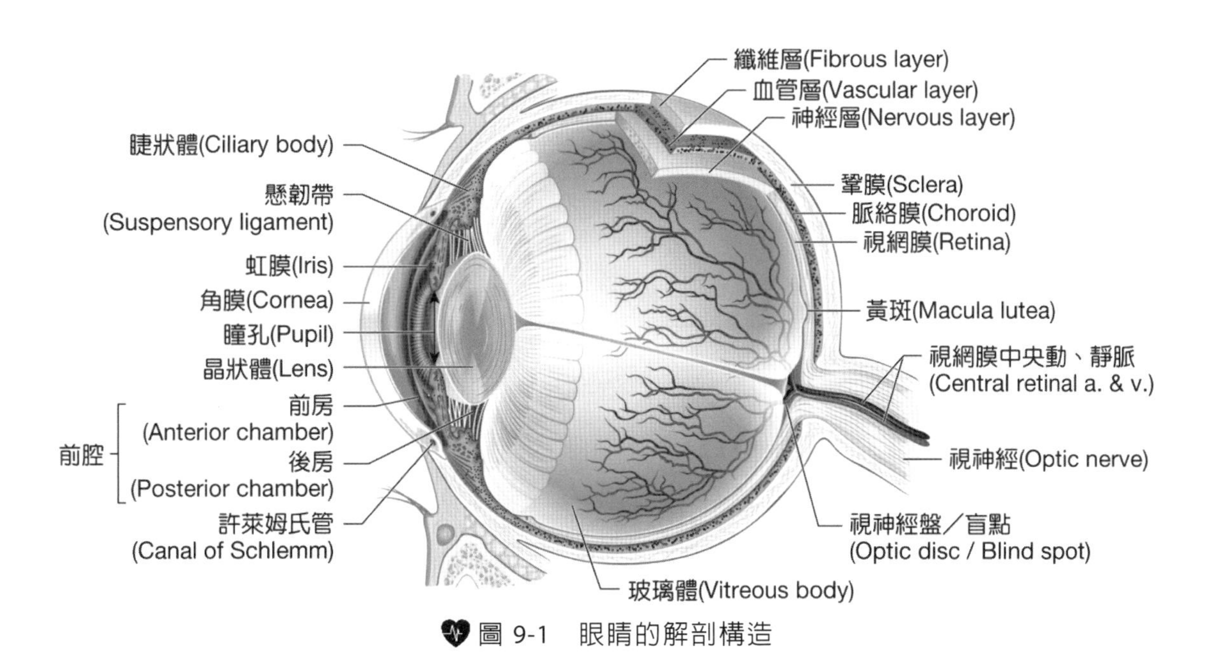

圖 9-1 眼睛的解剖構造

在組織學上，角膜由外向內分為五層：上皮細胞層、前彈力層（鮑曼氏膜）、基質層、後彈力層（德希梅氏膜）和內皮細胞層。

1. **上皮細胞層(epithelial layer)**：是眼球結膜上皮的延續，由 5~6 層有核上皮細胞組成。總厚度平均為 50 μm（微米），占整個角膜厚度的 10%。上皮薄厚均勻，是全身最均勻的上皮，有利於形成光滑的前界面。上皮細胞層再生能力強，損傷後修復快，通常損傷及雷射屈光角膜切除術(photorefractive keratectomy, PRK)後於 48~72 小時內癒合，不遺留疤痕。此層由外向內又分為表層、中層、深層。
   (1) 表層：由 2~3 層多角形的表層細胞(superficial cells)構成，表層上皮經常脫落，細胞不角化。
   (2) 中層：多角形翼狀細胞層(wing cells)；在中央區有 2~3 層，周邊部 4~5 層。
   (3) 深層：為基底細胞層(basal cells)，僅為一層柱狀細胞層。細胞大小均勻，細胞底部緊接前彈力層，頂部與翼狀細胞連接。

2. **前彈力層(lamina elastic anterior)**：又稱鮑曼氏膜(Bowman's membrane)，主要由膠原纖維組成的透明膜，厚 8~14 μm，無細胞成分，故損傷後無再生能力。PRK 術後此層遭切除，若採電射原位層狀角膜塑型術(lasik-assisted in-situ keratomileusis, LASIK)，術後可保留完整的前彈力層。

3. **基質層**(stroma)：占角膜厚度的 90%，厚約 500 μm。由 200~250 層與角膜表面平行的膠原纖維束薄板組成。基質的主要成分為 I、IV 型膠原蛋白。在纖維薄板間有角膜基質細胞與豐富的玻尿酸和黏多醣。此層損傷後不能再生，以瘢痕組織所代替。準分子雷射角膜切削術後可刺激基質細胞增生、移行，細胞外基質合成、排列及膠原蛋白合成。若長時間配戴隱形眼鏡，而使角膜處於缺氧的情況下，會使血管生長進入角膜中，影響視力。
4. **後彈力層**(lamina elastic posterior)：又稱德希梅氏膜(Descemet's membrane)，成人厚約 10~15 μm。與基質層界線清楚，是由內皮細胞產生的一層較堅硬透明的均質膜，富有彈性，能阻止血管和細胞的穿透，損傷後可以再生。
5. **內皮細胞層**(endothelium layer)：為單層六角形扁平細胞構成，可避免房水透過此層滲入到角膜組織中，保持角膜水分和電離子平衡，以及提供養分給角膜。在嬰幼兒時期，內皮細胞可進行有絲分裂，成人以後內皮細胞損傷則不能再生，缺失的細胞必須由鄰近細胞擴張和移行來填補缺損區，若無法填補，則角膜可能水腫和產生大疱性角膜病變。

屈光異常

光線從角膜通過瞳孔、水晶體、玻璃體等不同介質，聚焦於視網膜上，不同介質其屈光度不同，角膜屈光力約占眼球總屈光力 70%、水晶體占 25%，因此，角膜是影響屈光度最重要的構造。屈光異常多因用眼不當，導致角膜弧度與眼軸長度無法配合，使影像無法準確聚焦於視網膜上。

臨床上最常見的屈光異常包括近視、遠視與散光，若影像焦點落於視網膜之前，造成近視；若焦點落於視網膜之後，形成遠視；如果角膜水平與垂直的弧度不同，影像經由不同弧度聚焦後形成幾個不同的焦點，即散光。常用的矯正方式是戴眼鏡，近視眼鏡為凹透鏡，遠視眼鏡為凸透鏡，或雷射進行角膜塑型以恢復視力。

9-2 屈光手術

屈光異常的成因，主要是屈光力與眼睛軸長無法配合，而角膜屈光力占最大比例，又位於最外層，因此，屈光異常的矯正手術主要從角膜著手。最早的屈光手術理論於 1896 年由荷蘭眼科專家 Lendeer Jans Lans 提出，其目的是想治療散光，1930 年日本醫師 Tsutomu Sato 率先嘗試，進行放射狀角膜切割，試圖矯正飛行員視力，但因角膜退化比例高而失敗，1961 年南美洲哥倫比亞的西班牙裔眼科醫師巴拉克(José Ignacio Barraquer Moner)發明角膜切割器(microkeratome)，並在 1964 年發表角膜塑型術(keratomileusis)於期刊論文，不僅能矯正近視，亦能矯正遠視，被稱為「現代屈光手術之父」。

1974 年蘇聯醫師 Svyatoslav Fyodorov 發展出「放射狀角膜切開術(radial keratotomy, RK)」，此術係以鑽石刀在角膜上做 4~16 次放射狀切割，當傷口癒合時，會改變角膜弧度，進而改善近視、遠視和散光度數。但由於是靠醫師手執鑽石刀切割，其深淺及癒合程度很難精確，故不易精準矯正度數，且對角膜做深度切割（約角膜厚度的 90~95%），會使角膜的韌度受損，加上術後疤痕有夜盲及眩光的缺點，已漸漸不被採用。

後來又發展出 Epikeratophakia（上角膜晶片）、自動化層狀角膜塑型術(automated lamellar keratomileusis, ALK)、手動式層狀角膜塑型術(manual lamellar keratomileusis, MLK)等方式。以 ALK 為例，手術是在真空提高眼壓的情況下，使用精密的自動層狀角膜切割器，將角膜表層切開約 1/5 的厚度，形成圓盤狀角膜瓣，掀開角膜瓣後，針對下方的角膜基質進行第 2 次切割，其切除之組織厚度取決於所要矯正的度數，最後覆蓋角膜瓣即完成手術。ALK 可矯正高達 3,000 度的近視，手術後的視力回復也很快，但使用機械鋼刀進行角膜切削，會使角膜的切割角度和範圍受到限制，無法準確矯正度數，且手術時需將眼球加壓，引起視網膜血管破裂出血的風險較高，若 2 次切割角度不一致，易造成不規則散光，缺點仍多。

1983 年，德國醫師托克爾(Stephen Trokel)等人運用切割鑽石、晶片的「準分子雷射」於動物眼角膜做試驗，發現其對角膜的切削十分精確，「雷射屈光角膜切除術(photorefractive keratectomy, PRK)」於焉出現；1989 年希臘醫師 Ioannis G. Pallikaris 發表「雷射原位層狀角膜塑型術(laser-assisted in-situ keratomileusis, LASIK)」，1991 年起在歐亞各國陸續核准使用於視力矯正手術。1995 年 PRK 獲美國食品藥物管理局(FDA)認證，用來治療 600 度以內近視；1998 年 LASIK 也獲美國批准，用於治療 1,500 度內近視；臺灣也在 1996 年部分開放，當時以 PRK 為主，目前則以 LASIK 為主流；1997 年義大利 Massimo Camellin 結合了 PRK 與 LASIK 的優點，新創「雷射屈光角膜表層下塑型術(LASEK)」，適用於高度數與角膜薄的近視；2003 年希臘醫師 Ioannis Pallikaris（發明角膜板層刀）發展出「上皮雷射屈光角膜塑型術(EPI-LASIK)」，改良 LASEK 部分缺點。上述準分子雷射手術在小光斑飛點掃描技術等高科技輔助儀器的應用，也變得更安全且效果更精確。

準分子雷射手術介紹

準分子雷射(excimer laser)是一種氬氟混合物所發出波長 193 nm 的遠紫外光雷射，可以使組織分子汽化，但是對附近組織不易產生熱效應，因此極少產生疤痕，同時它不會穿透角膜，所以對眼球內部組織也沒有任何傷害。每一發雷射可精確地切削 0.25 μm 深度的角膜，故可以改變角膜的屈光度，達到矯正近視的功能。手術前透過眼科醫師專業的檢查評估後，將近視度數、散光度數及角度輸入雷射機器的智慧型電腦中，精準地定量欲汽化的角膜面積、深度及形狀，細緻的雕塑角膜，使光線重新聚焦於視網膜上，因而得到清晰影像。

傳統準分子雷射是以 6~6.5 mm 的大光斑(broad beam)照射方式，這是因為考慮到一般角膜直徑為 10~12 mm，而瞳孔在放大縮小的範圍為 3~6 mm，故 6~6.5 mm 雷射削切足夠視力矯正所需。但由於大光斑雷射的光束大，無法精確地細部雕塑角膜，較易產生中心小島(central island)現象，而使視力呈現多重影像（俗稱鬼影）的不良效果。且其治療的光學區域在 6.5 mm 內，對夜間瞳孔較大的人，易有眩光或光暈的問題。

小光斑飛點(flying spot)掃描式雷射，其光斑大小為 0.68~0.95 mm，可精雕細琢；雷射速度快達每秒 200 發，角膜不致因雷射時間太久而脫水。其能量成高斯分布，中間較高，往周邊遞減，光斑交界處能量不會加倍累積，因此雷射後角膜表面更平滑，視覺品質較好，配合非球面高階像差最佳化雷射程式，所需汽化之角膜厚度較少、視光覺區也較大(8~12 mm)，無夜間眩光和光暈的問題。

目前常見的準分子雷射如下：

⊙ 雷射屈光角膜切除術

雷射屈光角膜切除術(photorefractive keratectomy, PRK)為最早發展出來的準分子雷射手術方式，手術過程先點麻醉眼藥水並消毒，再把角膜表皮刮除，然後用 193 mm 準分子雷射精確地把設定厚度的角膜組織汽化切除，以改變角膜的弧度，達到矯正度數的功能（圖 9-2）。切削的厚度由電腦根據近視度數精密計算而定，準確度相當高。手術時間約 10~15 分，但實際雷射時間僅需 30 秒到數分鐘，術中全無痛覺。

手術完成後需給予抗生素眼藥水、戴治療用隱形眼鏡幫助角膜上皮重生，術後 3~5 天，角膜上皮長好，即可恢復視力。優點在於準確性高、穩定性佳，眼球組織傷害小，併發症極少、治療範圍區域大，可避免夜間眩光，適合角膜厚度偏薄、度數接近者；缺點是在術後 24 小時內疼痛感較明顯，可能持續 3 天，而部分病人角膜會有短暫混濁現象，若以微光斑雷射治療者，角膜霧狀混濁程度相對輕微，不至於影響視力，適時的藥物治療及追蹤後，一般術後 3 個月後會逐漸消失，極少數人會產生角膜疤痕。此術適合矯正 600~800 度以下的中低度數近視、遠視及散光，併用特殊藥物及小光斑雷射後，亦適用於角膜厚度不足之高度近視。

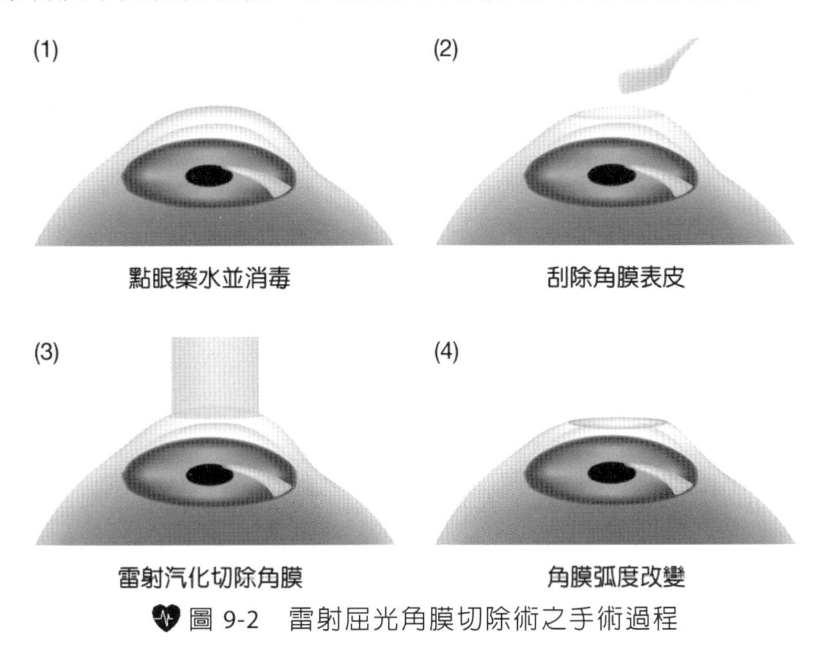

圖 9-2 雷射屈光角膜切除術之手術過程

⊙ 雷射原位層狀角膜塑型術

雷射原位層狀角膜塑型術(laser-assisted in-situ keratomileusis, LASIK)是目前最常使用的方法，結合了 PRK 和 ALK 的方法及優點。手術前先點麻醉眼藥水並消毒，再利用極精密的角膜層狀切割儀(microkeratome)，於角膜表皮約 1/4 的厚度處(130~160 μm)平滑切割一片直徑 8.5~9.5 mm 的圓形角膜瓣，過程約 30 秒鐘，此時會有眼球壓迫感，並有短暫視力降低。翻開角膜瓣後，利用最精密的準分子雷射，在其剩餘約 3/4 的角膜內層，按照近視度數作組織汽化及重新塑型，時間大約 1 分鐘，之後再蓋回角膜瓣，不需縫合，結束後給予抗生素點眼及覆蓋透光眼罩，雙眼大約 20 分鐘即可完成。

LASIK 可以修正任何屈光異常問題，包括高度近視、遠視、散光等，在近視雷射手術後角膜弧度改變並減少屈光度，使影像能聚焦在視網膜上，因為由微電腦控制，故準確度相當高，一般誤差約在 100 度以內。LASIK 術後 1~7 天即可恢復視力，且因角膜內層組織沒有重生能力，故度數的改變是永久的。短時間內可能有畏光、流淚、異物感及視力不穩定等症狀，約 3 天後會逐漸消失。在切割角膜瓣時保留了表皮層，所以無角膜上皮及鮑曼氏膜傷害，治療後幾乎沒有疼痛不適，且較無結疤反應，角膜混濁的副作用機率相當小。主要缺點在於可能發生角膜瓣切割不全、破損或脫落等問題，但機率不大。LASIK 在利用角膜板層刀切割角膜瓣時，也會把角膜的感覺神經切斷，需要半年甚至更久才能恢復。此法對於 1,500 度以內的近視矯正效果最佳，也能同時矯正 600 度以內的散光，95%視力能回復到 0.8~1.2 以上。

⊙ 雷射屈光角膜表層下塑型術

雷射屈光角膜表層下塑型術(laser-assisted subepithelial keratomileusis, LASEK)是 PRK 的改良型手術法，因與 LASIK 發音相近，為免混淆，業界或以「EK」稱之。手術時以低濃度酒精處理角膜表面後，角膜上皮與基質會鬆開，再將角膜上皮部分掀起，形成帶蒂的角膜上皮瓣膜（直徑 8~10 mm，厚約 60~80 μm），接著同樣以準分子雷射切削角膜的表層後，把上皮瓣膜覆蓋回原位（圖 9-3）。手術完成後需給予抗生素眼藥水，並戴治療用隱形眼鏡幫助角膜上皮重生，約 3~5 天等上皮完全癒合再取下隱形眼鏡。此術無使用角膜板層刀的複雜度與風險，亦能減輕傷口發炎反應、角膜混濁及疤痕產生的機會，特別適用於角膜厚度不足之高度近視，但術後疼痛感高於 LASIK，且酒精會對上皮瓣造成一定的傷害。

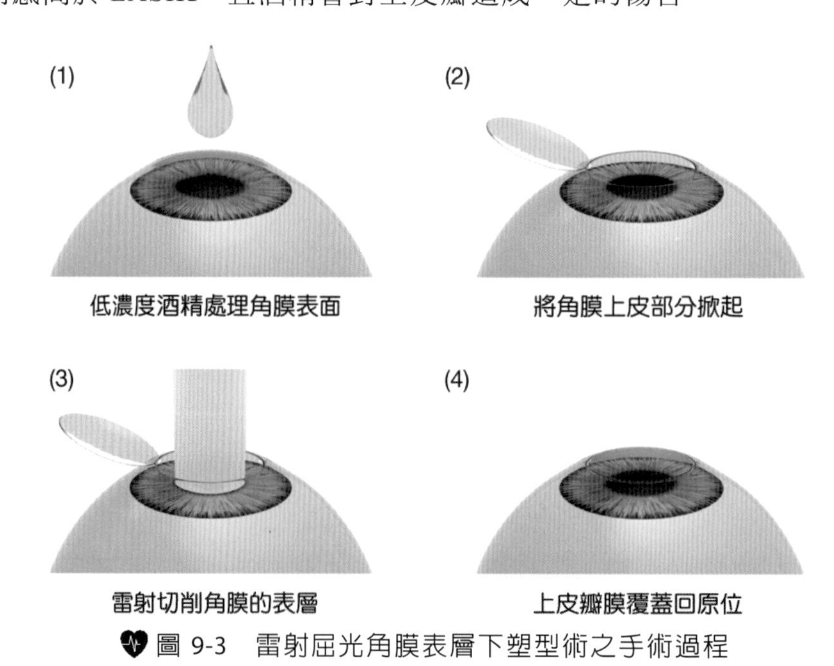

圖 9-3　雷射屈光角膜表層下塑型術之手術過程

⊙ 上皮雷射屈光角膜塑型術

上皮雷射屈光角膜塑型術(epithelial-laser in situ keratomileusis, EPI-LASIK)是一種以機械製作角膜瓣的 LASEK 手術，術中應用高速震盪的塑性鈍刀分離角膜上皮層，製作一個完整的角膜上皮瓣（厚約 60~80 μm），再於前彈力層進行雷射切削，將上皮瓣復位後即完成手術。術後一週需要配戴治療用隱形眼鏡（角膜接觸鏡），以防止超薄的上皮瓣移位。EPI-LASIK 的術後短期效果可能不如 LASIK，且有一定的痛感，但比 LASEK 稍好，能避免製作角膜瓣時可能發生的潛在風險，以及 LASEK 手術中使用酒精所產生的不良影響。

角膜安全厚度

LASIK 近視雷射手術包括兩次角膜手術，先切割角膜瓣及再切削角膜基質。要完美的做到這兩項，必須事先經過縝密的測量，計算出所要切割的角膜厚度，加上電腦精準控制切割才能完成。正常角膜厚度為 500~600 μm，ALK 或 LASIK 雷射手術進行時，會先以板層刀切開厚度約為 160 μm 的角膜瓣，接著每 100 度近視需要切除 12 μm 厚之角膜基質，在安全的考量下，不能毫無限制的降低近視度數，治療後的角膜底層厚度（不含角膜瓣）應最少保留 250 μm，意即手術後剩餘角膜一定要保留至 410 μm 的安全厚度（角膜瓣＋角膜底層），否則難以抵擋眼內壓力與大氣壓力之間的不平衡，可能會導致圓錐形角膜，甚至造成視力嚴重喪失的副作用，最後必須進行角膜移植才可治療。術後角膜厚度計算公式如下：

$$\text{術後角膜厚度} = \text{角膜總厚度} - (\text{角膜瓣厚度 } 160\mu m) - \left(\frac{\text{治療度數}}{100\text{度}} \times 12\mu m\right)$$

舉例來說，病人的角膜厚度為 540 μm，而需要治療的近視度數為 500 度，則治療後剩餘的角膜厚度為：540－160－（500÷100×12）＝320 μm，此數值大於 250 μm，為安全厚度。

眼球光學區的雷射照射直徑越大，術後的視力品質越好，但相對地所要汽化切削的角膜厚度也越厚，若遇角膜厚度不足，可能採取縮小雷射治療區域，以求每 100 度所需汽化的深度減少（可<12 μm），達到安全厚度之要求；不過雷射治療區域縮小，容易造成夜間眩光及暈光等後遺症，因此必須兼顧與平衡才是手術是否成功的關鍵。如果角膜厚度很薄，甚至低於 480 μm，建議可使用 PRK、LASEK 以及 EPI-LASEK，來取代 LASIK 雷射手術。此外，雷射手術雖能矯正看遠的度數，但不能改變老花現象，故術後看遠的視力清楚，看近的時候仍須戴老花眼鏡。

近視雷射相關儀器

除了準分子雷射以外，目前最新的飛點掃描雷射儀器尚包括了下列設備：角膜斷層掃描儀(topography)、前導波高階像差檢查儀(wavefront aberrometer)、角膜層狀切割儀(microkeratom)和主動式眼球追蹤系統(active eyetracking system)等。

⊙ 角膜斷層掃描儀

角膜斷層掃描儀也稱為角膜地圖儀(topography)，係配合雷射削切時不規則散光的修正。新一代的儀器(Orbscan II)能對眼睛角膜內層及外層作 41 個橫切面的掃描檢查，精確測量角膜組織分布、精確判讀角膜安全最薄點位置，大大提升散光治療的準確度，也提供給醫師判斷是否適合採用 LASIK 治療。可檢測的項目如下：

1. 角膜前層地形圖。
2. 角膜後層地形圖。
3. 角膜前表面、後表面所有弧度（曲率）與屈光度。
4. 角膜的厚度。
5. 前房的深度。
6. 瞳孔在暗室的大小。
7. 視軸與角膜中心軸的夾角（即 kappa 角）。

⊙ 前導波高階像差檢查儀

前導波高階像差檢查儀(wavefront aberrometer)是太空探索上所應用的科技，利用光波回彈數據來計算遠處星球的光年距離、形狀及大小。應用在眼球視力檢查上，其原理係以一束雷射光（直徑大約為 1 mm，安全不傷害眼睛）聚焦在眼底視網膜黃斑部上，經過反射出來的光線通過眼睛的屈光系統，反射出眼睛，若入射光與出射光一致，則視力品質良好；出射光完全變形，眼睛會有像差問題。但每個人的眼睛並非完美，多少都有某種程度的高階像差存在。

近視、遠視和散光等眼疾屬於低階像差，高階像差是比低階像差更加複雜的視覺誤差問題，是由光線通過眼睛屈光系統（淚膜→角膜→房水→水晶體→玻璃體）層層折射後，所產生的視覺光學誤差。角膜和水晶體表面曲度不理想，或是角膜與水晶體、玻璃體不同軸，都可能產生不同程度的高階像差。角膜創傷、結疤、白內障混濁、乾眼症等也會造成高階像差。

若使用前導波高階像差檢查儀測量完全沒有像差的眼球，其前導波圖形會呈現平面、單綠色的形狀；若是存在各種像差問題，則會呈現不同的色彩與高低起伏的落差，如影響眼睛夜間視覺與眩光最明顯的第四階高階球面像差(spherical aberration)，就像是一個立體的甜甜圈圖形。所有檢測數據經由電腦運算後可了解，包含眼睛各點的度數、角膜屈光度及高低像差等全面性資料，以便為角膜量出最適當數據，並導引雷射光束對角膜做精確且個別性的矯正，改善視力品質。

⊙ 角膜切割儀

傳統的板層鋼刀作角膜瓣切割，有時會遇到刀片不利、吸環脫落等問題，造成角膜切割不平、角膜脫位等角膜瓣併發症，改良式的角膜板層刀(microkeratom)，除了將角膜瓣移至十二點鐘方位、避免角膜移位的好處外，刀片品管的提升及機組運轉的穩定性增加，使得角膜板層刀的安全性更加可靠。

過去的角膜切割儀多是在角膜平面上平推或旋轉，行進中易卡到眼瞼，德國 Carriazo 創新研發的鐘擺式角膜微切機(Carriazo-Pendular Microkeratom)，採用圓弧形刀片，不像傳統的橫切式或旋轉式在角膜平面行進，而是飛機著陸般由角膜上空擺動下降，掀起角膜瓣後再離開，行進中不易被眼瞼卡到，即使對小或凹陷的眼睛亦很安全，且其前導板配合角膜弧度成球形更能保護中心角膜，可安全地掀起厚度只有 90~110 μm 的角膜瓣，能矯正更深的度數並留下較厚而安全的角膜基層，且其切面極平滑，視力品質更好。

目前新方式尚有「雷射板層刀(intralase)」，改以紅外線雷射光束取代傳統鋼刀，汽化同一平面角膜基質，但造成很多小氣泡，可能使基質膠原蛋白凝結變性，且氣泡間為角膜瓣與基質尚存在之連結，掀起時也許導致傷害，不過雷射板層刀標榜切割精準度更為提高，誤差約 10~20 μm，而傳統板層刀切割則約 10~30 μm。

⊙ 紅外線眼球自動追蹤儀

紅外線眼球自動追蹤儀的發明，原本是應用在飛航科技的導彈系統，而在屈光雷射的使用上，主要是修正屈光雷射照射時，眼球不自主轉動造成的偏移效果，通常 1 分鐘可掃描眼球 200 次。

9-3 近視雷射手術的相關注意事項

近視雷射手術的條件

近視雷射手術可以去除眼鏡的束縛，提升生活品質；無論動機為何，都應符合手術條件，並作詳細檢查及諮詢才能進行手術，得到最佳效果。條件如下：

1. 18 歲以上。
2. 近視度數穩定，一年之內變化不大於 50 度。
3. 最佳矯正視力在 0.5 以上。
4. 除了近視以外，沒有其他嚴重眼疾。
5. 無不對稱或不規則之散光。
6. 沒有影響傷口癒合的全身性疾病。

如果有以下情況則不適合做近視手術：

1. 青光眼或疑似青光眼。
2. 圓錐角膜。
3. 嚴重乾眼症。
4. 暴露性角膜疾病。
5. 疱疹性角膜炎病史。
6. 虹彩炎。
7. 有活躍性或復發性眼疾。
8. 眼瞼異常，影響角膜上皮再生者，如倒睫、眼瞼內／外翻、顏面神經麻痺者。
9. 自體免疫及結締組織疾病，如類風濕性關節炎、全身性紅斑性狼瘡等。
10. 影響傷口癒合的全身性疾病，如糖尿病。
11. 曾接受眼球手術者，須由醫師評估決定。
12. 近視度數尚未穩定者須等穩定後再做。
13. 懷孕或哺乳，須等終止後三個月後再做。

此外，曾經動過屈光手術、瞳孔較大或角膜較薄者，必須經過醫生評估，才能決定是否適合手術，以及最佳的手術方式；因瞳孔較大者較容易產生眩光、光暈及畏光的後遺症，而太薄的角膜無法完全矯正視力，反而可能招致失明。

手術前檢查

手術前需經完整眼科學檢查和驗光，包括：

1. 視力檢查：在散瞳前驗出眼睛視力，並與散瞳後比較視力差異。
2. 散瞳後驗光檢查：藉由散瞳劑（一般為 mydrin-p）點眼，將睫狀肌麻痺，使其放鬆，瞳孔放大而測量出真正的度數。再一次配鏡驗光（散瞳後），確定了解睫狀肌收縮對度數的影響力，決定正確治療度數。
3. 眼壓測量：眼壓過低或過高都不適合手術。
4. 細隙燈顯微鏡檢查：檢查角膜是否有疤痕、血管增生或圓錐角膜、檢查水晶體是否混濁。
5. 角膜地形圖測定：測量角膜弧度之變化。
6. 眼前部斷層掃描。
7. 角膜厚度測量：使用麻醉劑點於角膜表面，再用超音波探頭輕觸角膜，探測真實的角膜厚度，並將該數據與角膜斷層掃描儀的數據比較相互印證。
8. 詳細眼底檢查：使用眼底鏡檢測視網膜有無病變或破洞等問題，若有需先治療後才可考慮手術。
9. 淚液分泌測試：又稱修門氏檢查(Schirmer's test)，檢測是否有乾眼症；方法為將 5×35 mm、一端折彎 5 mm 的濾紙，置於受檢者下眼瞼外側 1/3 處，並輕閉雙眼，5 分鐘後檢視試紙被淚液濕潤的長度，若是檢查前未點表面麻醉劑，則為評估其主淚腺功能，短於 10 mm 即異常（圖 9-4），不適合施行 LASIK 手術。

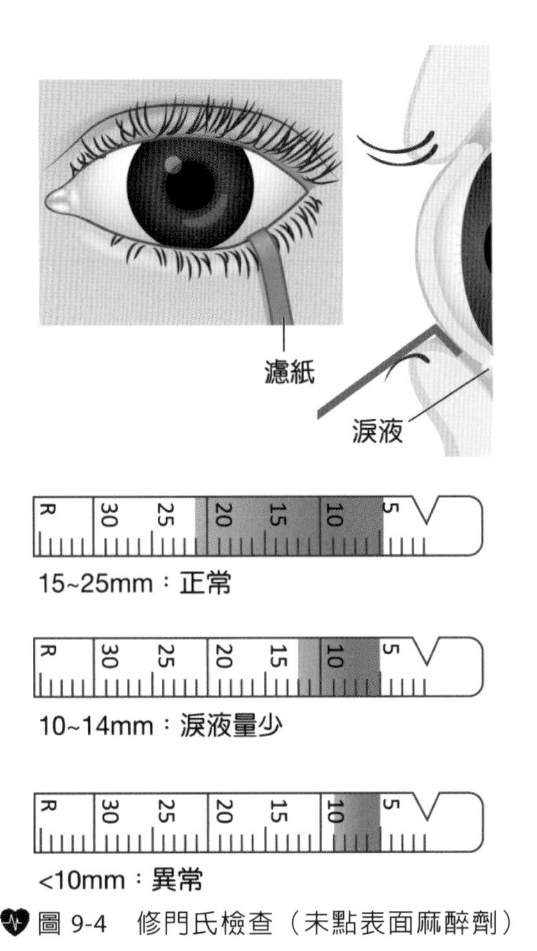

圖 9-4　修門氏檢查（未點表面麻醉劑）

手術前後的注意事項

術前檢查前，若有配戴軟式隱形眼鏡者須停戴 1~2 週，硬式隱形眼鏡須停戴 2~3 週以上。手術當天無須禁食，但不可化妝，以免影響雷射運作。散瞳後視力會較模糊，以及手術後視力尚未穩定，應注意避免自行開車，若要開車需特別防範夜間駕駛易出現的眩光問題。

無需住院，術後即可返家，如有輕微流淚、酸澀或異物感為正常現象，但若有異常疼痛應立即返院檢查。術後隔天起，應依照醫師所開之藥水，按時點用，並定期追蹤；睡眠時戴護眼罩、2 週內不可眼部化妝，洗臉時勿讓水進入眼中。術後第一個月切勿用力揉眼睛，並避免游泳或從事劇烈運動；術後 3 個月內，外出需戴太陽眼鏡，避免紫外線過度曝曬。

近視雷射手術的副作用

近視雷射手術基本上相當安全，但仍有產生副作用的可能，幸好多數副作用是輕微而可逆的，因手術而喪失視力的機會極少。可能的副作用如下：

1. 矯正不足或過度矯正：手術後仍殘留近視，或是超過預期的矯正度數，變成遠視，是最常見的副作用；視情況可於度數穩定後再次雷射矯正。有些高度近視過一段時間後，可能近視度數會再出現，此因組織修護所引起，於穩定後再補行雷射。
2. 畏光、眩光或複視：手術後初期數個月內，對光線的敏感度增加，或於夜間瞳孔變大時易產生眩光或複視，但多在 6 個月後逐漸消失。
3. 角膜瓣切割不良：角膜切割不完全或切割不平整，只要將角膜瓣復位即可恢復，3 個月後可再次手術。
4. 表皮癒合不良：多見於 PRK，可用治療性隱形眼鏡及人工淚液幫助復原。
5. 角膜混濁：常見 PRK 術後 1~3 個月，須點類固醇眼藥水控制，大多慢慢褪去。
6. 角膜瓣皺摺或移位：僅見於 LASIK，可能因外傷引起，會造成不規則散光影響視力，可再以手術鋪平。
7. 角膜瓣下雜質或表皮入侵：輕微者不影響視力，嚴重者須翻開角膜瓣將其去除。
8. 感染：傷口受到病菌感染；機率很低，只要早期發現，多數可用藥物控制。
9. 乾眼症：雷射術後淚水分泌會減少，可能產生乾眼症狀，須補充人工淚液治療，約 3~6 個月可改善。
10. 老花眼：年齡接近或超過 40 歲的人，可能已有老花眼，近視矯正後即使看遠不用戴眼鏡，但是看近處或看書時還是需要戴眼鏡，應與醫師討論適合個人的矯正方式。

參考資料 REFERENCES

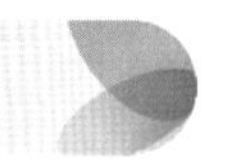

元新眼科中心官方網站(http://www.besteye.com.tw)。

林宏洲（無日期）・*雷射視力矯正科技的新研發*。
http://www.psbeauty.com.tw/html/doctor-paper49.html

許延年、蔡文玲、邱品齊、石博宇、周彥吉、黃宜純(2017)・*美容醫學*（2 版）・華杏。

小試身手 REVIEW ACTIVITIES

( ) 1. 近視雷射的手術部位通常是？ (A)鞏膜 (B)角膜 (C)視網膜 (D)水晶體。

( ) 2. 近視雷射的雷射光波長為何？ (A) 193 nm (B) 293 nm (C) 393 nm (D) 693 nm。

( ) 3. 近視雷射後角膜至少應保留多少厚度才算安全？ (A) 80 mm (B) 160 mm (C) 250 mm (D) 410 mm。

( ) 4. LASIK 近視雷射手術所製作的角膜瓣厚度約為？ (A) 80 mm (B) 160 mm (C) 250 mm (D) 410 mm。

( ) 5. 角膜的特性為？ (A)透明 (B)有豐富血管 (C)無神經分布 (D)屈光力較水晶體弱。

( ) 6. 手術過程中未製作角膜瓣的近視雷射手術為？ (A) PRK (B) LASIK (C) LASEK (D) ALK。

( ) 7. 近視雷射手術可能的副作用有？ (A)夜間眩光 (B)眼睛乾澀 (C)圓錐形角膜 (D)以上皆是。

( ) 8. 眼角膜厚度不足者不宜採用哪種近視雷射手術？ (A) PRK (B) LASIK (C) LASEK (D) EPI-LASIK。

( ) 9. 角膜五層組織中最厚的一層為？ (A)上皮細胞層 (B)前彈力層 (C)基質層 (D)後彈力層。

( ) 10. 角膜組織中不能再生的是哪一層？ (A)上皮細胞層 (B)前彈力層 (C)基質層 (D)後彈力層。

CHAPTER

10

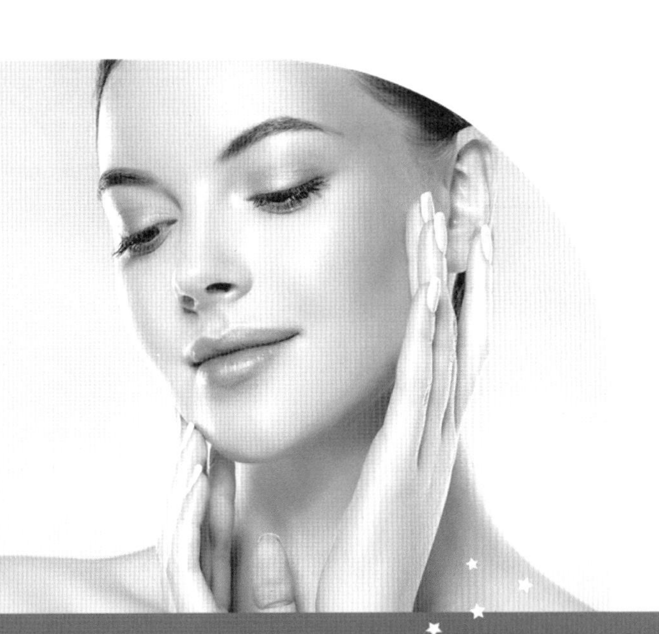

蔡新茂 · 編著

乳房醫學美容

Aesthetic Medicine

前言

女性乳房具有分泌乳汁的功能，因為突出於胸前，成為非常顯眼的第二性徵，在傳播媒體的推波助瀾下，乳房的大小便廣受兩性注意，而發育不良的平胸一族常被冠上「荷包蛋」、「小籠包」甚或「飛機場」等稱號，使自信心受挫，造就乳房雕塑有越來越盛行的趨勢。

10-1 女性乳房的發育

女性的乳房在青春期開始發育，主要受到內分泌與飲食的影響，其中以荷爾蒙最重要，分泌不足則乳房發育差，分泌正常但乳腺對荷爾蒙的反應不佳，更是多數發育不良的原因，即使補充荷爾蒙也是效果不大。在發育期，高蛋白質飲食可促進乳房生長，但過了青春期，飲食對乳房大小的影響減小，只有在不當的斷食減肥後，胸部會因營養不良而萎縮，若多補充蛋白質和熱量，乳房大小亦能逐漸恢復。

乳房的解剖與形態

女性乳房呈左右對稱，外型有半球形、圓盤形、圓錐形和下垂形等，成年未授乳的乳房呈半球形，重量約 150~200 克，飽滿緊實且富有彈性。乳房位於胸前壁淺筋膜內，其深層為胸大肌、前鋸肌、腹外斜肌腱膜、胸肌筋膜及腹直肌前鞘上端部分，其上緣約在第二肋骨，下緣在第六肋骨，內緣靠胸骨外側，外緣在腋前線（圖 10-1）。乳頭位於第四與第五肋間，其周圍稱為乳暈，膚色較深且受年齡及生產等因素影響而加深，甚至變大。常見的乳房異常見表 10-1。

表 10-1　常見的乳房異常

1. 小乳症：體積少於 200 ml	6. 缺乏乳腺、乳頭
2. 乳房肥大	7. 多乳頭畸形
3. 乳房下垂	8. 多乳畸形
4. 不對稱乳房	9. 乳頭內陷
5. 乳癌	10. 男性女乳症

乳房異常現象大多可透過手術來解決，對於小乳症或因乳癌被切除乳房的病人，更可以透過隆乳或乳房重建手術來改善胸部與信心。隆乳除了針對乳房太小的問題，也可應用在乳房下垂及不對稱乳房的矯正，算是常見的整型手術之一。

一般乳房大小是以罩杯來評斷，而罩杯是以乳房的胸圍與不含乳房的下胸圍之差距來分級，每多 2.5 公分差距，則罩杯升一級，如表 10-2。

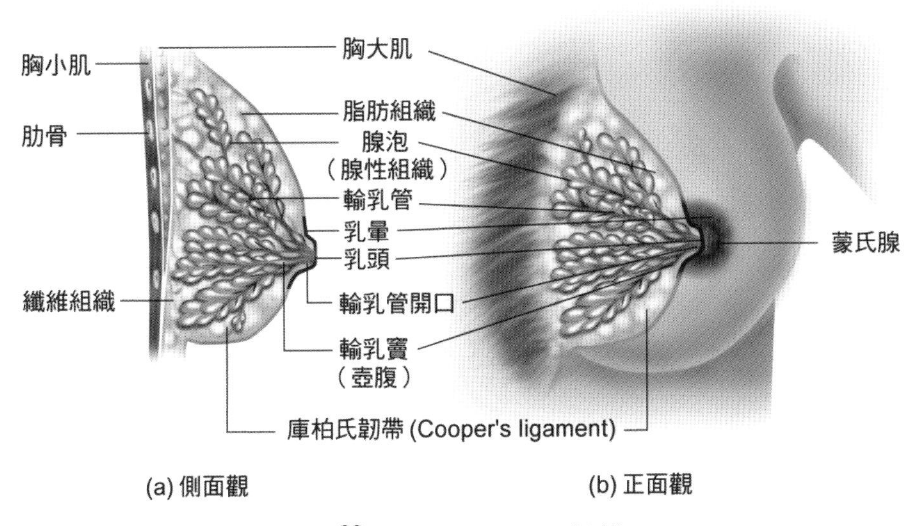

圖 10-1 乳房的結構

表 10-2 胸圍測量對乳房大小之分級

罩杯級	胸圍差(cm)	乳房大小
A	10	過小
B	12.5	偏小
C	15	適宜
D	17.5	適宜
E	20	適宜
F	22.5	偏大
G	25	偏大

10-2 常見豐胸方法

大多數女性渴望擁有豐滿的乳房，除了能讓外型加分，也帶來自信，但若過了發育期，想要讓胸部自然長大的機會可就越來越渺茫。一般常用的豐胸方法如下：

1. **飲食豐胸法**：過發育期後效果不大。
2. **荷爾蒙豐胸法**：不是每個人都有效，即使有效也必須長期施用才能保持，停藥後胸部又逐漸萎縮。使用此法可能會有後遺症，如胸部脹痛、噁心、頭痛、憂鬱、不規則出血等，增加罹患乳癌和子宮癌的機率。如果在發育期使用，骨骺板也可能提早鈣化而停止長高。
3. **運動健胸**：只能讓胸大肌變厚，胸圍雖有增加，實際上乳房沒有變大，還可能因運動過量而使體脂肪減少，乳房反而變小。
4. **真空吸引器、按摩、拍打、電擊**：只能造成局部水腫，幾天後就會消腫，所以完全無效。
5. **注射自體脂肪**：將腹部、臀部或大腿多餘的脂肪抽出來，注入需加強的部位，一般用來填充雙頰、下巴、嘴唇或填平臉部皺紋、坑洞及疤痕。脂肪細胞注入乳房後只有 40~60%能存活，需多次移植才有顯著效果，且不保證兩邊乳房大小對稱。需隆乳的女性大都較瘦，脂肪來源有限，且多次注射可能感染細菌形成乳房膿瘍；打進人體後壞死的脂肪會鈣化，在做乳房攝影時便不易與乳癌所造成的鈣化區分，極可能干擾乳癌診斷而延誤病情。
6. **注射人工化合物**：以注射石臘、液態矽膠（即所謂小針美容）為主的隆乳方式皆屬違法。有些假藉注射膠原蛋白或玻尿酸者，其實是騙人的。
7. **義乳植入**：植入義乳可快速又有效使胸部直接變大，常見材料有鹽水袋及含果凍矽膠的矽袋。
8. **幹細胞乳房重建技術**：此技術以取自人體的脂肪間質幹細胞(adipose-derived stem cell)和脂肪結合，從乳房缺陷區域周圍植入體內，觀察脂肪幹細胞植入數月後的發展。但醫界認為控制幹細胞發育程度仍是難題，目前臺灣並未合法。

義乳的內容物

1. **矽膠**：矽膠義乳在 1963 年上市，由一個薄層的矽袋，內裝液態矽膠所構成，觸感較接近人體正常組織；當矽袋完整時是無害的，但破裂或微量滲漏時可能對人體產生影響，故安全性頗受爭議。有些研究者根據動物和人體實驗的結果，認為矽膠若因滲漏而曝露在免疫系統中，可能會造成某些自體免疫疾病，美國食品藥物管理局(FDA)乃於 1992 年正式宣布禁止使用，臺灣亦於同年宣布禁用，但也有人認為，少數病人的自體免疫症狀無法證明為矽膠所引起，且隆乳者與未隆乳者之自體免疫疾病發生率，並無統計差異。

知識+ 矽膠

矽膠為一種黏度高、穩定的聚二甲基矽氧烷，其結構式為：$[-Si(CH_3)_2O-]_n$，n 代表聚合物的單體數目，n 值越大，黏度越高、硬度越大。醫用矽膠多為硫化型，能耐高、低溫（-54℃到 54℃），不易變質，安全、無毒、無腐蝕性，唯液態矽膠容易瀰散到鄰近組織，造成健康疑慮，已被多國禁止植入人體中。

2. **鹽水袋**：1969 年上市，手術刀口長度約 2.5 公分，置入空袋後可注入及調整鹽水量改變罩杯大小，即使滲漏也不會對健康有影響，但義乳邊緣容易有皺褶問題，使得接受度下降，加上果凍矽膠興起，鹽水袋安全光環不再獨享，也不再是主流。
3. **凝聚型矽膠(cohesive gel)**：俗稱**果凍矽膠**，目前歐美及日本、臺灣等國家皆核准使用，漸成主流。內容物為不會流動的果凍狀矽膠，可避免滲漏問題，缺點為延展性較差，必須在腋下開較大的傷口（約 4~6 公分）才能植入體內。

義乳袋表面材質有「光滑面」與「絨毛面」，絨毛面能減少包膜攣縮機會，但觸感較差；光滑面觸感較佳，但造成包膜攣縮機率較大。義乳形狀則有圓形與水滴形，內容物大多為果凍矽膠，圓形義乳較能做出深 V 效果，但平躺時可能出現「碗公奶」；水滴形義乳胸型較自然，絨毛表面，觸感較硬。

1995 年有幾位美國醫師提出先將空矽袋置入胸部，再把脂肪打進矽袋的構想，脂肪不與組織接觸便不會鈣化，如此將不致干擾乳癌的診斷，但矽袋中的脂肪因無法獲得養分的供應，最後都會壞死，所以並不是個好主意。

隆乳手術(Mammaplasty)

隆乳手術是在麻醉下，將適當大小的義乳（圖 10-2）經由隱密的切口（如腋下、乳暈周圍、乳溝下、乳頭周圍或肚臍），放入胸大肌或乳房下的空間，達到增大乳房體積及美化乳房外形的效果。

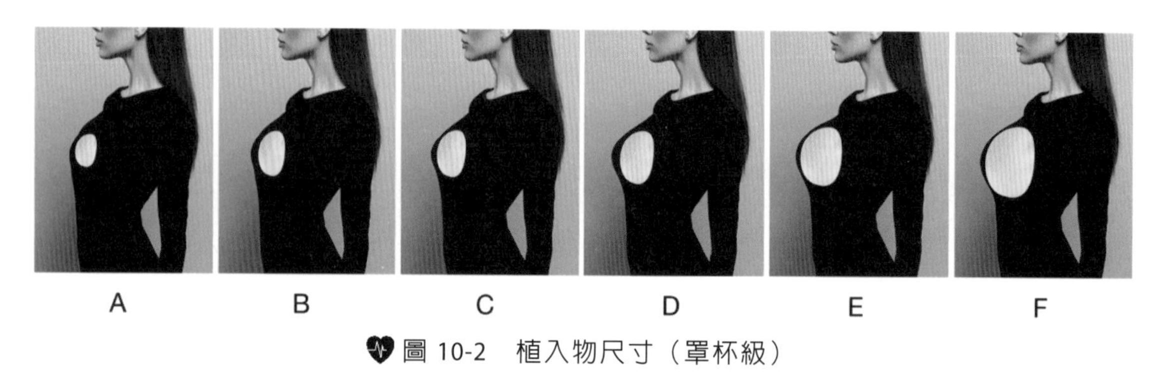

圖 10-2　植入物尺寸（罩杯級）

⊙ 術前準備

1. 全身健康檢查。
2. 術前一個月最好停止服用其他藥物。
3. 手術應避開經期。
4. 選擇義乳類型及大小。
5. 決定手術切口及植入層次。
6. 麻醉方式的選擇。
7. 術前標定手術分離範圍。

⊙ 義乳植入層次

義乳植入層次非常重要，是影響乳房整型成功與否的關鍵之一，必須與醫師審慎討論，以免日後發生問題。常見的植入層次有三部位（圖 10-3）：

1. 乳腺下(sub-glandular)：此法是將義乳置於乳腺和胸大肌之間，出血少及疼痛較輕微，易擠出乳溝，但發生包膜攣縮的機率較高，乳房上緣也較易呈現圓弧狀凸出，如覆碗的外觀。僅適於乳腺較發達及皮下脂肪較厚的人。
2. 筋膜下(sub-fascial)：將義乳置於胸大肌的肌膜（筋膜）之下，其優缺點及適應症近似於乳腺下植入，但由於筋膜張力的作用，乳房上緣的弧度會較自然。
3. 胸大肌下(sub-pectoral)：此法可藉內視鏡以電刀將胸肌剝離肋骨附著點，再將義乳植入胸大肌下緣，較不容易摸到義乳外袋，可控制乳房下緣的位置和形狀，以及降低包膜攣縮的機率。傷口小，出血量少，疼痛減輕，適合乳腺不發達及皮下脂肪不多的瘦者。

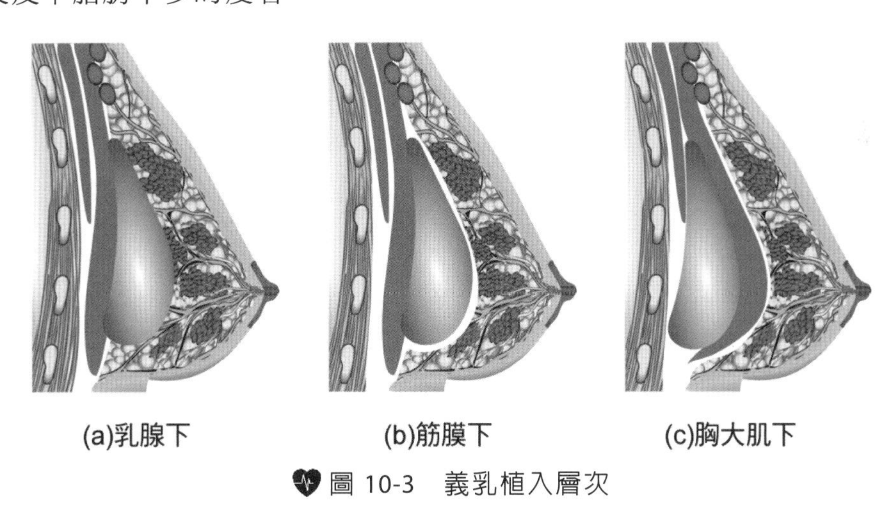

(a)乳腺下　(b)筋膜下　(c)胸大肌下

圖 10-3　義乳植入層次

⊙ 隆乳手術的刀口位置選擇

1. 腋下：適用於胸肌下植入義乳時；刀口隱密於腋下，但胸肌上緣易過度剝離，而下緣及內側則易剝離不足，使乳房術後呈現上大下小的不自然外觀，也不易擠出乳溝，可藉內視鏡避免此狀況。
2. 乳暈下緣：刀口接近需剝離的空間，較不易造成胸肌上緣剝離過度，但可能傷到乳腺管和乳頭神經，造成哺乳困難及乳頭感覺異常等問題，且如果傷口癒合不良，疤痕會比較明顯。
3. 乳房下緣：此刀口不易傷到乳腺，缺點是疤痕較易被發現，且可能破壞乳房下緣的支撐性結締組織，造成義乳過度下滑。

4. **乳頭周圍**：刀口隱藏在乳頭的深色隆起處，癒合後不易察覺，但仍有破壞乳腺管及乳頭神經的可能性。

5. **肚臍**：傷口位於肚臍窩上緣，利用內視鏡輔助，以及特殊的皮下組織和胸大肌剝離匙，將肚臍至胸大肌間剝出一皮下隧道，並在胸大肌及肋骨間剝離出足夠空間，再將尚未裝鹽水的義乳袋塞入肚臍傷口，經過皮下隧道放置於剝離的胸大肌下空間，再注入適量鹽水，以調整義乳大小對稱狀況。術後一週內手術中所殘餘血液及淋巴液會往下引流至腹部，腹部表皮會有些微水腫或淤血。本法疤痕隱密，術後疼痛感降低，不須置放引流管，較不影響肩膀活動，但只適合鹽水袋隆乳，手術時間長且費用較貴。

⊙ 麻醉方式選擇

1. **全身麻醉法**：只要健康狀況良好，此法可以達到術中完全無痛，若再加局部區域麻醉，術後亦不覺疼痛。有些病人可能因對麻藥敏感，而有頭暈或噁心、嘔吐現象，需慎選麻藥種類及施用時機。

2. **硬脊膜外麻醉法**：此法技術要求較高，可能造成麻醉區域不夠或太多，甚至導致全脊麻醉，使得呼吸抑制、血壓下降等，嚴重者可能需急救。

3. **局部腫脹麻醉法**：建議併用其他麻醉法，可減少打腫脹麻醉針時的疼痛。若為手術過程中必須調整雙乳大小對稱的病人，不適合採用此法。

⊙ 隆乳後可能的併發症

義乳對身體是非自然的異物，故可能產生某些不良反應：

1. 包膜攣縮：當義乳植入後，組織會因異物反應形成一層纖維化的外膜將義乳包住，若包膜越變越厚，甚至收縮而將義乳緊緊地包住時，摸起來就會比較硬。

2. 水袋漏裂：鹽水袋義乳可承受壓力達 200 磅 / 平方公分，很難被捏破，但如被針刺或遭瞬間巨力撞擊便可能破裂；少數是因產品本身的瑕疵造成滲漏。

3. 術後乳房形狀和觸感仍可能不自然。

4. 位置太高、下滑或高低不一致。

5. 出血；須置放引流管將血水導出。

6. 操作不當可能造成神經傷害。

7. 某些方式會影響哺乳功能，故日後有意授乳者應慎選方式。

⊙ 隆乳術後護理

隆乳手術後最重要的就是按摩，正確的按摩非常重要，應持續至少半年；果凍矽膠手術後也應按摩，但宜輕按。術後可攝取維生素 E，可能可以預防包膜攣縮。

隆乳後如發生乳房變硬、變形或開始可摸到矽袋的皺褶，可能為矽膠袋或食鹽水袋滲漏，或是發生包膜攣縮。當植入超過十年，時間越久，破裂機率越高，應檢查甚至手術處理；若是術後形狀不自然或不好看，可考慮重做。

10-3 乳房左右不對稱

雙乳外觀大致呈左右對稱，但也有人乳房兩邊大小不一，若相差 50 毫升以上會造成視覺上的明顯差異。乳房左右不對稱的現象可能是腫瘤造成，必須在隆乳手術前先排除這個可能性。

乳房一大一小又不夠豐滿的話，可考慮「雙側」隆乳手術，只要兩側置入不同毫升數的義乳，即可達到豐滿與對稱的胸型；如胸圍夠大，且兩側的容積差異在 100 毫升以上，可做「單側」的隆乳手術，把較小的乳房變大以使兩邊對稱，但差異在 100 毫升以內者，因目前並無低容量的義乳，便只能以「自體脂肪移植」來矯正，方法是將腹部、臀部或大腿處多餘的脂肪抽出，再打入較小乳房同側的「胸大肌」下，因注入的脂肪只有約一半能存活，常需在半年後做第二次手術來補強。

若把較大的乳房縮小至與另一邊相等，因「縮乳手術」可能造成難看的疤痕，還是以不做為宜，但若以「抽脂」的方式來縮小乳房，倒是可以考慮。

10-4 乳房肥大

乳房肥大是因腺體及脂肪結締組織過度增生所致，常伴有乳房下垂。依肥大的程度可分為：

1. 輕度肥大：需要切除 0~200 克。
2. 中度肥大：需要切除 200~500 克。
3. 重度肥大：需要切除 500~1,500 克。
4. 巨乳症：需切除超過 1,500 克。

下列乳房縮小術可矯正乳房肥大的現象：

1. **抽脂術**：乳房是由脂肪和乳腺所構成，少女的乳房皮下脂肪比例較高，可透過抽脂的方式讓乳房縮小。此法刀口小，幾乎不留疤痕，但是效果有限，頂多讓罩杯降一級（120~150 ml），也不是每個人都適用。
2. **環狀乳房縮減術**：從乳暈周圍下刀，將部分皮膚及乳腺切除並懸吊，最多能縮小 500 ml。傷口位於乳暈與皮膚交界處，縫合初期會像收緊的布袋口般，有許多皺摺，3~6 個月後便能撫平且淡化，最後疤痕並不明顯。
3. **標準乳房縮減術**：透過各種特殊設計，將多餘皮膚及乳腺切除，並重新安置乳頭，最多可縮小 1,500 ml。術後在乳房下緣可能留有明顯的「倒 T 字」形疤痕，也可能造成乳頭麻木感，往後哺乳亦有困難。

知識+ 男性女乳症(Gynecomastia)

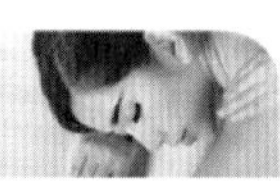

所謂男性女乳症，係指男性胸部因乳房組織增生或脂肪積聚而變大，使得乳房變得和女性相似，可分為「原發性」和「續發性」。

1. 原發性
   (1) 新生兒：受母體雌激素影響短暫出現乳房擴大現象，會自然消退，不需治療。
   (2) 青春期：因荷爾蒙分泌不穩定暫時產生良性乳腺組織增生，一旦荷爾蒙恢復平衡，症狀會隨之消失。倘若 2 年以上無恢復正常，有可能持續至成年。
   (3) 成年期：通常發生在 50~80 歲男性，可能是因睪固酮下降導致；可透過補充男性荷爾蒙來改善。
2. 續發性
   (1) 病理性：因各種疾病引起，如肝硬化、性染色體異常、男性乳癌等。
   (2) 藥物：如利尿劑、心臟病和高血壓藥、精神科藥物、愛滋病用藥、草藥等。

男性女乳症不影響健康，但會對心理狀態或社交造成困擾，情況嚴重者可考慮接受外科手術來改善，如抽脂、切除多餘乳腺組織等。

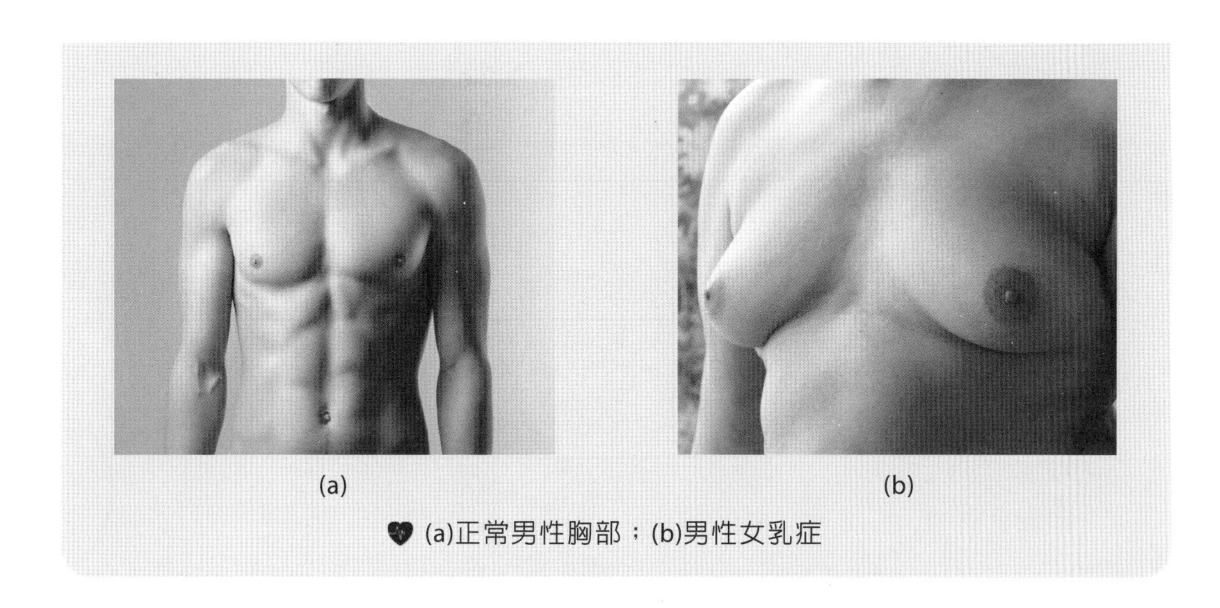

(a) (b)

(a)正常男性胸部；(b)男性女乳症

10-5 乳房下垂

在少女時期，乳頭位於乳房正中央，後因重力作用，乳頭位置將逐漸下降。從側面看，站立時乳頭應位於乳下摺線（乳房底部與軀幹相接處）的上方較美觀，如因女性荷爾蒙的分泌減少，使乳腺萎縮、皮膚鬆弛，乳房降到乳下摺線之下，就稱為「乳房下垂」；因有時看起來鬆垮垮的，也有人戲稱為「布袋奶」。

乳房下垂可分為：(1)哺乳後乳房下垂；(2)老年性乳房下垂；(3)減肥後乳房下垂；(4)巨乳伴乳房下垂。

一般而言，胸罩對矯正乳房萎縮下垂的作用並不大，這類病人年輕時上圍通常較豐滿，如果能盡早穿戴合身且有良好支撐作用的胸罩，也許能延緩下垂的速度，但無法預防產後的乳腺萎縮。一旦發生乳房下垂，便無法靠運動、藥物或按摩來改善，只有整形手術才能有效治療（圖 10-4）。

正常的乳房如從側面來看，乳頭應位於乳下皺摺的上方，因此可根據乳頭與乳下摺線的相關位置，來區分乳房下垂的嚴重程度，從而採取不同的治療方式：

1. 輕度：乳頭位於乳下摺線下方 1 公分內，可做「環狀乳房固定術」，先切除一圈乳暈周圍的皮膚，再懸吊乳頭，此法疤痕並不明顯。
2. 中度：乳頭位於乳下摺線下方 1~3 公分的範圍內，須以「乳房固定（懸吊）術」來治療。
3. 重度：乳頭位於乳下摺線下方 3 公分以下。

4. **假性下垂**：乳房雖呈乾癟下垂的外觀，但乳頭仍在乳下摺線以上，可藉由植入鹽水袋義乳來改善。

5. **乳房輕度萎縮下垂者**：可藉一般的「隆乳手術」植入鹽水袋義乳來矯正，通常不須再做懸吊術；中度和重度下垂的病人則須在隆乳後再懸吊。若不想隆乳，可只做「乳房懸吊術」將乳頭位置提高。

「乳房懸吊」的做法有許多種，可依下垂的程度來選擇手術方法，一般都需切除部分皮膚並剝離乳腺組織，以將乳房提高。乳房下垂得越嚴重，手術的刀痕就越長，但大多可隱藏在乳暈周圍或乳下皺摺裡，只有乳頭下方那道垂直的刀痕較明顯，需較長時間才能淡化。乳房固定術不會破壞乳腺和神經，故不影響往後的哺乳，乳頭的感覺也正常。術後應盡早穿戴合身且支撐力良好的胸罩，才能避免乳房再度下垂；手術的刀痕亦須妥善照顧，才不致變得太明顯。

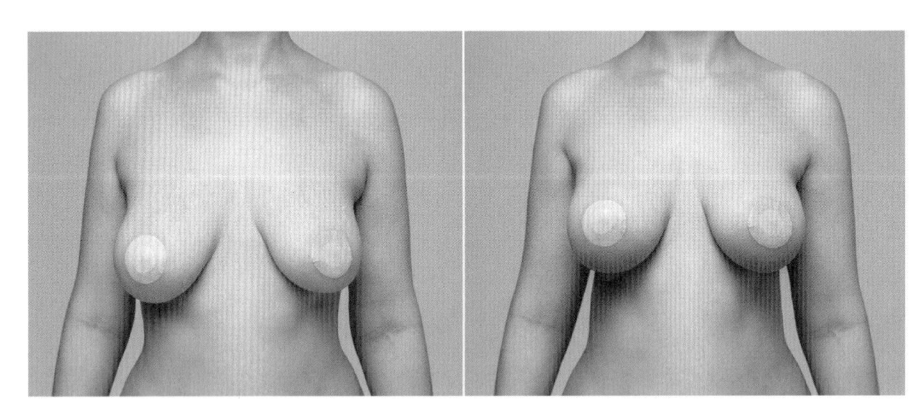

圖 10-4　乳房下垂整形術前及術後之比較

10-6 乳癌與乳房重建

癌症是令人聞之色變的病症，乳癌可能讓女性失去重要性徵，對病人心理與自信有很大的影響，可藉「乳房重建」來改善外觀。其方法概分為三大類，依症狀需求選擇適當方式：

1. **義乳植入**：乳房切除後，如胸前的皮膚還夠，可直接把鹽水袋義乳放在胸大肌下；如果皮膚不夠，便須先放組織擴張器（水球），定期打入水，把皮膚撐大後再換成鹽水袋義乳。

2. **橫向腹直肌皮瓣重建**：利用小腹部位的皮膚和皮下組織來重建乳房，為目前最常用的方法。

3. **闊背肌皮瓣重建加義乳植入**：將闊背肌連同皮膚和皮下脂肪轉移到胸前；但因這塊皮瓣通常不夠大，故須再加上鹽水袋義乳來補強。

目前正在發展利用皮膚細胞做組織培養，再造乳房的新科技，未來或可取代現有的整形技術，但仍待科學界與醫界共同努力研究。

10-7 乳頭與乳暈

乳頭是乳房組織功能最重要的部位。乳腺分泌的乳汁經由數十條乳腺管，集中到乳頭部位，再由嬰幼兒的吸吮而分泌出。

乳頭異常發育

常見的乳頭異常發育有凸瘤狀增生、管狀突出增生及內陷性發育，其中又以前兩者最常見，通常是求診者因為不雅的外觀而前來諮詢。乳頭的異常增生原因，有些是先天性的，隨著青春期的發育而益形明顯，但增生卻不一定和乳房組織大小有正比相關，而有些是哺餵母乳或男女關係中時常被吸吮而造成，外觀也以管狀突出增生最常見；至於內陷性乳頭，指的是乳頭中央部分因為底下過度纖維化，而形成一種牽制拉扯的力量，使得外觀成為內凹的畸形；除了外形的異常，在哺乳時也不利於嬰幼兒吸吮，在非哺乳期則因易藏汙納垢或有乳汁分泌不易清潔，時常會有搔癢感，嚴重者甚至有濕疹產生。

乳頭整形

乳頭的整形可分為縮小及突顯兩部分，因不同的外觀情況而有不同手術方法，一般而言，這些手術方法的傷口皆隱匿於乳頭或乳暈組織內，術後疤痕非常不明顯；手術時只須採用局部麻醉即可完成，或者可以在接受其他乳房手術，例如隆乳、縮乳或提乳手術時，在全身麻醉下同時完成手術，以達成最完美的乳房整形。

乳頭整形最常見的併發症為暫時性的感覺麻木，但在術後 3 個月會逐漸改善，不會形成永久感覺異常。另一常見的困擾為無法正常分泌乳汁，可能是由於開刀時對乳頭組織的傷害範圍太大，機會非常小，而且其餘健康的乳腺管會有代償性分泌增加的現象。常見的乳頭、乳暈問題及治療方法介紹如下。

⊙ 乳頭過大

原因包括：(1)遺傳：即先天乳頭便較他人大；(2)懷孕和哺乳的影響：懷孕次數越多、哺乳時間越長，乳頭就可能變得越大。

過大的乳頭可以手術縮小，做法是先將乳頭側面的皮膚連同皮下組織，像剝樹皮般地整圈剝離，保留中間的血管、神經和乳腺管等構造，再把傷口縫合。通常在局部麻醉下施行，也可在全身麻醉下與其他乳房整形手術同時進行。術後乳頭的感覺正常，不影響哺乳功能，也不會留下疤痕，相當安全。

⊙ 乳頭凹陷

乳頭凹陷（圖 10-5）是由於乳腺管發育不良，或是乳頭底部結締組織不足導致，通常發生在單側，病人約占女性人口的 1~2%，可能與遺傳有關。凹陷的乳頭除不美觀外，也無法正常地哺乳，更因清潔不易，可能藏汙納垢，甚至造成感染，應盡早矯正。

手術方法是在乳頭基部做環形切開，將乳頭下的帶狀纖維切斷，必要時須把乳腺管切斷，再將乳頭底部的結締組織縫合，以支撐乳頭。

手術成功率和凹陷程度有關，術前乳頭可被輕易拉出者，手術成功率幾乎達到 100%；無法拉出的乳頭則復發率較高。術後可能有暫時的麻木感，乳汁也可能無法正常分泌，在決定接受手術前必須先有這些認識才行。

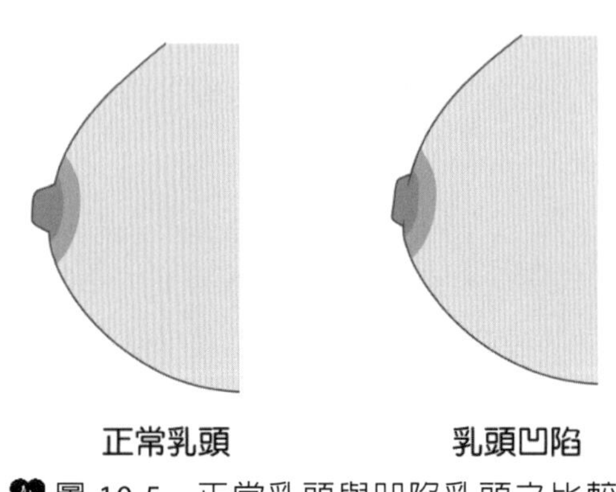

圖 10-5　正常乳頭與凹陷乳頭之比較

⊙ 乳暈過大

懷孕生產後，因荷爾蒙的影響乳暈可能變大，如想縮小，過去的做法是先切除一圈乳暈的外圍皮膚，再縫合傷口，但此種做法並不理想，因術後乳暈與乳房皮膚之間的界限太明顯，不像正常的乳暈有逐漸淡化的「漸層」感覺。

較理想的做法是切除乳暈接近乳頭的一圈皮膚，如此可保留乳暈周圍的漸層構造，但縫合時要作「縮口袋式縫法」，乳頭才不致因刀口，使得四周皮膚的張力太大而被拉成扁平狀。

⊙ 乳暈顏色過深

生產後乳暈顏色變深是正常現象，但許多人不能接受；也有未婚女性因天生乳暈較黑而困擾不已，希望將它漂白，最好能變成粉紅色。漂白乳暈的方法有化學藥劑漂白和雷射漂白，但化學藥物的劑量較難控制，如稍有不慎，便極易產生疤痕，故以雷射漂白較安全。雷射治療的次數視乳暈顏色的深淺而定，通常須執行 2~4 次，每次間隔 2~3 個月；療效則因人而異，可在做完第一次雷射後，由醫師評估是否要繼續治療。

參考資料 REFERENCES

李福耀(2004)．*醫學美容解剖學*．知音出版社。

孫少宣、文海泉(2004)．*美容醫學臨床手冊*．合記圖書出版社。

許延年、蔡文玲、邱品齊、石博宇、周彥吉、黃宜純(2017)．*美容醫學*（2 版）．華杏。

陳翠芳、林靜幸、周碧玲、藍菊梅、徐惠禎、陳瑞娥、謝春滿、李婉萍、吳仙妮、吳書雅、方莉、陳玉雲、孫凡軻、李業英、蔡家梅、曹英、黃惠滿、王采芷(2022)．*身體檢查與評估指引*（第 4 版）．新文京。

馮琮涵、黃雍協、柯翠玲、廖智凱、胡明一、林自勇、鍾敦輝、周綉珠、陳瀅(2021)．*人體解剖學*．新文京。

楊國輝(2002)．*美顏、塑胸、體雕求診指南*．臺視文化。

小試身手 REVIEW ACTIVITIES

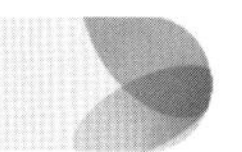

( ) 1. 乳腺不發達及皮下脂肪不多的較瘦病人，義乳應放置在何種層次較妥當？ (A)胸肌下 (B)胸膜下 (C)以上皆可 (D)乳腺下。

( ) 2. 下列對自體脂肪隆乳的敘述何者正確？ (A)脂肪細胞量不虞匱乏 (B)一次解決 (C)效果又快又好 (D)沒有排斥問題。

( ) 3. 乳房下垂的原因不包括？ (A)胸肌無力 (B)哺乳後 (C)減肥後 (D)乳房肥大。

( ) 4. 從肚臍植入義乳有何限制？ (A)只能植入矽膠袋 (B)只能植入鹽水袋 (C)鹽水袋需充滿後再植入 (D)不需內視鏡輔助。

( ) 5. 下列隆乳刀口最不易被察覺者是在？ (A)腋下 (B)乳房下緣 (C)肚臍 (D)乳頭。

( ) 6. 下列何者不是作為隆乳手術的刀口部位？ (A)頸部 (B)腋下 (C)乳暈 (D)乳房下緣。

( ) 7. 以下最快速安全的隆胸法為？ (A)運動 (B)矽膠隆乳 (C)鹽水袋隆乳 (D)按摩。

( ) 8. 鹽水袋義乳的優點在於？ (A)絕不會滲漏 (B)完全無副作用 (C)不會摸到鹽水袋邊緣 (D)傷口小。

( ) 9. 果凍矽膠隆乳有哪些缺點？ (A)手術傷口大 (B)術後觸感較硬 (C)產生包膜攣縮 (D)以上皆是。

( ) 10. 義乳植入何處會較自然，不易察覺？ (A)胸部皮下 (B)胸大肌下 (C)肋骨內 (D)乳腺下。

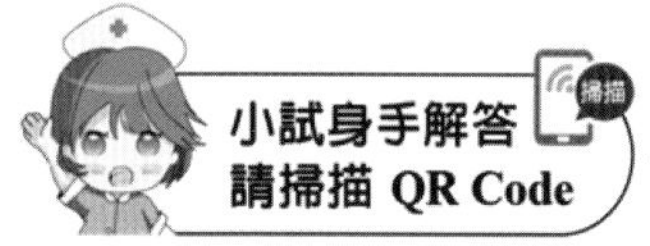

CHAPTER

11

蔡新茂 · 編著

體重管理與減重

Aesthetic Medicine

前言

在許多安定、進步的國家，人民由於飲食較豐富，經常營養過剩，使體重不斷增加，造成了許多急性與慢性疾病，如糖尿病、心血管病變等，醫學上證實都與體脂肪量有正相關，故維持健康身材、減少身體脂肪便成了現代人追求的目標之一，尤其是愛美女性更是希望擁有傲人上圍與纖細腰圍的完美曲線，於是，許多減重方法如雨後春筍般出現，這些方法不見得適用於每一個人，選錯了方式，不僅破財，最怕的是傷害身體健康；也有一些人瘦身過度而成了媒體所謂的「紙片人」，尤其是模特兒界時有所聞，甚至有人猝死。因此，肥胖如何形成，以及如何利用正確而健康的方法來預防或減少肥胖，是現代人應該要了解的知識。

11-1 脂肪組織

脂質包括三酸甘油脂(triacyl glycerol)、磷脂質和膽固醇(cholesterol)，在室溫下呈固態者稱為脂肪(fats)，呈液態者稱為油(oil)。每克脂質含 9 仟卡(kcal)的能量，與每克醣類或蛋白質含 4 仟卡能量相比，脂質儲存能量更有效率。脂肪的功能不僅在能量儲存及提供上，對於脂溶性維生素的吸收也很重要，同時對於細胞膜的結構、固醇類激素的合成、器官的保護與隔離都扮演重要的功能。

大部分的脂肪儲存在脂肪組織中，也能以游離脂肪酸(free fatty acid)的形式釋放至血流中。這些脂肪組織分布於人體內臟及皮下層，作為器官外襯、皮膚支撐與皮下深層組織之緩衝。男性與女性的脂肪分布，受遺傳及荷爾蒙之影響而不大相同，男性主要是在腹部及軀幹，內臟的脂肪量亦不少，而女性脂肪主要聚集在臀部、大腿及小腹，有些胸部豐滿的女性，其乳房也有不少脂肪。這些不同部位的脂肪便成了影響身材曲線的重要因素，甚至對身體的健康造成重大影響。

醫學研究發現人體在胎兒第 30 週到出生後二歲以內，脂肪細胞有一個極為活躍的增生期，稱為「敏感期」。此期之脂肪細胞不斷在生長發育，當人體攝入過多能量而儲存在脂肪細胞時，就會導致其體積增加，當脂肪細胞體積增大到一定程度，會刺激纖維細胞再分化為脂肪母細胞，導致脂肪細胞數目一直增加，這種現象可以持續到青春期，脂肪細胞的數目才趨於穩定，但有些人認為只要脂肪細胞體積增大到一定程度，還是會造成細胞分裂。

在脂肪細胞數目方面，正常人約有 25 億個，肥胖者可增加到 635 億至 905 億個，比正常人多二、三十倍，肥胖女性的脂肪細胞數目較肥胖男性多更多，故肥胖在女性比男性常見。而在脂肪細胞體積方面，正常人的皮下脂肪細胞平均直徑約 67~98 μm，但肥胖時的脂肪細胞直徑可以增大二十倍，故細胞的體積可以增大千倍之多。

肥胖時的脂肪堆積主要可分為內臟脂肪型和皮下脂肪型（圖 11-1）；內臟脂肪型主要是堆積在腹腔裡的網膜脂肪，環繞心臟、內臟的脂肪群，這一型的肥胖者罹患心血管疾病、糖尿病及脂肪肝的機會，明顯高於皮下脂肪型。皮下脂肪型主要是堆積脂肪在腹部、兩側腰部、臀部、大腿內外側、手臂後外側、頸部等部位，造成粗腰、凸肚、肥臀、雙下巴、蝴蝶袖及皮膚鬆弛，不僅影響形體美觀，行動不便，也造成社交場合的困擾。

各種減重方法對於脂肪細胞的影響有所不同，節食、運動、減肥藥物等方法能改變脂肪細胞的大小，但不能改變細胞的數目；而抽脂手術和脂肪切除手術可減少脂肪細胞的數量，其中抽脂手術的傷口小，且能吸除局部過多堆積的脂肪，達到雕塑曲線的效果。

1995 年，「瘦激素(leptin)」被發現。leptin 可以傳遞體內脂肪含量的訊號給大腦，大腦便可因此調整飲食和新陳代謝，使體脂肪儲存量保持在一個穩定的水準，這也是減肥後容易復胖的原因之一。一個人體內的脂肪越多，leptin 的含量就越高，但是研究發現大多數肥胖者對 leptin 有很好的抗性，意即無法以降低 leptin 來達到減少體脂肪的目的。

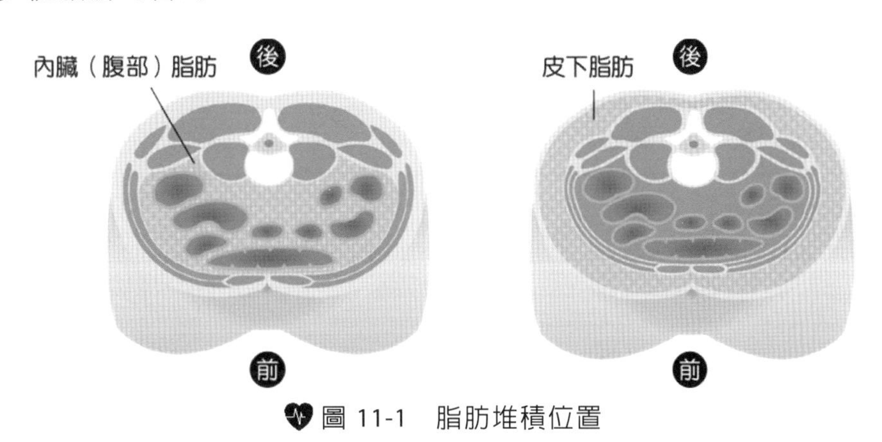

圖 11-1　脂肪堆積位置

後來又發現脂肪細胞會產生一種能夠讓身體對胰島素更敏感的激素，稱為脂聯素(adiponectin)。當人變得肥胖時，adiponectin 常會減少，使得多數肥胖病人對胰島素有抗性，而且體重與抗性成正比；若任由其發展，則會導致高血壓、高血脂和高血糖。至於是否能以補充 adiponectin 來預防或治療糖尿病，尤其是第 2 型糖尿病，目前仍在研究中。

11-2 肥胖

肥胖的診斷

想要知道自己是否體重過重，甚至到達肥胖的程度，就必須先了解何謂標準理想體重。

⊙ 標準體重

標準體重的計算方式有很多，且與身高、性別及年齡等因素相關，例如：

男性標準體重＝（身高 cm－80）× 70%
女性標準體重＝（身高 cm－70）× 60%

算出標準體重後，再以目前體重減去標準體重的差，除以標準體重後再乘以 100%，即得出超重百分比。

$$\text{超重百分比} = \frac{\text{目前體重} - \text{標準體重}}{\text{標準體重}} \times 100\%$$

若體重超過 10%為超重或過重，超過標準體重 20%即屬肥胖，其中超過標準體重 20~30%，為輕度肥胖；超重 31~50%為中度肥胖；超重大於 50%為重度肥胖。

⊙ 身體質量指數

其他方式如計算**身體質量指數**(body mass index, BMI)，公式如下：

$$\text{BMI} = \frac{\text{體重(kg)}}{\text{身高平方}(\text{m}^2)}$$

使用英制單位（英磅、英吋）者必須再乘上 705。有關身體質量指數與體重等級的關係請參考表 11-1。理想的 BMI 介於 18.5~24 kg/m^2 之間，若取 22 kg/m^2 作為理想值，則可由公式反推（身高平方×22）得到一理想體重。

表 11-1 身體質量指數(BMI)與體重等級(參考衛生福利部國民健康署標準)

BMI (kg/m²)	體重等級
BMI < 18.5	體重過輕
18.5 ≦ BMI < 24.0	理想範圍
24.0 ≦ BMI < 27.0	體重過重
27.0 ≦ BMI < 30.0	輕度肥胖
30.0 ≦ BMI < 35.0	中度肥胖
BMI > 35.0	重度肥胖

身體質量指數雖然簡單易算，但無法了解去脂體重和脂肪重的比例，也無法得知身體脂肪堆積最多的部位為何。對於一個肌肉發達的運動員而言，其肌肉的質量會使 BMI 過高，落入過重或肥胖的等級，但事實上其體脂肪卻不多；而孕婦或有水腫的病人也容易被誤判為肥胖，故 BMI 並非適用於每一個人。另外也可透過測量皮膚皺摺厚度，來了解皮下脂肪的堆積程度。

造成肥胖的因素

人體的胖瘦是由體內脂肪細胞的數目和大小來決定的，影響的因素包括：

1. **遺傳因素**：肥胖具有家族遺傳性，遺傳表現在脂肪分布的部位及骨骼狀態，以及脂肪細胞數目和細胞體積增大。這些可能也與家人相似的生活習慣有關。
2. **飲食因素**：每日攝取過多熱量，造成脂肪堆積。
3. **生活習慣**：運動過少，或因骨折、結核、肝炎或其他原因而臥床休息，使每日熱量消耗太少，導致肥胖。
4. **社會因素**：雖然現今多數國家及社會都崇尚適中身材，但也有些國家人民偏愛肥胖，如史瓦帝尼；又如日本相撲聞名世界，其相撲力士的體型均屬肥胖。
5. **中樞神經活動**：間腦下視丘內有飽食中樞與攝食中樞，受體內糖、脂肪及胺基酸的影響而互相調節，當下視丘病變或體內代謝改變時，可影響食慾中樞發生多食，產生肥胖。大腦皮質神經活動也會影響下視丘食慾中樞，如精神緊張狀態會經由交感神經抑制食慾。
6. **內分泌失調**：如胰島素分泌增加、腦垂體前葉功能低下、甲狀腺功能減退、性腺功能減退等，可能使脂肪合成過多或熱量消耗減少，形成肥胖。

7. **生理因素**：懷孕時的營養過剩，加上產後未及時採取塑身措施，也會導致肥胖；邁入中年的人及更年期婦女，因生理功能減退、代謝趨緩、活動量減少和飲食無節制，也容易肥胖。

容易形成肥胖的階段

1. **出生五年內**：肥胖在正常嬰兒較普遍，部分小兒生理性肥胖（單純性肥胖）可持續進入成年，此與營養過剩的兒童期脂肪細胞數目增加有關。
2. **青春期**：青春期受到性激素影響而生長發育快速，女性雌性素能夠影響脂肪代謝，男性雄性素能促進蛋白質合成。多數青少年活動量增大，對營養的需求也較多，有些原本較胖的青少年會因身材拉高而變瘦，但也有些人因飲食增加而活動量並未相應增加，導致肥胖。
3. **結婚後**：結婚是人生重要階段，男女雙方共組家庭，運動時間變少，生活過於安逸，尤其進入中年期後，身體的代謝速率減緩，事業有成的男性又往往交際應酬多，導致營養過剩；在熱量入大於出的情況下，就漸漸囤積在體內，導致肥胖。
4. **懷孕及產後婦女**：女性在懷孕階段對營養需求增加，加上活動減少，以及內分泌的變化，都促使脂肪儲存；由於華人向來注重產後調理，如傳統坐月子餐與避免外出，易使肥胖延續到產後，若坐月子結束後未迅速減去多餘脂肪，日後很容易成了人們眼中的歐巴桑身材。
5. **更年期**：更年期在婦女變化較大，不僅新陳代謝減慢，且體內內分泌產生改變，易導致性腺功能減退性肥胖。

肥胖的種類

⊙ 原發性肥胖

1. **單純性肥胖**：此類最為常見，肥胖是脂肪細胞肥大和脂肪細胞增生所致，並無明顯神經、內分泌系統改變，但伴有脂肪、糖代謝調節過程障礙。可分為以下兩種：
   (1) 體質性肥胖：因 25 歲前營養過剩，引起脂肪細胞增生所致，且多半有家族性遺傳史。在脂肪細胞敏感期間攝取過多熱量，就會導致脂肪細胞增多。超重的兒童成年後通常容易變胖，且較難瘦下來，故兒童期應保持正常體重。

(2) 營養性肥胖：亦稱獲得性肥胖，多由於成年以後攝取熱量超過身體新陳代謝之需求，或由於體力活動過少，使熱量消耗少而引起肥胖。體質性肥胖也可再發生營養性肥胖，而成為混合型。

2. **水、鈉滯留性肥胖**：此型肥胖多見於生殖及更年期女性，可能與雌激素增加導致微血管通透性增高、醛固酮分泌增加及靜脈回流減慢等因素有關。脂肪分布不均勻，以小腿、大腿、臀部、腹部及乳房為主。體重增加迅速，與體位有密切關係，站立時體重增加，平臥後減輕，早晚體重變化在 1 公斤以上。晨起臉部、眼瞼浮腫，起床活動後下肢、軀幹逐漸浮腫。

⊙ 繼發性肥胖

以某種疾病為原發病的症狀性肥胖。臨床上少見或罕見，僅佔肥胖病人中的5%以下。透過對原發病的治療，肥胖多可治癒。

1. **內分泌障礙性肥胖**

(1) 間腦性肥胖：主要是由下視丘本身病變或垂體病變影響下視丘，或中腦、第三腦室病變引起。導致病人多食或嗜睡而致肥胖。

(2) 垂體性肥胖：例如腦下垂體前葉細胞瘤分泌過多的腎上腺皮質刺激素(adrenocorticotropic hormone, ACTH)，使雙側腎上腺皮質增生，產生過多的皮質醇，導致向心性肥胖，稱為庫欣氏症候群(Cusing's syndrome)。

(3) 甲狀腺性肥胖：可見於甲狀腺功能低下症病人，其體內新陳代謝減緩而導致肥胖，且有皮膚蒼白、乏力、掉髮，反應遲鈍等症狀。

(4) 腎上腺性肥胖：常見於腎上腺皮質腺瘤或腺癌，分泌過多的皮質醇，引起肥胖，即庫欣氏症候群。特點是向心性肥胖、月亮臉、水牛肩、皮膚紫紋、高血壓及葡萄糖耐受量減退或糖尿病。

(5) 胰島性肥胖：常見於輕型第 2 型糖尿病早期、胰島 β 細胞瘤及功能性自發性低血糖症，常因多食而肥胖。

(6) 性腺功能減退性肥胖：多見於停經後及睪丸發育不良等情況，由於性腺功能減退而致肥胖，女性比男性顯著，全身脂肪積聚較勻稱，以胸腹、大腿、背部為明顯。

2. **先天異常性肥胖**：此類肥胖多由於遺傳基因及染色體異常所致。例如先天性卵巢或睪丸發育不全症、巴德－畢德氏症候群(Bardet-Biedl syndrome)等疾病。

3. **其他疾病引起**：例如神經性脂肪過多症或進行性脂肪萎縮症，各有不同的脂肪沉積部位。

肥胖的臨床表現

肥胖為體重超過標準，如果超重 10~20%，一般沒有自覺症狀。體重超過標準30%以上之中、重度肥胖者，體力勞動易疲勞、怕熱多汗、呼吸短促，下肢輕重不等的浮腫；負重關節易出現退化性病變，脊柱長期負荷過重，可發生增生性脊椎骨關節炎，表現為腰痛及腿痛。皮膚可能出現紫紋，分布於臀部外側、大腿內側及下腹部；由於多汗，皮膚出現皺摺糜爛、皮炎及皮癬。

血漿胺基酸及葡萄糖均有增高傾向，不斷刺激胰島 β 細胞，使病人出現高胰島素血症，但由於肥大的細胞對胰島素不敏感，病人糖耐量常減低。總脂肪、膽固醇、三酸甘油酯及游離脂肪酸常增高，呈高脂血症與高脂蛋白血症，容易引發糖尿病、動脈粥樣硬化、冠心病、膽結石等。

女性病人可能有閉經、不育及男性化；男性可能發生陽萎。肥胖男孩的陰莖埋入肥厚的陰阜內，外表上像性發育遲緩或誤認為兩性畸形。此外，還可因睪丸縮進腹股溝而誤為隱睪。研究發現，BMI 每增加 3 個單位，不孕症的危險機率也隨著往上升，BMI 32~34 kg/m^2 的男性不孕症的危險機率，為 BMI 20~22 kg/m^2 男性的兩倍。

食慾持續旺盛，易饑多食，多便祕、腹脹；部分病人不及時進食可有心悸、出汗及手顫。肝脂肪變性時出現肝腫大。肥胖者因糖尿病、肝硬化、闌尾炎、膽石症、心血管、腎病及意外事故的死亡率比正常體重者明顯增高，部分病人可引起心理障礙。

有些肥胖病人出現匹克威克症候群(Pickwickian syndrome)，又稱為肥胖－換氣不足症候群(obesity-hypoventilation syndrome)，其典型臨床特徵為肥胖、嗜睡、右心功能不全（表現為水腫）、紅血球明顯增多（表現為面色發紅）。由於腹腔和胸壁脂肪組織太多，影響呼吸運動，特別在睡眠時因呼吸道阻塞，使呼吸頻率出現暫時中止，導致血中二氧化碳分壓升高及呼吸性酸中毒，氧分壓減少使動脈血氧飽和度下降，出現發紺，紅血球增多；同時靜脈回流鬱滯，靜脈壓升高，肝腫大，肺動脈高壓，右心負荷加重；由於脂肪組織大量增加，循環總血量隨之增加，心輸出量和心搏出量加大，加重左心負荷，造成高心搏量心衰竭，構成匹克威克症候群。病人表現為呼吸困難，不能平臥，間歇或潮式呼吸、脈搏快速，以及出現浮腫、神志不清、嗜睡、昏睡等情形。

11-3 肥胖的預防及減重

如何預防肥胖

每個人每天每公斤體重至少需要 30 仟卡的熱量，意即一個 50 公斤的人，如果在沒有任何身體活動的情況下，每天仍需要 1,500 仟卡來補充身體機能運轉所消耗的熱量。人體的脂肪細胞含 75%的脂肪及 23%的水分，故一公斤脂肪細胞中含 750 克脂肪，每一克脂肪完全氧化後可產生 9 仟卡能量，750 克脂肪可產生 6,750 仟卡能量，加上水分蒸發所需熱量，要減少一公斤脂肪約需減少 7,700 仟卡的攝取。以 50 公斤體重的人而言，若每日能量攝取超過 1,500 仟卡，又沒有身體活動，多餘的能量便轉為脂肪儲存，只有在能量攝取少於 1,500 仟卡，才會開始消耗身上的脂肪來提供不足的能量。故想要減去多餘體重其實只有兩個方法，減少能量攝取與增加熱量消耗。

⊙ 減少能量攝取

在不同的活動負荷下，要維持目前體重不變，則每公斤體重每天所需熱量為 30 仟卡，依此乘以體重可計算出每天所需熱量。如果想要一週減去 1 公斤體重，則一天攝取熱量為每天基本熱量加上活動熱量再減 1,100 仟卡，七天下來不足之熱量為 7,700 仟卡，剛好可消耗 1 公斤脂肪，依此類推。健康的減肥速度是每個星期減少 0.5~1.0 公斤，可視個人情況而定。通常減重飲食的熱量在男性大約是每日 1,200~1,400 仟卡，女性大約為 1,000~1,200 仟卡，不可低於 1,000 仟卡，以免影響健康。

除了減少攝取總熱量，還要三餐定時定量，不暴飲暴食；正餐間不吃任何點心或零食；在食物與烹調的選擇上應以低熱量、低油、低鹽為主，盡量採用蒸烤、水煮等方式烹調食物，減少油煎、油炸，並減少飲酒。

⊙ 增加熱量消耗

要增加熱量消耗，最簡單的方式就是增加身體活動，除了日常生活必須的活動，例如走路、爬樓梯、拿東西、說話或咀嚼等之外，還應安排一些休閒運動，而且最好是全身性運動，例如健走、慢跑、騎腳踏車、游泳、登山、健身運動、有氧舞蹈或其他兼顧休閒之活動。先依自己的體能標準與興趣來選擇適合的運動類型，運動頻率為每週 3 次以上，如運動強度較高時最好有足夠休息時間，例如可間隔一天，以免運動疲勞無法完全消除；運動前應做熱身運動，每次運動至少要持續

20~60 分鐘，以漸進運動方式由低強度逐漸到中高強度，運動後心跳至少應比平時多約 30 次（約每分鐘 100 次），在強度較高的運動結束後應有緩和運動，不可驟然停止。

常見的減重方法

減重方法甚多，但並非每種都有效，有效的減重方法也不見得適用於所有人，況且有些方式不僅無法減重，反而對健康有害；有的方式雖然有效，但讓荷包變瘦的速度比瘦身材來的快，故愛美或追求健康體重的人在選擇減重方式時不可不慎。常見的減重方式歸納如下：

⊙ 飲食減肥法

1. **節食與斷食**：節食或斷食若能配合運動持之以恆，減重速度雖慢，但效果穩定，且對身體健康有促進作用。兩者的介紹如下。
   (1) 節食：是經由減少食量與用餐次數來達到消除脂肪的目的，單獨使用效果通常不佳，長期過度節食甚至會使身體營養失衡，影響健康，而且若三餐不定時，反會刺激脂肪細胞囤積更多脂肪以防不足，達到減肥反效果。
   (2) 斷食：以間歇式進行；在特定時間內除了補充水分外，完全不進食或僅補充少許熱量，於是體內的葡萄糖被消耗，改以脂肪與部分蛋白質為能量來源，造成輕微的酮酸堆積，但也達到減脂效果。時間在 24 小時內的間歇斷食法有 168 斷食（16 小時斷食，8 小時內進食）、204 斷食（20 小時斷食，4 小時內進食）、24 小時斷食（一天一餐，兩餐間隔 24 小時）等；超過 1 日以上的間歇斷食法，則有隔日斷食法（一天正常吃，一天斷食）、52 斷食法（每星期任選 2 日攝取 1/4 熱量，其餘 5 日攝取正常熱量）、36 小時斷食（連續斷食長達 36 小時）、42 小時斷食（連續斷食長達 42 小時）。超過 42 小時為長時間斷食，不建議也不鼓勵。
2. **減肥飲食**：此類飲食多以低熱量或低脂、促進代謝為訴求；升糖指數(glycemic index, GI)係指攝食 2 小時後，該食物使血糖上升快慢的數值指標，一般以 0~100 內的數值呈現（表 11-2）。低升糖指數之食物，因其分解慢，易產生飽足感，可避免熱量過度攝取並減少脂肪形成，亦能降低血糖、預防三高，有助學習及提高記憶力，即所謂的「低 GI 飲食」，不過低 GI 食物不代表低熱量食物，在選擇時仍需注意。而低熱量飲食可使人體處於能量負平衡，達到消耗體脂肪的目的，但在消耗脂肪的同時，會造成體內蛋白質與非脂肪成分減少，因此，需要提高蛋白質的攝取量。醣類容易吸收，並會刺激胰島素分泌，導致脂肪合成增加，抑制脂肪分解，若採用低糖飲食，如澱粉類食物或粗纖維含量高的食物，則可避免胰島素分泌過多，減少脂肪生成。

表 11-2　各類食物之 GI 值

GI 值範圍及其代表意義	相關食物
GI ≦ 55（低）	蘋果、蔬菜類、全脂牛奶
55 < GI < 70（中）	糙米飯、柳橙、米粉
GI ≧ 70（高）	白飯、白吐司、西瓜、番薯

天然飲食中即有許多具有去油解膩、促進排泄的功效，或是本身熱量低，較不會引起肥胖，例如高纖蔬果、葡萄、蘋果、山楂、大蒜、韭菜、洋蔥、冬瓜、胡蘿蔔、牡蠣、海帶、香菇、木耳、紅豆、燕麥、玉米、牛奶、優酪乳、決明子茶、普洱茶、檸檬茶等。有些人為達減重目的而只吃此類食物，例如長期以蘋果為正餐可能造成某些營養素攝取不足，可加上牛奶；胡蘿蔔攝取過多會造成胡蘿蔔素沉積於皮下，使皮膚泛黃。要避免飲食副作用還是要以營養均衡、適量為原則。

⊙ 運動減肥法

如前述，運動不僅可預防肥胖，也能改善肥胖狀態。透過各種有氧運動如慢跑、游泳、騎單車等，消耗過多的熱量，減少熱量囤積，還可促進心肺功能，改善慢性病（例如糖尿病）的症狀，減少罹患心血管疾病的風險。這類全身有氧運動持續時間應超過 30 分鐘，才能達到氧化體脂肪的目的，在 30 分鐘前身體能量主要來源是葡萄糖與肝糖。若過度訓練則會使肌肉發達；錯誤運動可能導致運動傷害，所以要注意自身體能，選擇適合的運動型式、強度、頻率與持續時間，並注意運動後的營養補充與控制熱量攝取。

運動時需記住以下原則：

1. 運動前要有充足的熱身運動，激烈運動後要做緩和運動。
2. 疲倦、肌肉痠痛、生病、身體不適時不可勉強運動。
3. 運動應採漸進強度方式，並且適量才不易產生運動傷害。
4. 需適時補充運動所流失的水分。

⊙ 藥物與健康產品減肥法

1. **食慾抑制劑**：擬兒茶酚胺類藥物(catecholaminergic drugs)（苯丙胺phenylpropanolamine及其衍生物）、擬5羥色胺類藥物(serotoninergic drugs)（例如氟苯丙胺）、安非他命類。類似安非他命的藥物作用於下視丘，只在幾個星期的期間內有效，而且易產生習慣性及成癮性，且無法矯正飲食異常，在體重減輕後之維持毫無用處。

2. **增加代謝類**：例如覆盆子、螺旋藻、啤酒酵母、麻黃素、咖啡因、甲狀腺素、生長激素。甲狀腺素會造成負的氮平衡，可能發生心臟毒性，故除非有甲狀腺功能低下症存在，甲狀腺素的補充在肥胖症的治療上沒有效果。生長激素也有副作用，且昂貴。

3. **吸收阻礙劑**：食用纖維、Orlistat、武靴葉、甲殼素、脂肪酶、瀉藥，如氧化鎂與番瀉葉等。

4. **脂質代謝障礙劑**：Orlistat、藤黃果。

過去臺灣衛生署（現為衛生福利部）曾核准兩種減肥藥物成分，Sibutramine（如諾美婷、瑞婷娑）及 Orlistat（如羅氏鮮、康孅伴、微脂平等）。其中**諾美婷**(Reductil)是由美商亞培藥廠(Abbott Laboratories)於 1997 年起上市的減肥商品，主成分含有 Sibutramine，作用方式是使腦部的正腎上腺素(norepinephrine)和血清胺(serotonin)作用時間延長，使人體對葡萄糖的利用增加，提高新陳代謝速率，並刺激脂肪組織內的腎上腺素接受體，促進細胞消耗脂肪，同時增加飽足感，減少攝食量。不會有油便、脹氣和糞便失禁等令人難堪的腸胃問題，更不需補充脂溶性維生素與β-胡蘿蔔素，但是副作用會因為正腎上腺素的延長作用，容易使中樞神經興奮過度，造成失眠、嘔吐等現象。而美國食品藥物管理局(FDA)認為該藥有升高血壓的風險，有些實驗顯示服用諾美婷者出現心臟病、中風等疾病的比率，比未服用的對照組高 16%，但減輕的體重只比對照組多 2.5%，效果不明顯，因此，2010 年歐盟、美國及臺灣先後撤銷含 Sibutramine 藥物之販售執照。

羅氏鮮為瑞士羅氏藥廠製造販售，主成分是 Orlistat，為一種長效型胃腸道脂肪分解酵素抑制劑，在進食含脂肪的餐後一小時內服用，可使食物中的脂肪不能被分解成較小的脂肪酸來吸收，約三分之一油脂被排出而產生潤滑性腹瀉。Orlistat可直接經腸道排出體外，人體吸收量不多，因此鮮少造成體內肝腎負擔，副作用小，還能有效降低血脂，但對減少內臟、皮下脂肪效果較不顯著。此外，亦可預防及延緩第 2 型糖尿病、降低高血壓、心跳與心臟負荷，改善非酒精性脂肪肝。由於脂肪吸收減少，需要加強補充脂溶性維生素。

螺旋藻(spirulina)中含有高量的 γ-次亞麻油酸(gamma linolenic acid, GLA)，幾乎是月見草油的 3 倍。GLA 是一種必需脂肪酸，可以幫助體內褐色脂肪組織代謝，進而達到消除脂肪與多餘體重的效果。GLA 也可在身體內合成前列腺素中的 PGE_1 (prostaglandin E_1)，協助控制多項身體生理機能，包括減少血液中的膽固醇。

覆盆子(palmleaf raspberry fruit)含有大量的類兒茶素和抗氧化黃酮，是很強力的抗氧化劑，與葡萄籽、茄紅素、山桑子、綠茶等效果類似，都能對抗體內多餘的自由基，強化血管，預防心血管疾病和癌症。覆盆子含有烯酮素，能夠加速脂肪的代謝燃燒，效果比起另一種辣椒素還要強。

武靴葉(gymnema sylvestre)能抑制食物甜味，令人失去對甜點的食慾，但效果只可維持 1~2 小時，為了抑制對甜點的慾望，需在宴會前進食武靴葉。武靴葉能有效地抑止糖分於消化道的吸收，會令血液含糖量降低。在印度，武靴葉被用來治療糖尿病的歷史已超過二千年之久。

藤黃果(brindall berry)原產於印度，學名為 *Garcinia camnogia*。果實類似柑橘，又叫羅望果。藤黃果自古以來被當作咖哩粉的香辛料成分之一，藤黃果萃取物是由此種植物的果皮精緻萃取其有效成分 HCA（hydroxy citric acid；氫氧基檸檬酸），HCA 的作用原理為人體葡萄糖轉為脂肪時，抑制其中的檸檬酸水解酶(ATP-citrate lyase)，使脂肪酸無法合成，並且抑制糖解(glycolysis)作用的進行。

甲殼素（幾丁胺醣，chitosan）是將幾丁質與化學溶液共煮而製成的；幾丁質(chitin)是一種多醣類纖維質，存在昆蟲、甲殼類生物的外殼，常由蝦蟹來提煉。甲殼素比幾丁質更溶於水，能產生強大的正電性，因此可與特定的化合物產生化學的鍵結，尤其是針對脂肪及膽固醇。在胃中，甲殼素可吸附油脂及膽固醇，阻止油脂在消化道中被吸收，而本身幾乎無法被消化，故能降低血脂肪、膽固醇及三酸甘油酯，還可改善消化功能、清潔大腸及避免便秘。研究亦發現甲殼素具有保護肝臟、抑制腫瘤的發生與成長、治療胃潰瘍、控制血壓及提升免疫系統的功能。甲殼素不具毒性，幾乎沒有副作用，如同植物纖維質，但服用時需喝較多的開水，以避免腸道阻塞；脂溶性維生素吸收會受甲殼素影響，不可同時服用。甲殼素必須在餐前食用，排脂效果才顯著，但減重效果並非立即見效。

啤酒酵母(brewer's yeast)含有豐富的維生素 B 群、胺基酸、多種維他命、礦物質，可以加速人體醣類與脂肪的代謝。啤酒酵母中有高達 50%以上的成分是蛋白質，含有完整的胺基酸群，是補充優質蛋白質的最佳來源。啤酒酵母亦含有豐富的膳食纖維，有助於排便。搭配優酪乳與蔬菜、水果混合食用，熱量不高，可當作代餐，一天 1~2 次。但若三餐都使用，易造成營養不均，且大量食用容易腹瀉。

市面上的減肥產品推陳出新，上述只是其中幾種熱門的添加成分，在此也難以一一詳述。只能奉勸在購買或食用減肥產品時必須小心，看清楚衛福部核可字樣，勿受廣告中誇大不實的療效所誤導，才不會花錢又傷身。

⊙ 腹腔減重手術

腹腔減重手術主要適用於單純性重度肥胖，目的是減少嚴重的合併症，降低死亡率，非以美容整形為主要目的。手術方式主要有以下幾類：

1. **以胃為主的手術**：將胃縮小，吃東西時容易有飽足感，能減少食物攝取，包括胃分流術(gastric bypass)、胃成形術、胃－胃吻合術、胃綁紮術(gastric binding)、垂直遮斷胃成形術、可調節式胃束帶手術等。目前被認為較有效的手術方法是涵括胃與小腸的「胃縮小繞道手術」(圖 11-2)，其利用腹腔鏡將胃上方裁成約 30~50 ml 的小胃，然後將空腸截斷後，與縮小的胃做吻合連接，此段拉上去的空腸長度約 100 公分，術後進食時因胃容納量變小，容易有飽足感，因此食量減少，且小腸吸收面積亦減少，手術後體重在 6 個月時可接近正常範圍。但上述手術多有消化不良、腹瀉、營養吸收障礙、貧血、維生素缺乏等副作用，必不得已而為之。

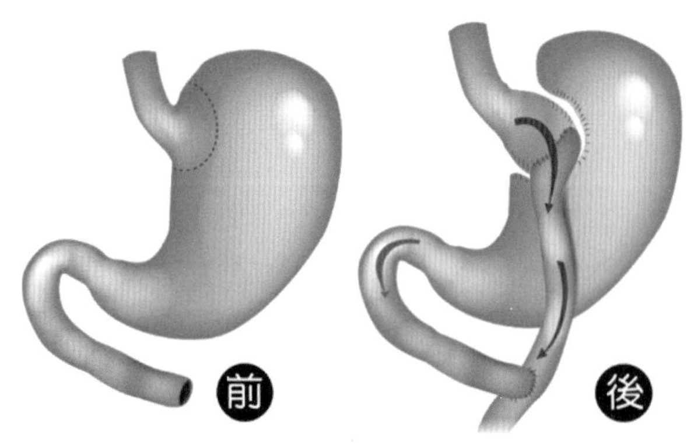

圖 11-2 胃縮小繞道手術

2. **以小腸為主的手術**：藉以減少小腸的吸收面積，減少熱量的消化吸收量。包括小腸分流術、膽腸分流術、膽胰分流術(biliopancreatic diversion)及十二指腸轉位手術等。

3. **腹部迷走神經切除術**：腹部迷走神經幹切除也可產生明顯的減肥效果，特別是在一年後效果最佳，但是 5 年後則會復胖。若作為胃縮小術的附加手術，效果較好。

⊙ 溶脂與抽脂術(Liposuction)

溶脂與抽脂術皆為減少皮下脂肪以改善局部線條的身體雕塑法，因減少的脂肪量有限，並不適合當作減肥手段。單純抽脂是在打完膨脹劑之後，直接將抽脂管接上負壓，用機械力來回穿梭，將脂肪搗碎抽出，使用的管子較粗、力量較大，故術後瘀青和疼痛稍微大一些；溶脂則是利用物理（如雷射溶脂、超音波溶脂、水刀抽脂）或化學（美塑療法）方式打碎、乳化或溶解脂肪細胞，如果脂肪量大，再用負壓將脂肪吸除，因為脂肪已經先溶解液化，抽吸的力量和管子都較小，其術後的瘀青和疼痛皆較單純抽脂小；溶脂部位若為大腿或小腿，睡眠時應盡量抬高下肢，以利組織液回流，減少腫脹。術後前兩日傷口以紗布包紮，並塗抹醫師開立之藥膏，待傷口乾燥後，可正常洗澡，或以防水性敷料包紮傷口，可沖澡但不可泡澡，待一週左右結痂即可。上述療法也分為侵入性與非侵入性，分別介紹如下。

1. 侵入性

 (1) 美塑療法(mesotherapy)：即注射消脂針；最初由 Michel Pistor 於 1952 年所發明的技術，係將荷爾蒙、生長因子、果酸、胎盤素、抗氧化劑、消脂成分、治療禿頭防止落髮藥物等醫學美容抗老成分，注射於皮膚下的脂肪和結締組織所組成的中胚層(mesoderm)，故又稱間皮法或中胚層療法。美塑療法應用於局部減肥、減少皮下脂肪所形成之皺紋、落髮、修飾疤痕、除皺和美白等。在局部減肥方面，所注射的成分包括肉鹼(L-carnitine)、磷脂膽鹼(phosphatidylcholine)、胺菲林(aminophylline)及咖啡因(caffeine)等，具有燃脂、促進脂肪溶解效果，缺點是無法作用到內臟脂肪。治療後應補充較多水分，有助於分解後的油脂與毒素排出體外。

 (2) 脂肪抽吸術(liposuction)：簡稱抽脂術，用於局部脂肪囤積部位，常被冠以脂肪整形(lipoplasty)或脂肪雕塑(liposulpture)之名，意即可雕塑身材曲線。抽脂手術時採取全身或局部麻醉，在抽脂部位注入腫脹液，內含止痛麻藥、止血劑，可維持約 3~6 小時，以減少疼痛及出血，但手術進入麻藥未滲入層次時，還是會有不同程度的疼痛感，視個人耐痛度而定。大量抽脂危險性大，故一次抽脂總量不可超過體重的 8%。有重大內科疾病、皮膚彈性差、服用抗凝血劑、貧血、有出血體質以及體重達 100 公斤以上的人，都不適合抽脂。抽脂手術併發症包含大量失血、表皮凹凸不平、血腫、血漿腫、皮膚壞死、瘀傷、膚色不均。研究指出，只針對皮下脂肪的抽脂手術，對改善健康幾乎沒有效果，因為內臟脂肪未消除，對心血管疾病的威脅性仍在；另一項缺點是脂肪細胞雖然減少，但剩下的脂肪細胞體積並沒有因此縮小。

(3) 雷射溶脂：手術部位採取局部麻醉，利用極細的光纖探針，將波長 1,064 nm 的釹－雅鉻雷射，透過 0.1 cm 的傷口，伸入皮下脂肪層後，以 40 Hz 的震波震碎脂肪細胞的細胞膜。小部位雷射溶脂，例如瘦臉或瘦下巴，脂肪體積只要不超過 500 c.c.，術後脂肪由淋巴循環帶走，不一定要引流；如果是腹部、腰部、臀部、大腿、小腿、手臂等部位進行雷射溶脂，且脂肪體積超過 500 c.c.，則建議在雷射後進行抽脂引流，手術部位會立刻消下去，效果立竿見影。雷射的光熱效應刺激周邊膠原蛋白收縮及增生，使消除脂肪後的皮膚變得緊實有曲線，不會鬆垮與凹凸不平，但術後應著緊身衣 4~5 天。

(4) 水刀抽脂：採全身麻醉或於抽脂部位進行局部麻醉，然後切開傷口(0.5~1 cm)，將一條細長管線伸入皮下，以扇形水柱對脂肪進行沖刷，將脂肪與神經、血管組織分離，再用負壓吸力將脂肪抽出。水柱可將麻醉劑沖出體外，降低麻藥過敏風險，可針對蝴蝶袖、水桶腰、蜜大腿、大屁股、啤酒肚等進行抽脂雕塑。抽出的脂肪細胞存活率較高，還可用於自體脂肪回填手術。

(5) PAL 動力抽脂(power-assisted lipoplasty)：以每分鐘 4,000 次的震動、2 mm 的振幅，安全穩定地分離脂肪團塊，再將脂肪細胞抽吸出（圖 11-3）。微小的震動不易造成撕裂，可降低對纖維基質網(stromal network)及血管的破壞，且過程不使用光電熱能，不會灼傷組織，因此能降低出血量、淤血與水腫，減少內部疤痕組織，恢復期縮短。

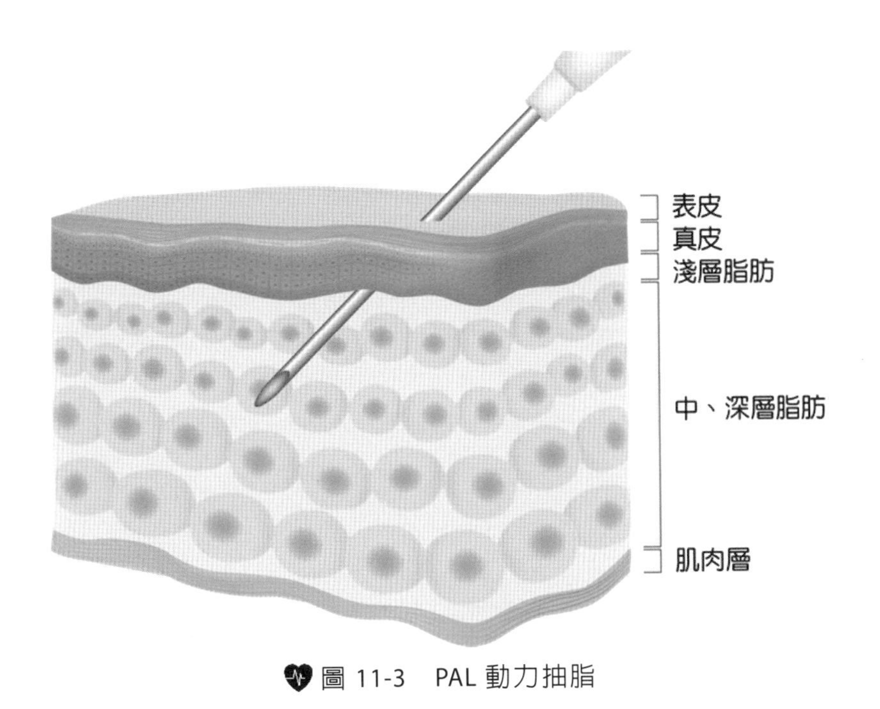

圖 11-3　PAL 動力抽脂

2. 非侵入性溶脂：以探頭接觸皮膚再傳輸能量施行療程，過程中有些人皮膚會有不同感受。
   (1) 冷凍溶脂(coolsculpting)：用探頭把皮膚和皮下脂肪吸起來，探頭的兩端將熱量吸出而降溫。冷凍降溫之後脂肪細胞會形成微結晶，引起發炎反應，細胞凋亡溶解，由淋巴和吞噬細胞進行吞噬及代謝，3 個月後就可看到效果。每次治療可以消除大約 1/5 的脂肪，因此需要 5~6 次的療程。
   (2) 超聲波溶脂：運用高頻率(36,000Hz)的聚焦超聲波快速震盪作用，在不傷害皮膚神經和血管的情況下，由儀器的探頭釋出高能量，經表皮層逐層加熱至脂肪層進行溶解，溶解後的脂肪會隨著新陳代謝慢慢排出。超音波振盪溶脂時會產生攝氏 40~45 度的熱能，不只能發揮止血作用，亦可刺激膠原蛋白收縮及增生，達到緊膚效果。術後早晚各一次的局部按摩，並穿著合適的緊身衣 7~10 天，甚至一個月，以減少瘀血、腫脹和避免皮膚鬆弛，幫助術後效果定型。手術 7~14 天後，需適當按摩患處，以加速組織軟化，建議搭配專業術後按摩及溫敷，每週 2 次，至少連續 8 週，效果更明顯。居家按摩每日早晚各 20 分鐘，連續 3 個月，以排除過多體液，加速術後部位柔軟。按摩方式以垂直按壓的方式進行，可增加皮膚緊實的效果。

(3) 隔空溶脂：不需麻醉，利用脂肪組織與周圍組織阻抗不同的原理，以標靶式電場針對脂肪組織加熱，使脂肪層溫度提高到攝氏 43~45 度，並維持 30~45 分鐘，脂肪細胞發生凋亡後，由吞噬細胞和淋巴循環排除。治療過程不需接觸皮膚，治療範圍(68×19 cm)比一般溶脂更大，因此大範圍溶脂如腰腹部、大腿，花費時間較短，療程約 4~6 次。

(4) 肌動減脂：此方法其實與溶脂、抽脂無關，而是借助儀器的高強度聚焦電磁技術(high-intensity focused electromagnetic technique, HIFEM)，刺激人體肌肉產生超極限收縮(supramaximal contraction)，腎上腺素分泌增加，刺激皮下脂肪分解；超極限收縮會使肌肉增生而逐漸肥大，進一步增加基礎代謝率，並修飾身體線條。

⊙ 中醫減肥法

中國傳統醫學源遠流長，係經過廣大人民數千年實踐所習得之經驗，包括各種中藥、針灸、指壓及按摩、氣功等，對減肥與身體調理也有一定的作用。治療肥胖症有很多中藥方式，不勝枚舉，如決明子、月見草、山楂等皆可降血脂，但有些減肥成分中常含有馬兜鈴酸或某些生物鹼，會造成腹瀉，以致於吸收不良而體重減輕，服用時須小心。

針灸減肥對 20~50 歲的肥胖者效果較好，因為此年齡層人體發育比較成熟，各種功能也較健全，通過針灸治療，容易調整人體的各種代謝功能，促進脂肪分解，達到減肥降脂的效果。常用的針灸穴位在梁丘穴、公孫穴、內關穴等，針灸後能夠抑制胃腸的蠕動，並有抑制胃酸分泌、減輕飢餓感的作用。而近年流行的「埋線減肥法」則為針灸減肥之延伸，其原理是將人體可吸收的羊腸線，透過特殊針具埋入欲治療的穴位，以刺激穴位達到改善循環、利水消腫以及促進新陳代謝的全身性作用，並同時達到瘦身減重的目的，但實際效果仍有待商榷。

⊙ 生理期減肥法

將月經週期（以 28 天週期為例）分成四個階段：

1. **生理期**：從月經開始至結束，約 7 天。此期體內黃體素和雌性素的分泌較少，新陳代謝較慢，食慾較低，無須進行任何減重計畫，應避免吃生冷食品，多補充鐵質、鈣質、纖維素，做些舒緩的運動和體操。

2. **濾泡期**：月經後第 7~14 天。雌激素的分泌增加、身體代謝增快、消化功能佳，是減肥的最佳時機。如果利用這個階段，積極進行飲食控制及運動的話，可達到很好的減重效果。

3. **黃體前期**：月經後第 15~21 天。此時期雌激素分泌減緩，排卵後黃體素分泌增加，食慾佳，但新陳代謝逐漸減慢，應注意飲食控制，才不會囤積多餘的熱量。
4. **黃體後期**：月經後第 22~28 天，即下次月經來臨的前 7 天。此時黃體素分泌最旺盛，容易出現愛吃甜食、脾氣暴躁、嗜睡、水腫、長青春痘等「經前症候群」。要控制飲食和持續運動，以少量多餐的方式克制食慾。

⊙ 其他

包括藥浴 SPA、穿戴束腹或調整型內衣，限制身材變形；雞尾酒減肥法（數種藥物混合使用）、催吐法（易引起胃酸逆流而傷害食道與喉嚨）。此外，有些標榜快速減重的方法其實只是增加排汗，所減少的是水分的重量，當補充水分後體重又會回復。

最好的減重方式是配合身體的代謝機能，從飲食與運動著手，不要盲目尋求速效偏方；健康減重原則是循序漸進，不可過快，以免影響健康，甚至出現皮膚鬆弛；在發胖初期越早採取補救措施，越能迅速恢復健康體重。

參考資料 REFERENCES

亞太中醫（無日期）・*危險的睡眠呼吸暫停症候群*。
http://www.2to1agri.com/aptcm/12.nsf/ByUNID/C290628A85EEEB5B48256B6500254C25?opendocument

許延年、蔡文玲、邱品齊、石博宇、周彥吉、黃宜純(2017)・*美容醫學*（2 版）・華杏。

衛生福利部國民健康署（無日期）・*BMI 測試*。
http://health99.hpa.gov.tw/OnlinkHealth/Onlink_BMI.aspx

小試身手 REVIEW ACTIVITIES

( ) 1. 對抽脂術的敘述何者錯誤？ (A)可局部雕塑身材 (B)適合大幅減肥 (C)一次不可抽脂超過體重的 8% (D)不會使剩下的脂肪細胞體積縮小。

( ) 2. 每個人每天每公斤體重至少需要多少熱量？ (A) 30 仟卡 (B) 20 仟卡 (C) 10 仟卡 (D) 80 仟卡。

( ) 3. 以運動來減肥應注意？ (A)運動時間要超過 1 小時 (B)運動強度要到達中高以上 (C)運動後要趕快補充能量 (D)補充水分。

( ) 4. 肥胖的定義是體重超過標準多少？ (A) 10% (B) 20% (C) 25% (D) 30%。

( ) 5. 食慾中樞是位於人體的？ (A)腦下腺 (B)延腦 (C)下視丘 (D)視丘。

( ) 6. 與心血管疾病的罹患率較相關的是？ (A)內臟脂肪 (B)皮下脂肪 (C)兩者皆是 (D)以上皆非。

( ) 7. 肥胖是因為？ (A)脂肪細胞數目增加 (B)脂肪細胞體積增加 (C)脂肪細胞囤積過多脂肪 (D)以上皆是。

( ) 8. 要避免肥胖應如何？ (A)少吃高熱量食物 (B)進行短暫高強度運動 (C)多吃高醣 (D)少量多餐。

( ) 9. 要減去一公斤脂肪，大約應消耗多少熱量？ (A) 5,700 仟卡 (B) 9,000 仟卡 (C) 7,700 仟卡 (D) 1,000 仟卡。

( ) 10. 下列何者非低 GI 飲食之特點？ (A)易產生飽足感 (B)皆為低熱量 (C)可降低血脂 (D)有助提高記憶力。

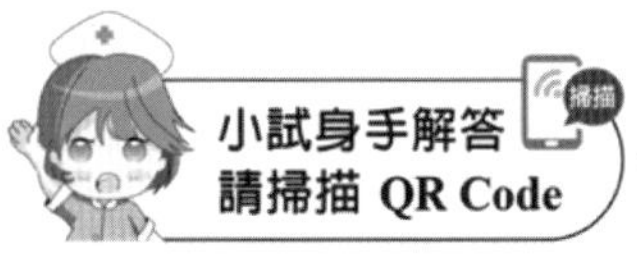

CHAPTER

12

楊佳璋 · 編著

其他美容整形

Aesthetic Medicine

前言

愛美是人類的天性，從人類有歷史記載開始，多少文明的發展、朝代的變遷與戰爭的發生都與追求美麗或美人有關。俗話說：「女為悅己者容」，也就是說女子會為了自己喜歡的對象而作打扮。現在的社會則是不管男、女性，對於外觀容貌都非常注重，如果在利用化妝品及美容技術加以梳妝打扮後，自己還是無法滿足，通常最後的手段就是找上整形醫師，為自己打造一個滿意的外觀。以下介紹幾種常見的微整型或整形手術。

12-1 肉毒桿菌素

肉毒桿菌素是由厭氧的革蘭氏陰性桿菌 *Clostridium botulinum* 所分泌的一種神經外毒素。血清學上具有 7 種亞型，目前以肉毒桿菌 A 型毒素最被廣泛使用。現階段通過美國 FDA 許可的商品化製劑有 3 項，分別是美商 Allergan 製造的 Botox、英商 Ipsen 出品之 Dysport 以及愛爾蘭商 Elan 推出的 Myobloc。在臺灣以 Botox（保妥適）（圖 12-1）最廣為一般大眾所知悉，是 A 型毒素商品化的名稱。

臨床上醫師以微細注射針將少量保妥適直接注入有皺紋的面部肌肉，藉由與運動神經末梢結合，防止導致肌肉收縮的乙醯膽鹼釋放，進而造成肌肉暫時性麻痺，使過度收縮的肌肉放鬆而達到除皺作用。通常注射後只有輕微腫脹，一小時後即可恢復正常。除皺效果在施打後三、四天才會出現，第七天以後達到最佳狀況，肌肉麻痺效果可持續 4~6 個月，達成暫時消除臉部的動態性皺紋與調整臉部肌肉收縮的目的。對於不想手術又想要快速除皺者，這是最理想的選擇，但其對於靜態性皺紋並無顯著功效

肉毒桿菌素在美容上的適應症包括：(1)魚尾紋、眉間皺紋、唇紋、抬頭紋、法令紋、笑紋等；(2)眉毛兩側不等高；(3)臥蠶（眼睛下方笑起來會凸出的部分）太大且兩側不對稱等。除了除皺外，這種毒素也可注射至腋下皮膚腺體內，能有效改善狐臭味 4~6 個月，注射在手掌皮下也可以使手汗症減輕 40~85%，療效持續 3~12 個月。

注射肉毒桿菌素後，有少數人可能會出現副作用，包括眼皮下垂、注射部位不適、乾眼症或瘀青等，約於一週內消失。另外，如果施打部位不正確，不但效果

差，也可能影響到其他正常臉部肌肉的收縮功能，反而使表情不好看，不過大多可在六個月後恢復正常（參閱第 6 章）。

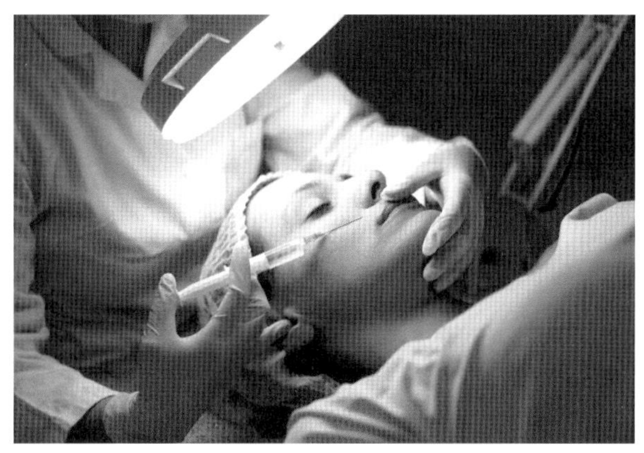

圖 12-1　肉毒桿菌素

12-2 皮膚填充物

所謂的皮膚填充物，指的是能夠施打到皮膚中的物質，且可以達到填補皮膚缺陷（如皺紋、疤痕、豐唇、雕塑臉形甚至隆乳）的目的。填補手術在整形外科上，占有很重要的份量，因為美就是曲線的整體表現，例如拉皮手術達到光滑平整的臉部曲線；豐胸、縮胸達到優美的胸部曲線；抽脂以達到局部美的曲線等。而「填補」手術也是一樣，藉由填補材料，有效、安全、永遠地填補凹陷的部位，達到完美曲線。常見的皮膚填充物有膠原蛋白、玻尿酸、自體脂肪填充、矽膠等，而且為了達到最好的效果，通常會合併其他治療方法，包括化學換膚、磨皮、肉毒桿菌素注射等。

膠原蛋白及玻尿酸

玻尿酸(hyaluronic acid)又稱透明質酸或醣醛酸，分子量約為 100~150 萬 Dalton 之間，最早是由牛眼玻璃體中分離出此物質。目前玻尿酸常見的取得來源有三種：(1)利用雞冠和牛眼玻璃體等動物組織提煉；(2)微生物發酵法；目前多選用鏈球菌、乳酸球菌等來培養；(3)化學合成法。

玻尿酸普遍存在於人體組織中（如皮膚真皮層、眼球等），其功能為吸附水分，維持組織的形狀，1 公克的玻尿酸約可吸收 500 公克以上的水，因此是化妝品中非常好用的保濕成分；且玻尿酸為構成細胞間質的主要成分，可以注射的方式打到皮下，將凹疤填平，亦可做微皺紋的修補、豐鼻及豐唇等，但是玻尿酸會被身體組織慢慢吸收掉，美容的效果約只能維持半年～一年。

目前在臺灣較常用於微整型美容注射用的玻尿酸，包含下列：

1. 瑞典 Q-Med AB 生產的「瑞絲朗(Restylane)」系列。
2. 美國 Corneal-Allergan 公司於法國廠生產的「喬雅登(Juvederm)」系列（圖 12-2）。
3. 臺灣科妍生物科技公司的「海德密絲(Hya-Dermis)」，又稱為「水微晶」。
4. 臺灣和康生物科技股份有限公司的「艾麗膚(Arieforma)」，又稱「水凝玻」。
5. 瑞士 Anteis SA 公司生產的 Esthélis「安緹斯(Anteis)」。

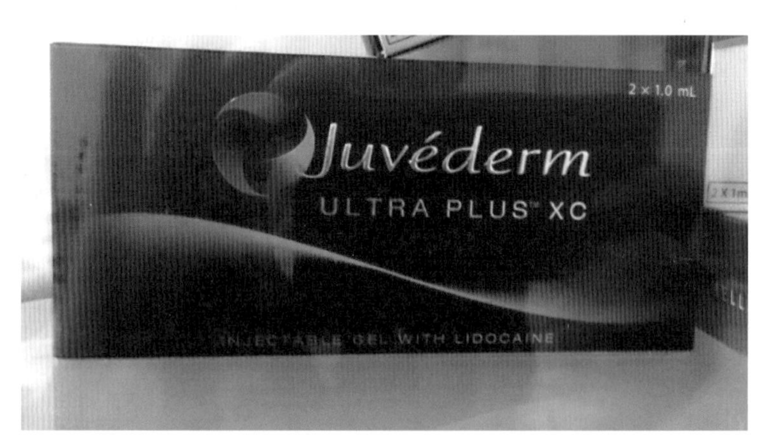

圖 12-2　Corneal-Allergan 公司的「喬雅登(Juvederm)」系列玻尿酸

膠原蛋白在哺乳動物中含量相當豐富，約占人類身體蛋白質的 25~35%，係由胺基酸（glycine、proline、hydroxyproline 含量較多）組成的三條胜肽鏈交纏成堅固且不能擴展的三螺旋結構(triple-helical structure)，讓組織具有良好的張力及拉力，在皮膚、骨骼、角膜、韌帶、軟骨、血管及內臟等器官扮演支撐的角色。因為與人體皮膚具有良好的相容性，因此可經由注射到真皮層的方式來填補疤痕、凹洞、皺紋等缺陷，而不會被身體排斥，功效約可維持半年～一年，但是少數人會產生過敏反應，注射前須先做測試，較為安全。

為何注射玻尿酸會造成失明？

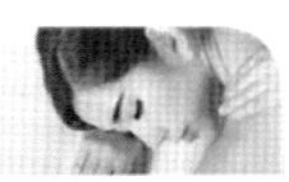

偶爾可見新聞報導，消費者於眼周或鼻子施打玻尿酸等填充物後，造成失明，最直接的原因是由於眼周血管非常豐富（如下圖），若填充物不慎被注入血管中，便會導致阻塞，進而失明，更甚者還可能中風，故在施行醫美治療前應謹慎，必須了解相關風險並和醫師討論、達成共識後，再做決定。

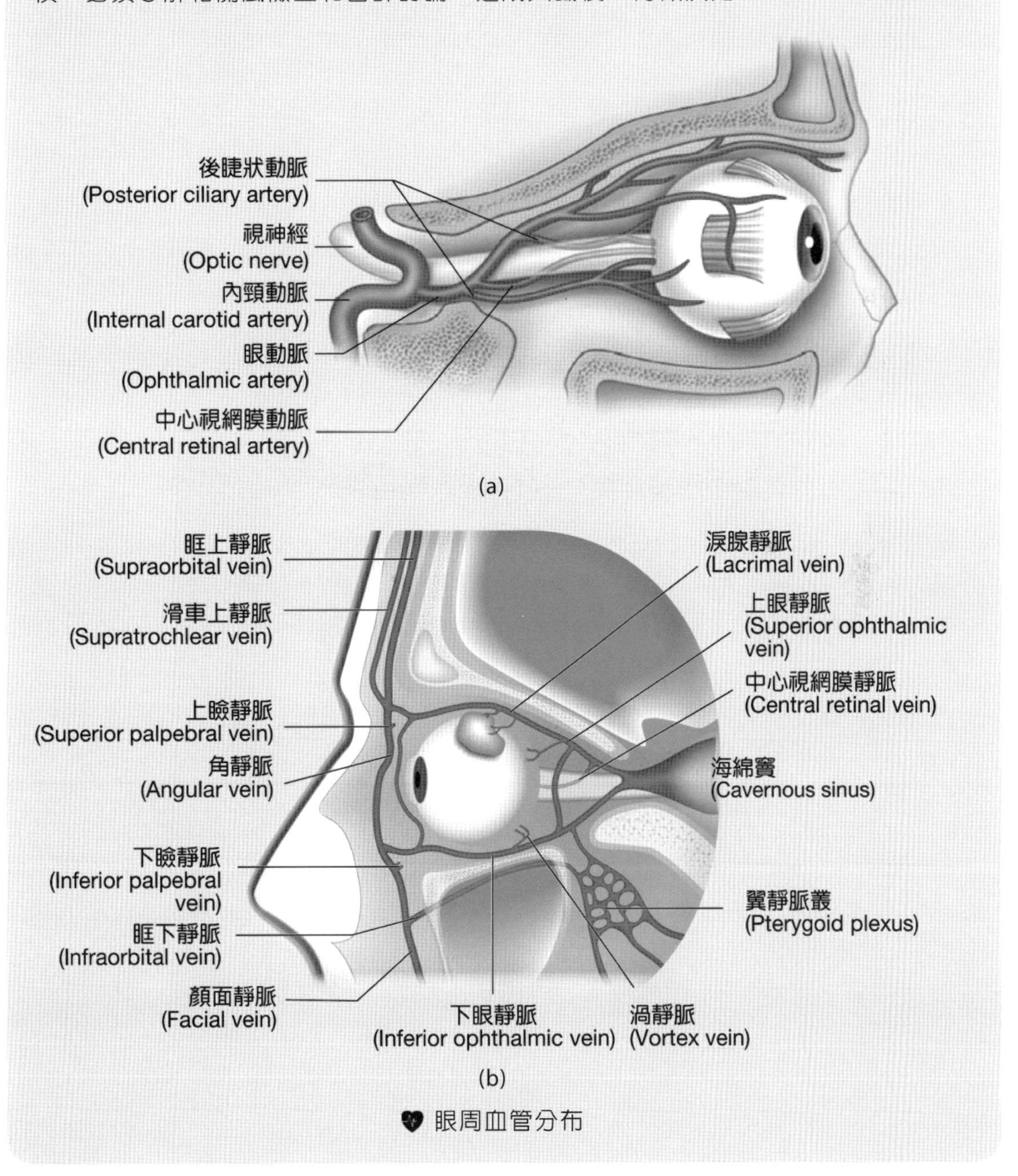

眼周血管分布

自體脂肪填充

即抽取自身體內脂肪，一般選擇大腿、腹部、腰部等脂肪易堆積部位，經過離心、過濾等處理後，再將其注射入需要填充的部位，如皺紋、臉部凹陷甚至嘴唇，將皮膚內部撐起，可使外觀看起來光滑豐腴，此外，也可運用在豐胸或豐臀等較大部位的填充。利用自體脂肪填充的好處是材料免費，而且由於是身體原有組織，所以較不會產生排斥，是良好的填充材質。

術後的瘀青消除約需 1 週，腫脹現象初步改善約需 2 週，最終效果約 1 個月呈現。術後須適當冰敷，短期間內不可按摩移植部位。有時會有下列副作用產生，需特別注意：

1. **感染和血膿**：感染和血膿一般發生在術後 1 週內，伴隨紅腫熱痛；感染嚴重者會出現局部皮膚潮紅、青紫或針孔不癒合、流膿等症狀。感染會直接影響脂肪細胞的存活率。
2. **可能出現脂肪移動的現象**：手術後到脂肪存活前這段時間，移植的脂肪組織存在移位的可能。多發生在皮下瘢痕組織過多處或韌帶分布區，如鼻唇溝。
3. **局部皮膚凹凸不平**：一般可能會出現在術後 3~6 個月內。與脂肪吸收率相關，也是目前自體脂肪移植最大的副作用之一。
4. **脂肪液化、局部形成硬結**：原因可能是單次注入脂肪組織過多，或是注入後脂肪組織自然聚集成塊，降低脂肪存活率，而脂肪的壞死、液化形成局部硬結。在大量自體脂肪移植，如豐胸和豐臀項目中，脂肪液化和壞死的發生機率相對較高。

12-3 磨皮

磨皮手術(dermabrasion)是利用各種工具將皮膚磨掉，使其重新長出新的平滑肌膚，達到除皺去疤的目的。自 1905 年起德國醫師首先介紹機械磨皮，如今隨著科技進步，磨皮技術也跟著提升，以下 3 種磨皮方法：

1. **機械磨皮**：傳統使用鋼刷或鑽石頭磨皮機器進行，但因出血多且醫師經驗相當重要，現今已較少使用。

2. **雷射磨皮**：通常使用二氧化碳雷射或鉺－雅各(Erbium-YAG)雷射，也可使用新型飛梭雷射，目的是把表皮層跟一點點的真皮層磨掉。雷射磨皮（詳見第 8 章）是現今的主流，具有控制精準、出血少及預後良好等好處。術後皮膚因有傷口，須注重以下照護工作：
   (1) 手術後的前 3 天會有大量組織液滲出，敷料（如人工皮及紗布）需要每幾個小時更換一次。
   (2) 術後 3~7 天雖不會滲出組織液，但是非常脆弱，也沒有表皮，所以敷料需每日更換，以確保皮膚的乾淨與濕潤。
   (3) 傷口約在術後 7~14 天癒合，於 1 週後返診複查；癒合傷口處會呈現粉紅色，此時應注重美白與防曬，因皮膚反黑機率在東方人很常見。術後 2 個月內需要執行嚴格防曬措施，約 3~6 個月會慢慢恢復正常膚色。

3. **微晶磨皮**：屬於淺層物理換膚，利用有機或無機晶體物質（如氧化鋁或鹽類）在真空的狀態下高速噴在皮膚上，可以去除表皮老化角質或粉刺，而晶體再利用負壓吸回，如此可使皮膚更新。另外現今有鑽石微雕術的出現，與微晶磨皮原理類似，利用真空吸引方式將皮膚吸附於鑽石頭上，利用不同強弱的吸附力、鑽石頭粗糙程度及鑽石頭移動速度，可掌握想要雕塑的部位與磨皮深度。

12-4 冷凍治療

冷凍治療在美容醫學上常常被用在扁平疣、痣、雀斑、血管瘤、瘢痕疙瘩甚至皮膚癌的治療上。此方法是利用致冷劑，如液態氮(–196℃)或乾冰（固體二氧化碳，–70℃）等接觸患部，造成組織細胞死亡而脫落。

冷凍治療的作用原理是利用低溫，使皮膚組織細胞產生不可逆的變性壞死。引起皮膚組織壞死的機轉如下：

1. 機械性損傷：在低溫下，細胞內外水分結凍，形成冰晶，當回溫解凍時，細胞內微冰晶再晶化，形成更大的冰晶，造成細胞嚴重的機械傷害。
2. 細胞內外水分形成冰晶，使得細胞脫水、電解質濃縮及酸鹼值改變，造成細胞中毒死亡。
3. 細胞膜內蛋白質因低溫而變性。
4. 低溫造成局部血液循環不良，導致組織細胞缺血死亡。

冷凍治療後的病灶會類似凍傷，稍微發紅、腫痛，但會慢慢形成痂皮，而後自行脫落，也可能因當次治療的劑量較重或該處皮膚較嫩薄，出現水泡或血泡，切記不可自行弄破，此時可塗抹醫師開立的局部抗生素藥膏，再用適合的敷料貼起來保護傷口。通常治療時間需間隔 1~2 週，但如果紅腫或血泡持續擴大，甚至發燒，應提前回診治療。

12-5 洗眉

紋眉就是一種局部的刺青，利用人工操作或機器控制，將色素植入皮膚深處，形成固定形狀的人工眉毛。紋眉可以減少化妝時間，但是審美觀會隨著時代潮流或個人閱歷而改變，若要除去紋眉可是要花費一番代價，在紋眉前必須審慎的再三思考。

常見的洗眉方式有化學藥品法、雷射洗眉法及切除法，美容師最常用的是化學藥品法，此法是利用藥品將含色料的皮膚去除，則色料也跟著被洗去，待傷口結痂後長出新組織，眉毛也可重新生長，但對於真皮層的色素是無法去除的，而且因為個人體質、膚質不同，有可能施用後沒有效果，甚至傷口潰爛使眉毛無法再生，或是產生明顯的疤痕。雷射法是最為先進有效的方法，詳細原理如刺青雷射，請參閱第 8 章。

12-6 點痣

一般正常的「痣」，指的是聚集在表皮層、真皮層或皮下層的一群黑色素細胞，聚集的地方越上層，呈現的顏色越黑；越在真皮層或以下，呈現的顏色越藍。

中國人點痣的目的大多與命相有關，其次和是否影響外觀有關。在點痣前，必須先諮詢皮膚科醫師確定是正常的痣，而不是皮膚惡性腫瘤再行施做。一般常見點痣的方法有使用腐蝕劑、冷凍治療或是雷射去痣，民間點痣最常使用的腐蝕劑，大多為氫氧化鈉類的鹼劑，而皮膚科醫師較常使用的為三氯醋酸，但因為使用腐蝕劑比較難控制燒掉患部的深度，因此常常會留下疤痕，故在皮膚科醫師操作下，使用冷凍治療或雷射等方法是最安全有效的。

在點痣前要先確認是痣或是皮膚腫瘤，以免延誤就醫時機。我們可以根據以下原則，注意身上的痣是否具有以下 ABCDE 特徵，可早期預防。

表 12-1　ABCDE 特徵

特徵	圖示	說明
A 不對稱 (asymmetry)	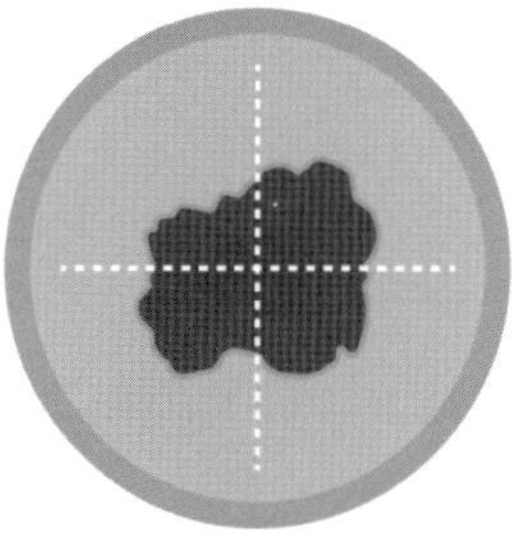	從痣的中央線將其分成左右兩半，左右兩半形狀不一樣
B 邊緣 (border)		痣的邊緣不圓滑呈鋸齒狀
C 顏色 (colour)	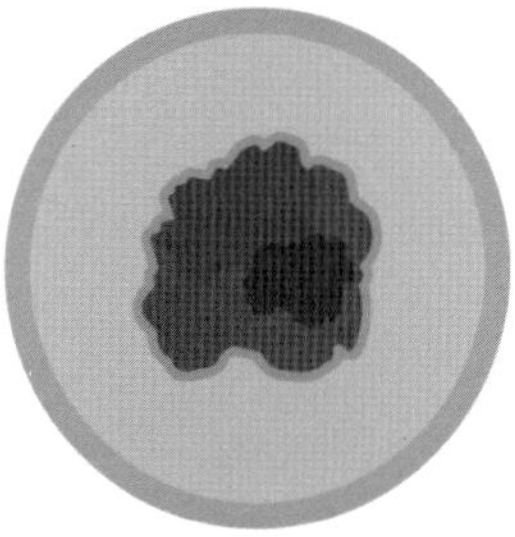	痣的顏色起變化或顏色不一致
D 直徑大小 (diameter)	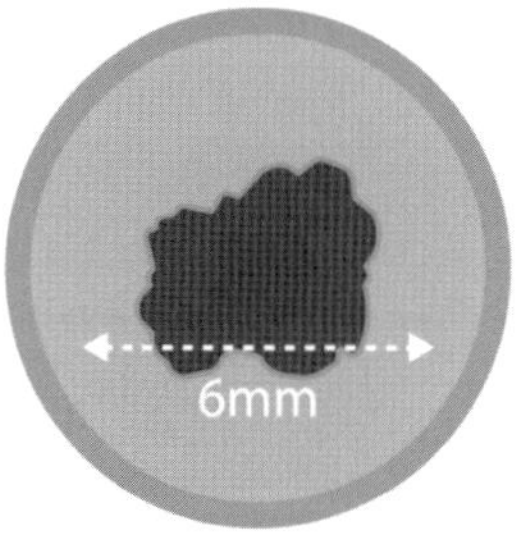 6mm	痣突然快速長大或直徑大於 0.6 公分
E 擴大 (enlargement)	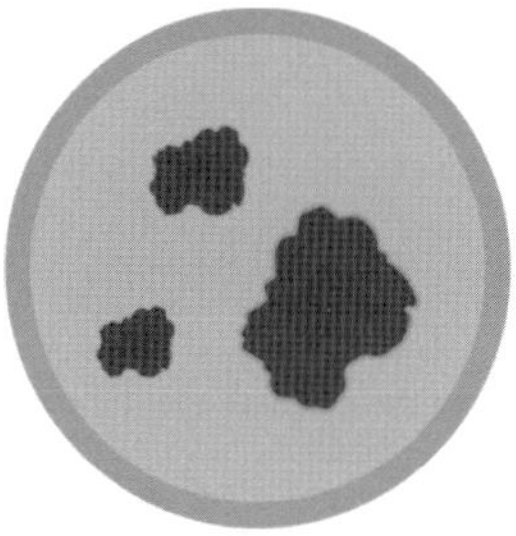	形狀變大或體積有增加

12-7 雙眼皮整形

「眼睛為靈魂之窗」，眼睛會反映出一個人的特質、情緒的變化等。而我們每日照鏡子，首先看到的是眼睛及周圍。再者，我們與人打招呼，先注意到的就是彼此的眼睛，因此眼睛的整形一直是許多人的首選。通常進行雙眼皮手術的原因，有眼睛太小、眼睫毛倒插、眼皮鬆弛、眼尾下垂及治療腫眼泡等。

雙眼皮手術的方法大致分為兩種：

1. **縫合法**：以外科用的縫線，在需要雙眼線的地方，從眼皮穿入到結膜，再回頭穿出眼皮，打結後把線結埋在皮下，一般縫 2~3 針（圖 12-3）。此種手術的好處是方便及迅速，對組織傷害小，不易產生水腫，恢復快；壞處則是雙眼皮容易消失，只能維持 3~4 年左右，且多餘的眼皮及脂肪無法去除。另外，因為線要縫到結膜，如果處理不好，會刺激眼球，較輕的會感覺到好像有砂子在眼睛裡面，嚴重的可能摩擦眼球，造成眼角膜傷害及發炎。
2. **手術法**：以手術的方法切開眼皮再用縫線固定內部，之後再縫合皮膚，效果比較持久，而且可以同時切除多餘皮膚；缺點是對組織破壞大，眼皮浮腫會持續較久，約 3~6 週才會消腫，短期內疤痕會比較明顯。

手術後 48 小時可以利用冰敷來防止組織繼續出血及腫脹，而 48 小時後可使用熱敷協助組織復原，達到消腫散瘀的效果；必須拆線後（約 1 週）才能使用化妝品，以免傷口感染。在瘀青未完全散去前，可用粉底或遮瑕膏掩飾。

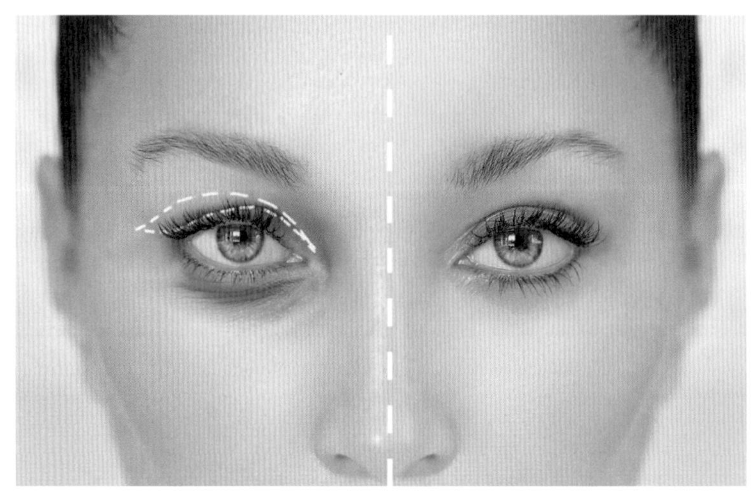

圖 12-3　雙眼皮手術前後比較

12-8 隆鼻

鼻子位於臉部的中線，居臉的中心，是臉上唯一突起的器官，除了眼睛之外，鼻子常是人們眼光注意的焦點。鼻樑的長短、高低、鼻尖的大小、鼻翼的厚薄、鼻孔的大小、鼻中柱與上唇形成的角度（鼻唇角）、鼻樑與前額形成的角度（額鼻角）等，是構成漂亮鼻子的各種條件。中國人的「理想之鼻」是鼻樑挺直、鼻頭豐隆圓大、鼻翼秀美；而藝術家、美學家眼中理想的鼻子標準如下：鼻底部的寬度是整個臉部寬度（兩邊耳朵邊線的直線距離）的 1/5；鼻子的長度（鼻頂到鼻尖的長度）約等於整個臉部長度（由髮際線到下巴下沿的距離）的 1/3；鼻子挺高的角度（鼻底部與上唇接觸的角度）最好是 100 度；此外，額頭、唇沿及下巴應當在同一線上，而鼻樑與此線的角度為 35 度。

「隆鼻」是指鼻子構造正常，但鼻樑不夠高或者鼻子不夠美觀而做鼻整形術，統稱「隆鼻」。最常用的方法是由鼻內不留疤痕的地方（如鼻中柱或上嘴唇內的黏膜）切入，將鼻樑皮膚與鼻骨及鼻軟骨間的空間擴大，再將矽膠質的「人造軟骨」（圖 12-4）放入，最後將傷口縫合便可完成。矽膠質的人造鼻骨有不同形狀，厚度及長度各異。依各種鼻型的需要及喜好，醫師可選擇不同形狀、大小的「人造鼻骨」加以植入。

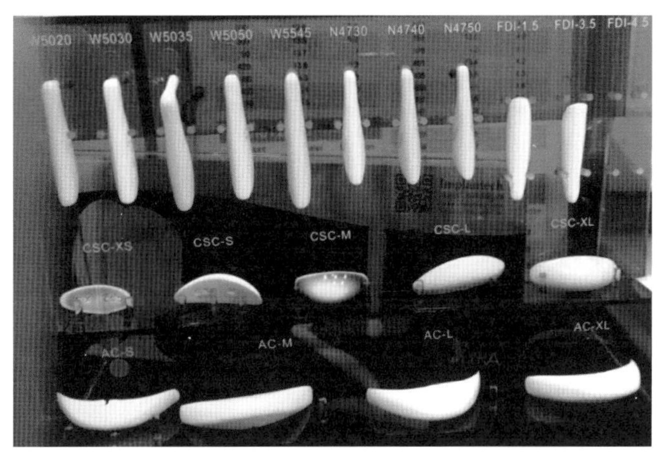

圖 12-4 美國 Implantech 公司製造的人造鼻模及下巴模（白璧美學診所提供）

隆鼻手術後可能會有出血、皮下瘀血及發炎的問題，遵照醫生處方服用抗生素可避免感染發炎。另外，術後兩週內不可擤鼻涕，同時要避免將頭部降低，以免造成鼻充血。隆鼻手術後因組織腫脹，通常要術後兩個月鼻子輪廓才會清楚，才看得出手術成效。

12-9 臉部拉皮術

當臉部皮膚因為歲月及紫外線的破壞顯得老化及鬆弛，且使用一般的化妝品或保養品無法使皮膚恢復彈性、消除皺紋時，比較可行的改善方法就是拉皮手術。方法如下：

1. **額頭拉皮術**：是在髮際內的頭皮切出一道開口，再經由這道切口將產生抬頭紋的前額肌、造成眉間皺紋的皺眉肌，以及形成鼻背皺紋的肌肉通通切除、縮短或電燒，最後把前額多餘的皮膚切除，如此就可消除額頭附近的皺紋，使人顯得更年輕。額頭拉皮術在術後恢復快速，原因是額頭的組織較薄，除了一層皮之外，就是骨頭，以及此處是臉部較少活動的地方。
2. **臉頰拉皮術**：此術有效的改善範圍包括臉頰皺紋（魚尾紋、法令紋）的消除、雙下巴的消除。一般常使用的手術切割位置，是由耳朵上方頭皮內沿著耳朵前方到耳垂，然後繞到耳朵後方，將臉皮剝離，除去過多的脂肪及皮膚，最重要的是將兩頰的表淺肌膜剝離，往上拉懸固定，使下墜的兩頰脂肪回到原位。
3. **頸部拉皮術**：手術方式是在耳下及耳後切一開口，小心分離皮下層，將頸部多餘的皮膚切除，並且固定在頸部肌肉、肌腱組織，如此可改善年老所產生的頸部皮膚肌肉鬆弛、雙下巴產生的火雞狀蹼（圖 12-5）。

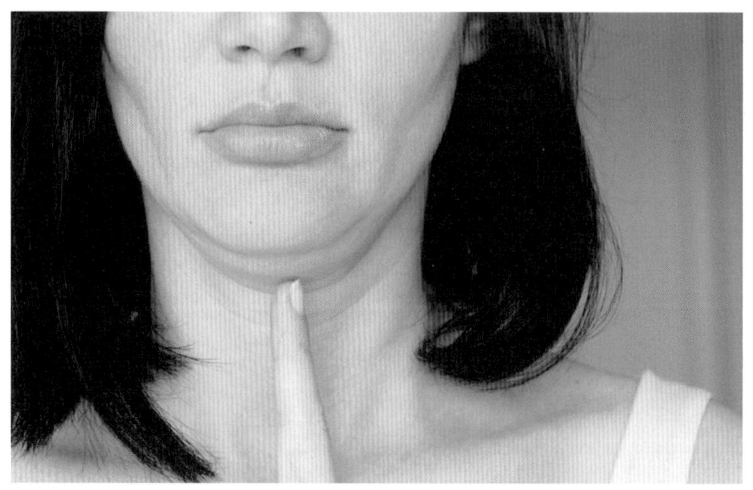

圖 12-5　雙下巴與頸部皮膚鬆弛

拉皮手術後須注意以下照護工作：

1. 術後須以紗布覆蓋輕壓，以防止出血及腫脹；若輕微滲血，可紗布加壓止血。
2. 以清水沖洗後，用生理食鹽水清潔，擦乾後塗上藥膏即可，避免揉搓傷口。
3. 術後 72 小時內多冰敷，之後改成熱敷，幫助消腫去瘀。一般約 7~10 天可以拆線；腫脹淤血一般在 2~3 天內消除。
4. 術後 1 週內睡覺宜抬高頭部；初期宜減少水分攝取量，以免眼睛周圍腫脹。
5. 復原期間禁止菸酒及食用刺激性食物。術後 3 個月內前額可能麻木，隨著神經生長，可能會有麻癢感。

12-10 外傷疤痕

皮膚上的疤痕是因為皮膚受傷而引起，外觀容易給人不愉悅的感覺。疤痕形成的原因主要是發炎使纖維母細胞增生，造成膠原分泌而形成。

疤痕在傷口癒合後開始形成，幾個月內達到高峰，需要一、二年才會成熟定型。形成的程度與外傷深度、傷口清潔與否、傷口位置（位於承受張力大的部位越嚴重，如膝蓋、手肘關節處）、人種（有色人種較嚴重）、部位（前胸、肩部較易發生）與處理方式或癒合過程順利與否都有直接關係。因此，任何外傷都應該好好處理，免得造成嚴重不雅觀的傷疤。若傷疤仍然形成，可做些補救，方法如下：

1. **壓迫法**：用按摩、美容膠、彈性衣或是矽膠片直接壓迫傷疤，通常要持續 6 個月以上才會平整，有些更需長期使用。方法各有優缺，同時也要看疤痕狀況來選擇。
2. **類固醇注射**：可使局部硬疤軟化消退，但注射會疼痛，如能搭配壓迫法效果更好；副作用如使疤痕過度萎縮而凹陷、局部微血管擴張、皮膚變白，或有時會使月經提前或量多，應按醫囑進行治療。
3. **磨皮**：目前有機械磨皮、雷射磨皮及微晶磨皮等，但都只能應付較淺的如青春痘留下的傷疤。須注意術後照顧，如長期避免曬太陽，以防顏色加深。
4. **手術**：即修疤術，通常在疤痕成熟、定形後才評估，通常要疤痕形成 6 個月後才進行。最簡單的方法是紡錘形切除，直接縫合。切除方向最好是順著皮膚紋路，日後手術疤痕較不明顯。縫合的方法也有不同，材料各異，但最重要的是真皮層縫合，而不是外表看得到的表皮層縫合。

但太大的疤，如直徑五、六公分或巴掌大，就很難以上述方法去除。這時候可考慮其他方法，如下：

1. **植皮術**：當疤痕面積過大，切除後無法縫合，這時可在疤痕切除後，從身上其他部位（如鼠蹊部或腹部）取一塊皮膚來覆蓋，大都採用含表皮或真皮的全皮層，較具有良好的皮膚功能，缺點是補過的皮膚顏色與周遭部位顏色不同，造成外觀的差異。
2. **組織擴張術**：原理有如孕婦肚皮因胎兒長大而擴張一樣，在疤痕附近的正常皮膚下埋入組織擴張器（俗稱水球），然後每隔兩週注入 15~20c.c.的生理食鹽水使其膨脹，進而「創造」一些皮膚，再取新生的皮膚縫補在原來的疤痕處。

12-11 抽脂術

所謂的抽脂術就是將身體各部位不需要的多餘脂肪，利用強力真空吸引器取出的一種美容整形手術。適用部位包括臉頰、下巴、脖子、上臂、乳房上側、腹部、臀部、大腿、膝部及足踝。抽脂肪並非全身性的減肥，只適用於經飲食治療及運動後，仍無法消除的局部脂肪囤積（詳見第 11 章第 3 節）。

抽脂術適用於皮膚尚具相當彈性的人，過度鬆弛下垂的皮膚則需切皮及拉皮方能改善，有心臟、血管及肺部疾病者也不適用。

手術時間的長短與部位和吸取量有關，一般在 30 分鐘～1、2 個小時之間。手術方法是在較為隱密的部位，做一個 1~1.5 公分的皮膚切口，放入吸脂導管，並連接強力真空吸引機，藉吸脂導管一抽一送的動作，破壞脂肪層，吸引至真空瓶中（圖 12-6）。吸脂的同時，血液及體液會流失，需要適量的輸液治療。

抽脂術後應立即穿上緊身衣，一則以壓迫止血，二則以幫助皮膚消腫改善身材。手術後 2~3 週內，由於瘀血及腫脹，會覺得該部位更肥胖，並有灼熱、疼痛或麻痺的不適感，但一般在 2~3 個月內會逐漸消失，因此緊身衣最好要穿著 2~3 個月。術後活動原則上鼓勵及早下床走路，但 2~4 週內不宜做激烈運動。

抽脂後可能的後遺症諸如發炎、嚴重失血／失液，以及最危急的脂肪栓塞，甚至致命的後遺症，或是皮膚壞死、凹凸不平、色素沉著等。

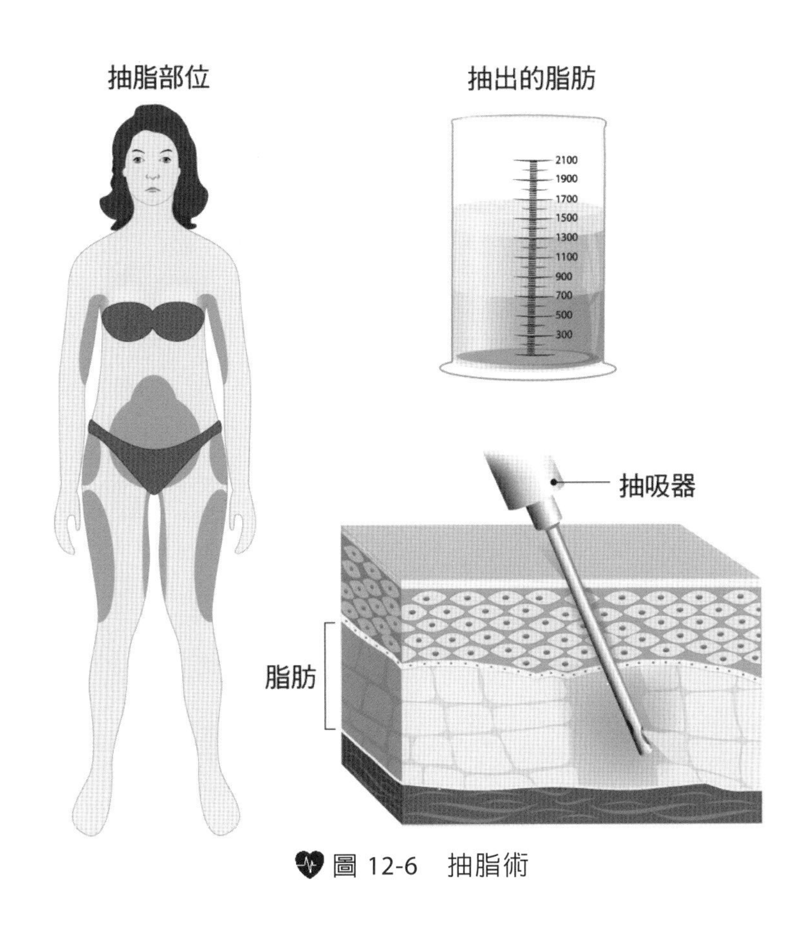

圖 12-6 抽脂術

12-12 毛髮去除法

除毛的方法，包括剃(shaving)、拔(plucking)、脫毛法(epilating)、蠟除毛法(waxing)、除毛手套(hair removing gloves)、磨除法(abrasives)、線絞法(threading)、化學脫毛法(chemical epilating)和電解法(electrolysis)。另外，雷射除毛則是一種永久性的脫毛法，詳見第 8 章。

剃除法

剃除法(shaving)為最廣泛使用的去毛法，因速度快、效率高、成本低。可分為兩種方式：

1. **濕剃法(wet shaving)**：需要用到刮鬍刀和用來濕潤毛髮的刮鬍霜。
2. **乾剃法(dry shaving)**：優點在於快捷、簡單，只需費很小的力氣，便能將大片的毛髮剃除。

拔毛法

1. 拔毛法(plucking)：是用鑷子將整根毛髮，包括毛根都去除的一種去毛法，因需一根一根拔除，故較耗費時間。
2. 機械拔毛法：利用電動手持式脫毛器將毛髮拔下。大多數的電動手持式脫毛設備與電鬍刀很相似，都是貼著皮膚使用，由一根旋轉、繞得很緊的彈簧製成，這根彈簧能將毛髮夾住並連根拔除。
3. 蠟除毛法(waxing)：將溫熱蜜蠟敷於皮膚上，蓋上一片布與其黏合，待蜜蠟冷卻後，將布逆著毛髮生長方向撕下，即可連根拔除（圖 12-7）。

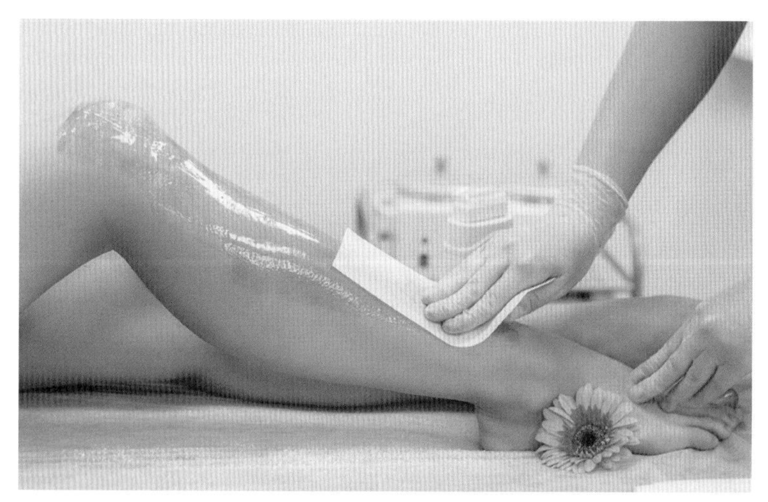

圖 12-7　蠟除毛法

化學脫毛法

化學脫毛法(depilatories)是將露出體表的毛髮（毛幹）充分軟化，然後只需一塊軟布便能將毛髮輕鬆抹去。用於製造化學脫毛劑的是清潔劑、毛髮膨脹劑、膠黏劑、pH 調節劑及斷鍵劑，共同的作用便是使毛髮易於去除，如月桂基硫酸鈉、laureth-23、laureth-4 等清潔劑，可將保護性的油脂去除，使斷鍵劑能夠滲透進去。而更進一步的滲透，則要靠像尿素或硫代尿素的膨脹劑來完成。石蠟黏膠可使脫毛劑黏附在毛髮上，將 pH 值調整至 9.0~12.5，可使皮膚刺激降低到最小限度。斷鍵劑可順利將毛髮破壞，包含氫硫基醋酸（最常用）、氫硫基醋酸鈣、硫化鍶、硫化鈣、氫氧化鈉和氫氧化鉀。

電解法

電解法(electrolysis)是用一根針插入毛孔（插入深度取決於毛髮直徑）直至毛乳頭處，通以破壞性的電流將之破壞。只有看得見的毛髮才能用電針拔除，且僅生長期的毛髮用電解法拔除才有較好效果。直流電解法、熱解法及混合法是三種可以永久除毛的方法。

1. **電解法**：現稱「直流電解法」，使用直流電(DC)，電流通過不銹鋼針進入毛孔周圍組織的氯化鈉和水中。直流電將鹽(NaCl)和水(H_2O)電離成游離的鈉離子(Na^+)、氯離子(Cl^-)、氫離子(H^+)和氫氧根離子(OH^-)，這些游離的離子會重新結合成氫氧化鈉(NaOH)，也叫作「鹼液」和氫氣(H_2)。腐蝕性的氫氧化鈉會將毛孔破壞掉，而氫氣則會進入大氣。
2. **熱解法**：也稱「短波射頻透熱療法(short-wave radio frequency diathermy)」，原理在於所使用的是高頻交流電(AC)，能夠使毛孔周圍的水分子發生振動並產生熱量，進而達到破壞的作用。

參考資料 REFERENCES

林靜芸(2001)・*創造你要的美麗*・方智。

孫少宣、文海泉(2004)・*美容醫學臨床手冊*・合記。

楊啟宏(1994)・*美容外科淺談*・大展。

蔡仁雨(2000)・*皮膚美容外科學*・武陵。

小試身手 REVIEW ACTIVITIES

(　) 1. 掉蜜蠟除毛的好處是？ (A)將毛髮由毛根除去 (B)使用毛髮變細 (C)使毛髮變硬 (D)將毛髮在皮膚上折斷。

(　) 2. 下列哪一種除毛方法是屬於永久性的？ (A)剃除法 (B)雷射除毛 (C)拔毛法 (D)化學脫毛法。

(　) 3. 下列哪一種皮膚填充物較不易引起身體排斥作用？ (A)玻尿酸 (B)膠原蛋白 (C)自體脂肪 (D)以上皆是。

(　) 4. 下列哪一種方法治療較深的皺紋最為有效？ (A)拉皮術 (B)微晶磨皮 (C)化學換膚。

(　) 5. 冷凍治療對於下列哪一種疾病較無幫助？ (A)扁平疣 (B)痣 (C)刺青 (D)雀斑。

(　) 6. 皮膚上的痣具有哪些特徵時，可能轉變成皮膚癌？ (A)邊緣不規則 (B)左右不對稱 (C)直徑大於 0.6 公分 (D)以上皆是。

(　) 7. 下列洗去紋眉最好的方法是？ (A)化學藥品法 (B)雷射洗眉法 (C)切除法 (D)洗面乳。

(　) 8. 下列哪一種不是預防或治療疤痕的有效方法？ (A)磨皮 (B)類固醇注射 (C)膠布壓迫法 (D)多曬太陽。

(　) 9. 肉毒桿菌素施打後所引起的肌肉麻痺效果可持續多久？ (A) 1 個月 (B) 4~6 個月 (C) 1 年 (D)永久性。

(　) 10. 皮膚疤痕形成的程度與下列何種因素有關？ (A)傷口清潔與否 (B)傷口位置 (C)外傷深度 (D)以上皆是。

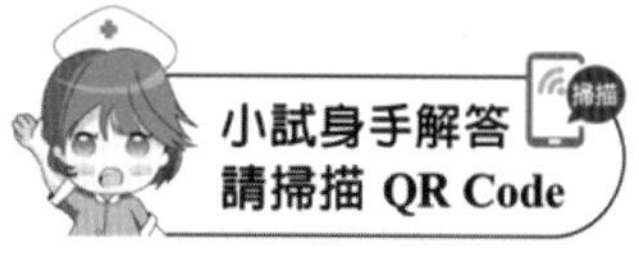

CHAPTER

13

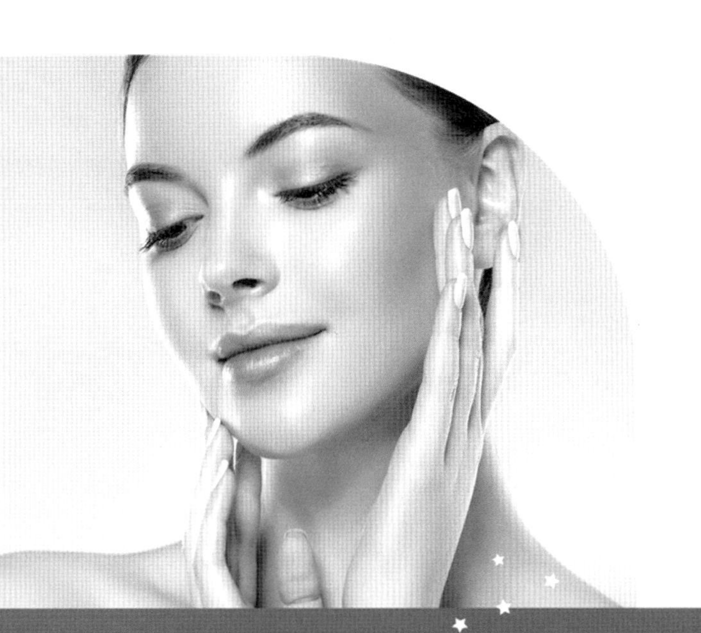

楊佳璋・編著

化妝品基礎知識

Aesthetic Medicine

前言

根據我國「化妝品衛生管理條例」對化妝品的定義為：「本條例所稱化妝品，係指施於人體外部，以潤澤髮膚，刺激嗅覺，掩飾體臭或修飾容貌之物品。」凡是符合上述定義者皆可稱為化妝品，其種類包羅萬象，非常繁雜，在本章中我們將簡單地介紹各種組成化妝品的原料、成品的功能及使用。

13-1 化妝品的原料成分

市面上的化妝品種類繁多，用來製造化妝品的原料也相當複雜，我們必須對於原料有一定的認識後，才能選擇出需要的化妝品。一般而言，原料可分為三大類：

1. 基本原料：油脂、蠟、酯、高級脂肪酸、高級脂肪醇等。
2. 輔助性原料：界面活性劑、防腐劑、香料、色料及抗氧化劑等。
3. 機能性原料：保濕劑、美白劑、防曬劑、除皺劑及動植物萃取液等。

基本原料

⊙ 油 脂

油脂(oils and fats)常被廣泛運用在各類化妝品中，其功能為賦予皮膚柔軟性及潤澤感、促進有效成分經皮吸收，以及在皮膚表面形成薄膜，促進皮膚的封閉性，產生保濕效果。

油脂類依來源不同，可分為動物性、植物性及礦物性，詳見表 13-1。

⊙ 蠟

蠟(waxes)在動植物中多有存在，常溫下大多呈固態，因具有高熔點，在化妝品中被用來作為硬化劑和改變稠度，此外，可使化妝品增加光澤，提升產品觸感。

化妝品中常使用的蠟，包含巴西棕櫚蠟(carnauba wax)、蜜蠟（bees wax；從蜂巢取得的淡黃或黃色的蠟，經漂白後可作為霜類化妝品的原料）、燈心草蠟(candelilla wax)及羊毛脂（lanolin；附著於羊毛的脂肪樣蠟，呈淡黃到黃褐色，其中含有膽固醇成分，與人類皮脂類似，常用於化妝品製造）。

表 13-1 油脂的分類

項目	說明
動物性油脂	因為容易氧化腐敗及取得來源不易掌握，目前只有貂油(mink oil)仍被採用
植物性油脂	是化妝品最常採用的原料，例如： 1. 橄欖油(olive oil)：是由橄欖樹的果實中提煉而得，滲透性極佳且幾乎沒有刺激性，化妝品中常見 2. 蓖麻油(castor oil)：是由蓖麻的種子提煉，不易腐敗，黏著力強，可溶於酒精，可做潤髮油的原料 3. 小麥胚芽油(wheat germ oil)、酪梨油(avocado oil)及杏核油(apricot kernel oil)：目前崇尚自然風最熱門的原料
礦物性油脂	如石蠟或凡士林，是由石油精製而得（即碳化氫）；純精製的凡士林不含酸、鹼，對皮膚完全不刺激，是一種相當適合做成化妝品的原料

⊙ 高級脂肪酸

高級脂肪酸(fatty acids)是化妝品的油相原料，飽和脂肪酸是用來調節化妝品的外觀及稠度，也常被用來當乳化劑；不飽和脂肪酸則是用來當做皮膚的柔軟劑及抑制皮膚水分的蒸散。

常見於化妝品中的高級脂肪酸，如硬脂酸（stearic acid，使用最多的一種）、亞麻油酸(linoleic acid)、棕櫚酸(palmitic acid)、月桂酸(lauric acid)及肉荳蔻酸(myristic acid)。

⊙ 高級脂肪醇

高級脂肪醇(fatty alcohols)加入化妝品配方中，可增加油性成分對水的吸藏性，有抑制製品油膩的功能；在乳化製品中可當作乳化助劑，幫助乳化安定。

常見的高級脂肪醇，如鯨蠟醇(cetyl alcohol)、月桂醇(lauryl alcohol)、羊毛脂醇(lanolin alcohol)、硬脂醇(stearyl alcohol)及膽固醇(cholesterol)。

輔助性原料

⊙ 界面活性劑

界面活性劑(surfactants)結構上同時具有親水及疏水兩種特性，可降低油水界面的張力；在化妝品中，因為具有水溶性及油溶性原料，因此常見界面活性劑的應用，例如彩妝產品（乳化、分散、潤澤）、保養品（乳化、增稠）、頭髮清潔保養產品（洗淨、起泡、濕潤、殺菌、保濕、抗靜電）。

常見於化妝品中的界面活性劑種類，大致可分為離子型與非離子型，其中離子型又可分陰離子型、陽離子型及兩性型。一般而言，陰離子型界面活性劑（如脂肪酸鹽、烷基苯磺酸鹽等）含帶負電的親水極性基團，清潔力、起泡力強，但對皮膚的刺激性較大；陽離子界面活性劑（如有機胺鹽類和第四級銨鹽類等）具抗靜電能力，此外也具殺菌作用；兩性型界面活性劑（如 N,N-二甲基-N-烷基-N-羧基甲基、N,N-二烷基胺基烯羧酸鹽等）既含有陰離子又含有陽離子，在 pH 值低的環境下，它可發揮陽離子型清潔劑的作用，而在 pH 值高時，則發揮陰離子清潔劑的作用，刺激性及毒性較小，可用在嬰兒用品上。非離子型界面活性劑不含極性基團，是界面活性劑中最溫和的，可與離子型界面活性劑結合使用，屬次要類清潔劑。

⊙ 防腐劑

化妝品中含有大量水分、油脂及營養成分，是極適合微生物孳生的環境。為了能在產品使用期限內抑制微生物生長，保護消費者安全，添加適當、適量的防腐劑(preservatives)是必需的，但應注意是否會對皮膚產生刺激性等問題。據統計指出，防腐劑是引起皮膚過敏的第二大類元凶，因此，廠商製造時或是消費者使用時，必須多加謹慎。

防腐劑種類繁多（表 13-2），其中以 paraben 類被使用最多，其次是 imidazolidinyl urea 及 diazolidinyl urea。隨著環保意識抬頭，一些植物萃取物亦被發現有抑菌作用，例如迷迭香、薰衣草、安息香樹、百里香等，目前也被化妝品界大量使用。在實務應用上，化妝品大多會同時添加 2 種或以上的防腐劑。

表 13-2　防腐劑種類

分類	防腐劑
Parabens Esters 系列	Methylparaben、Propylparaben、Butylparaben、EtllylParaben
醇類	Propylene glycol、Benzyl alcohol
醛類及其衍生物	Imidazolidinyl urea、DMDM hydantion、Diazolidinyl urea、Quatermium-15、Formaldehyde、5- Bromo- nitropropane-l,3-diol
有機化合物	Benzoic acid、Methylchloroisothiazolinone、Methylisothiazolinone、Sorbic acid、Sodium dehydroacetate、Potassium sorbate
第四級銨化合物	Benzalkonium chloride、Benzethonium chloride
酚類衍生物	Phenoxy ethanol、Chloroxylenol

⊙ 抗氧化劑

化妝品原料中含有大量油脂、蠟及香料等，其中含有不飽和脂肪酸者，容易與氧反應變質，添加抗氧化劑(antioxidants)可以延緩抑制此劣變過程。

化妝品中常用的抗氧化劑有甲酚丁脂(butylated hydroxy toluene, BHT)、對羥基苯甲醚丁脂(butylated hydroxy anisol, BHA)等。

⊙ 香 料

化妝品添加香料(fragrance)的目的在於遮蓋基本原料的原有味道，芳香的氣味可使化妝品更具吸引力。香料可分為兩大類，天然香料及合成香料。天然香料來自植物性（從花、葉、根莖、果實、樹皮等部位而來）及動物性（由腺體分泌物而來）（表 13-3）。香料是化妝品成分中最常引起過敏反應的物質，故在使用香料含量較多的化妝品時（如香水），過敏體質的人必須要非常小心謹慎。

⊙ 色 料

色料在化妝品中的作用在於改變膚色、遮蓋皮膚瑕疵及賦予皮膚耀眼動人的色彩。化妝品中所用色料可分為染料(dyestuffs)、顏料(pigments)及天然色素。染料分子可溶於基劑中，賦予化妝品色彩的外觀，常見的有偶氮染料(azo dyes)、靛染料(indigo dyes)等；顏料一般屬於金屬氧化物及金屬鹽類，如紅色的氧化鐵、青色的群青、紫色的鈷紫、錳紫、綠色的三氧化二鉻等。

表 13-3 天然香料

分類	香料種類
動物性香料	麝香(Muscone)、靈貓香(Civetone)、海狸香(Castoreum)、龍涎香(Ambrein)
植物性香料	1. 花（茉莉花、玫瑰花、長壽花、紫丁香等） 2. 葉（月桂、香草、檸檬、天竺葵等） 3. 果皮（萊姆皮、橙皮、檸檬皮、佛手柑皮等） 4. 枝幹（白檀木、伽羅木、檜木、柏香木） 5. 根莖（樟腦、岩蘭草、鳶尾草） 6. 種子（胡椒、香豆等） 7. 全草（薰衣草、薄荷等）

機能性原料

機能性原料是具有特殊功能（如保濕、美白等）的原料，具有許多的來源，如植物性、動物性、生化製劑等。

知識+ **藥用化妝品**

臺灣目前依管理規定，將化妝品分為「一般化妝品」及「含藥化妝品」二類，含藥化妝品必須具有衛生福利部（舊稱衛生署）公告特定之用途，如染髮／燙髮劑、止汗制臭劑、美白劑及防曬劑等，且領有衛生福利部（舊稱衛生署）許可證字號後，才能輸入或製造販售。

目前許可證字號有三種，依產品產地的不同，分別為：

國產品：衛部（署）粧製字第○○○○○○號

輸入品：衛部（署）粧輸字第○○○○○○號

衛部（署）粧陸輸字第○○○○○○號

依據我國管理相關規定，含藥化妝品的許可證字號須刊載在產品包裝上，消費者亦可至食品藥物管理局網頁查詢經許可的含藥化妝品。

13-2 化妝品種類介紹

市面上常見的化妝品分類如表 13-4，以下針對常見的化妝品簡單說明介紹。

表 13-4　化妝品分類

分類	化妝品
彩妝用	粉底（液、霜）、粉餅、蜜粉、腮紅、眼影、睫毛膏、眼線、口紅、遮瑕膏
保養用	化妝水、卸妝清潔霜、保濕產品、乳液、乳霜、防曬隔離霜、面膜
清潔用	香皂、洗面皂、洗面乳
頭髮用	洗髮精、潤絲精、髮膠、燙髮液、染髮膏
身體用	沐浴乳、沐浴鹽、身體乳液、脫毛蠟、按摩霜、香水

彩妝用化妝品

臉部彩妝可用來掩飾面部缺陷並增強皮膚的魅力，高超的化妝技巧能遮蓋疤痕，把面部比例化腐朽為神奇。基本的化妝品包括粉(powders)、腮紅(blushes)、胭脂(rouge)、銅彩凝膠(bronzing gels)、彩漿(color washes)、遮瑕膏(cover sticks)和底霜(undercover creams)。

⊙ 粉 底

粉底(foundation)是用於修飾、彌補不均匀的面色和遮蓋瑕疵。市面上的粉底有許多種類，如液態(liquid)、慕絲(mousse)、乳霜(cream)、乳鬆狀(souffle)、無水乳霜(anhydrous cream)、棒狀(stick)等。挑選適合的粉底可根據三項原則：顏色、遮覆力及配方。

粉底有四種基本配方：油性、水性、不含油及不含水，必須根據個人膚質狀況做適當選擇。

1. 油性粉底：是顏料懸浮油中之乳濁液，如礦物油或羊毛脂醇(lanolin alcohol)，此類粉底塗抹一段時間後，水分逐漸蒸發，留於面部的是油及其中的顏料，這使臉部皮膚有滋潤感，特別適用於乾性皮膚；此外，油性配方因為含較少的刺激物（如防腐劑及香料），因此適合敏感性肌膚使用。
2. 水性粉底：呈油水乳液狀，含有的油分較少，顏料由相當多的水來乳化，主要的乳化劑(emulsifier)是肥皂和三乙醇胺(triethanolamine)或非離子型的表面界面活性劑。
3. 不含油粉底：不含動物油、植物油或礦物油，但可能含有其他油性物質，如矽衍生物二甲聚矽氧烷(dimethicone)或環二甲聚矽氧烷(cyclomethicone)。由於少油分，使得皮膚顯得很乾爽，所以很適合用於油性皮膚或長痤瘡者。
4. 不含水或無水粉底：皆為防水；是由植物油、礦物油、羊毛脂醇及合成脂構成的油狀物，並與蠟混合成霜。

粉底中的顏料都是建立在二氧化鈦(titanium dioxide)和氧化鐵的基礎之上，有時可能由二氧化鈦與群青(ultramarine blue)混合製成。二氧化鈦既可覆蓋面部，又有防曬隔離作用。

粉底中亦含有滑石(talc)和白瓷土或高嶺土(kaolin)，以作為填充料(fillers)和吸收劑(blotters)。填充料是粉底的基本物質，而吸收劑則是用來吸收面部分泌物。

⊙ 蜜粉

蜜粉用於遮蓋皮膚上的瑕疵、修正膚色、控制油分及面部去光。蜜粉的高覆蓋力主要是由二氧化鈦所貢獻，滑石粉可使蜜粉容易推開延展，為了吸收皮脂則使用高嶺土等原料，此外，大量的覆蓋顏料（色素）可賦予蜜粉各種顏色。蜜粉一般用鐵氧化物做顏料，但也可使用其他無機顏料，如群青、氧化鉻(chrome oxide)及鉻水化物(chrome hydrate)等。

蜜粉通常配合粉撲或毛刷來使用，工具若不保持清潔容易孳生微生物，可能導致皮膚感染及發炎，必須常清洗及定期更換。

⊙ 腮紅及胭脂

腮紅(facial blushes)與胭脂(rouge)主要是用來增添臉頰紅潤。兩者都是給臉頰增色的化妝品，但對很多消費者而言，腮紅指的是粉狀產品，而胭脂則是膏狀產品。腮紅的使用比較廣泛，配方與固型白粉大致相同，但是多一些顏料成分。胭脂的配方就像無水粉底，含有脂、蠟、礦物油、二氧化鈦和顏料。

⊙ 口紅

口紅(lipstick)通常被壓製成棒狀，裝在旋出式的管子中，是由蠟、油、色素、防腐劑、抗氧化劑及香料混合而成，這些成分按照不同的比例配製，便能製成具有不同特點的口紅。口紅的製作使用了幾類色素，不褪色口紅是使用了含有螢光劑(fluoresceins)、鹵化螢光劑(halogenated fluoresceins)以及相關的不溶性染色劑的溴酸(bromo acid)，所以使口紅不易褪色；其他顏料則是由不溶性的顏料和沉澱色料(lakes)組成的。

嘴唇的角質層較薄、較脆弱敏感，選擇品質良好的口紅便十分重要。此外，口紅不可避免地會被吃進口中，因此口紅所使用的色素是否安全，是非常重要的問題。美國 FDA 將顏料分為三類：(1)食品、藥物和化妝品(FD&C)顏料；(2)藥品和化妝品(D&C)顏料；(3)外用藥和化妝品顏料，只有前兩類能在口紅使用。

胭脂蟲(Cochineal)

學名 *Dactylopius coccus*，原產於美洲，雌蟲體內含胭脂紅酸，可用來製造緋紅色染料（胭脂紅），運用於布料染色、食用色素和化妝品，但素食者須注意勿誤食添加胭脂紅之食品。

胭脂蟲（雌蟲）

⊙ 遮瑕膏

遮瑕膏(facial cover sticks)可用來掩蓋臉部瑕疵，在上粉底前使用，顏色必須與膚色相配；當有黑眼圈之類的異常膚色時，便可用遮瑕膏掩飾。其屬於覆蓋力極強的化妝品，含有大量的二氧化鈦，其他成分則包括礦物油、蠟、顏料和高嶺土或滑石粉。

此類產品一般不含香料，防腐劑含量也極低，極少會引起過敏反應，但大多數含有大量油分，這易使患粉刺、痤瘡的人發病，因此使用前必須先行自我測試，塗抹在身體其他部位皮膚一段時間，無異狀才使用。

⊙ 眼 影

眼影(eye shadows)的色調豐富且多變化，可以強調眼部的立體感及美感，其粉體成分包括滑石粉、雲母、絹雲母、無機顏料及珍珠顏料，通常以粉、無水霜、乳劑、棒狀和筆型的形式出現。

眼皮的皮膚是全身最薄的，較敏感，因此色素的使用需要十分注意，在美國，根據食品、藥品及化妝品條例規定，只有下列自然色素或無機顏料能用於眼部化妝品（煤焦油的衍生物(coal tar derivatives)不能用於眼部化妝品）：(1)鐵氧化物；(2)二氧化鈦（單獨或與雲母混合）；(3)銅、鋁及銀粉等粉末；(4)群青、紫色和粉紅色；(5)錳紫(manganese violet)；(6)洋紅(carmine)；(7)氧化鉻或鉻水化物；(8)鐵藍(iron blue)；(9)氯氧化鉍（單獨或與雲母或滑石粉混合）；(10)雲母。

⊙ 睫毛膏

睫毛膏(mascara)的作用是加深、加厚並加長眼睫毛。眼睛及其周圍皮膚非常敏感，所以睫毛膏的配製必須十分小心，以使用方便，塗抹均勻，又不會引起沾汙、刺激或毒性為原則。美國食品、藥物及化妝品條例中規定，睫毛化妝品中不得使用煤焦油色素，因此，睫毛膏的色素多來自植物顏料、無機顏料或沉澱色料(lakes)。睫毛膏有多種型態，包含餅狀、膏狀及液態；液態睫毛液還能進一步細分為水性、溶劑性以及水／溶劑混合型。睫毛膏使用後如有發癢等情況發生，可能是皮膚炎，須立即停用並就醫。

⊙ 眼 線

眼線(eyeliner)用來勾畫出眼睛的邊界，有時畫在睫毛線外，有時在睫毛線內。根據不同的時尚，有不同的流行色和勾畫方法。

眼線有餅狀、液態和筆型，餅狀眼線的成分同眼影，但加入了表面活化劑，當眼線粉與水混合時，表面活化劑有助於形成糊狀，現今已在很大程度上被眼線液所取代，而眼線液含有的顏料與水溶性乳液一樣，用水溶性乳膠(latex)混合。乳膠型眼線液含水、纖維素膠(cellulose gum)、增稠劑（鎂鋁矽鹽酸）和苯乙烯－丁二烯乳膠(styrene-butadiene latex)，這些產品被包裝成筆狀，或採用與睫毛液一樣的包裝，即裝在管裡用刷子沾取塗抹。

⊙ 眉 筆

眉筆(eyebrow pencil)是用來加深眉色或填補稀疏或缺損的眉毛，抑或是用來重新勾畫眉形。眉筆芯是由顏料、羊毛脂、石蠟及人造或天然的蠟混合製成，配方與唇膏類似，但眉筆配方中的蠟，熔點要高些，如此才可製出較硬的產品。由於美國食品、藥物和化妝品條例禁止在眼部使用煤焦油色素，因此，眉筆中所使用的主要是惰性的無機顏料。

清潔用化妝品

⊙ 洗髮精

洗髮精(hair shampoos)可以清除皮脂、汗水及汙垢，原料中含有清潔劑(detergents)、發泡劑(foaming agents)、護髮素(conditioners)、增稠劑(thickeners)、遮蔽劑(opacifiers)、柔軟劑(softeners)、多價螯合劑(sequestering agents)、香料、防腐劑及一些特殊添加劑。

洗髮精中使用的清潔劑，即為界面活性劑(surfactants)；洗髮清潔劑從化學角度可分為陰離子型(anionics)、陽離子型(cationics)、兩性型(amphoterics)、非離子型(non-ionics)及天然型(natural)界面活性劑。

洗髮精中的發泡劑能在水中產生泡沫，許多人認為產生的泡沫越豐富，去汙能力就越強，事實上是不正確的，泡沫多寡與清潔力無關。增稠劑可使洗髮精達到所需的濃稠度，但不參與清潔工作。配方中加入此兩者，是為了更加吸引顧客。

洗髮精如進入眼睛可能造成刺激性，可選擇兩性型界面活性劑製成的洗髮精，刺激性較低。洗髮精中可能會引起過敏的成分，包含福馬林(formalin)、六氯酚(hexachlorophene)等。

⊙ 潤絲精

潤絲精(conditioner)能使頭髮光滑如絲，易於梳理，且能夠防止靜電產生。其組成通常是界面活性劑、脂肪醇、脂肪酯、植物油、礦物油或濕潤劑。潤絲精最常使用的是陽離子界面活性劑（如烷基三甲基四級銨鹽(alkyl trimethyl ammonium chloride)）及陽離子聚合物，可中和頭髮上的負電荷，且因具疏水基可吸附於頭髮表面，使頭髮滑順易於梳理。

⊙ 洗面乳

洗面乳(cleansing creams)可洗去臉上的灰塵、細菌、汗水和皮脂，保持顏面的乾淨及舒適，通常是護膚的第一個，也是最重要的一個步驟。洗面乳通常由水、礦物油、凡士林和蠟製成，選擇洗面產品要配合膚質，應挑選洗潔力適中，洗後皮膚清爽不油膩、不緊繃，且無刺激性的產品。

⊙ 化妝水及調理液

化妝水及調理液(astringents and toners)是一種有香味的酒精溶液，功能為補充皮膚水分，節制皮脂及汗水分泌；也能用來去除油脂，並使皮膚感覺「緬緊」。其主要成分有水、酒精及甘油，不同膚質（油性、中性、乾性）有不同配方。

保養用化妝品

⊙ 保濕保養品

保濕產品可以解決皮膚乾燥缺水等問題，使皮膚外觀光澤亮麗滑嫩，增加彈性，也算是抗老化產品之一。成分主要有吸濕性的保濕劑(humectants)及閉塞性的封阻劑(occlusives)發揮保水功能，可使角質層重新獲得水分。封阻劑會在皮膚表面形成封閉性薄膜，使皮膚水分無法蒸發，達到保濕效果，化妝品中有 20 種不同屬別的化學物質可發揮封阻作用，以抑制表皮的水分流失，即為碳氫化合物類（油和蠟）、聚矽氧油、植物及動物脂、脂肪酸、脂肪醇、多羥醇、蠟脂、植物蠟、磷脂、固醇。

保濕劑可使角質層水分增加，能發揮濕潤劑作用的物質如下：

1. 天然保濕因子(natural moisturizing factor, NMF)：胺基酸、乳酸鹽(lactate)、尿素(urea)、2-吡咯羧酸鈉鹽(PCA; sodium pyrrolidone carboxylate)。
2. 多元醇類與甘油衍生物：甘油(glycerin)、丙二醇、山梨醇(sorbitol)。
3. 多胜肽類：膠原蛋白(collagen)、絲蛋白(silk protein)。
4. 黏多醣體：玻尿酸(hyaluronic acid)。

保濕劑能夠從濕度大於 70%的周圍環境中吸收水分，且通常都是從更深的表皮和皮膚組織中吸取水分，以使角質層重新獲得水分；保濕劑還能透過膨脹作用，來填補角質層中的空隙，使得皮膚觸感更光滑。但是在低濕度的環境下，保濕劑（如甘油）反而會從皮膚中吸取水分，並加速表皮水分流失。因此，好的保濕品應該既有封阻功能，又有保濕劑功能。

⊙ 面 膜

面膜(facial masks)的作用是在皮膚上塗抹敷面劑，使皮膚與外界空氣隔離，進而讓皮膚與面膜間的溫度提升，促進表皮新陳代謝，再加上溶解沉積於皮脂腺與毛孔的汙垢，達到深層去汙的效果；在面膜與皮膚的密閉空間中，水分可由面膜滲入皮膚，達到保濕效果，而表皮角質層細胞也會膨脹軟化，順利剝離。此外，面膜中也可以加入各種特殊目的的成分，如美白成分等，以達到美白或其他目的。

根據不同的面膜類型，能達到使皮膚繃緊、清潔毛孔深層和治療粉刺的作用。常見類型如表 13-5 所示。

表 13-5 常見面膜類型

種類	說明
不織布式（片狀）	市面上最常見的材質，除了要注意纖維粗細有別外，面膜能夠承載多少量的精華液也是重點
沖洗式（泥狀等）	直接將乳液或精華液塗抹於臉部，靜待 15 分鐘臉部吸收後沖洗
果凍式（凝膠狀）	將精華成分凝固成果凍狀，不會像濕布面膜一樣濕黏沾手
乳霜狀	富含油脂與保濕劑，能夠滲透肌膚，功效類似於晚霜
撕拉型	主要目的為去除黑頭粉刺，但易刺激，過敏性肌膚者慎用

⊙ 防曬用品

防曬用品可以防止紫外線(UVA, UVB)對皮膚的破壞，減少皮膚老化，並能達到一定的修復作用。

其成分有兩種類型，**化學性防曬品**和**物理性防曬品**。化學性防曬成分能夠吸收光線的光子而達到防曬作用，通常由芳香族化合物(aromatic compounds)內的苯環(benzene ring)，將高能量的紫外線轉化成波長為 380 nm 以上的無害長波輻射，此現象是透過共振離位(resonance delocalization)原理所完成的，這種長波輻射會以熱量的形式，從皮膚上散放出來。化學性防曬品能吸收 95%波長在 290~320 nm 的紫外線，這個波長就是 UVB 範圍。常見的化學性防曬成分如下：

1. 對氨基苯甲酸鹽：如 PABA、octyl dimethyl PABA，是使用最頻繁的成分。
2. 水楊酸鹽：如 homosalate、octyl salicylate、methyl salicylate。
3. 桂皮酸鹽：如 octyl methoxycinnamate。
4. 二苯甲酮類：如 benzophenone-2、benzophenone-3。
5. 鄰氨基苯甲酸甲酯(methyl anthralinate)。

物理性防曬成分是不透明的物質，其中含有能反射和散射光能的粒子物質，是唯一能完全阻擋 UVB、UVA、可見光以及紅外線波長的防曬劑。常見的物理性防曬成分有高嶺土、矽酸鎂、氧化鎂、二氧化鈦、氧化鐵及氧化鋅，其中以氧化鋅(zinc oxide)及二氧化鈦(titanium dioxide)的效果最好。

上述防曬成分大部分是安全可用的，但 PABA、二苯甲酮被認為會誘發皮膚過敏，目前大多不採用。

知識+ 防曬標示知多少

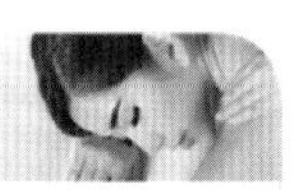

您是否有細看過防曬產品標示？目前市售的防曬產品幾乎皆有阻擋 UVA 及 UVB 的功能，而防曬能力則要端看 SPF 及 PA 值，關於兩者的介紹如下：

1. SPF (sun protection factor)：即防曬係數，用於評估對 UVB 的防曬力，係指延長皮膚被曬紅、曬傷所需的時間。數值越高，延緩傷害的時間越長。
2. PA (protection grade of uva rays)：指對 UVA 防禦能力的標準；此為日本所用的衡量方法，以「+」號表示防禦強度，+號越多，防禦 UVA 的效果越佳，越不容易曬黑，最高為 PA++++。

使用防曬產品時，最重要的原則便是多次補充，建議每 2 小時即塗抹一次，若出汗量大或戲水時應更加頻繁地補充，才能發揮最佳防曬效果。

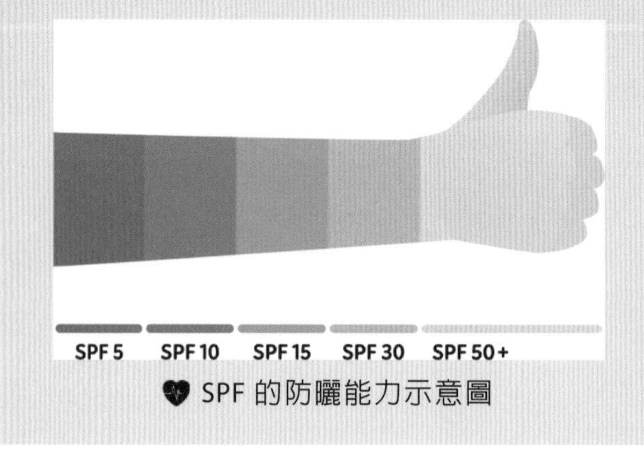

SPF 的防曬能力示意圖

身體用化妝品

⊙ 香 水

香水的功能為提供香味，增加個人魅力，依其所含香料多寡可分為濃香水(perfume)、香水(eau de perfume)、香露(eau de toilette)、古龍水(eau de cologne)、淡香水(eau fraiche)（表 13-6）。

表 13-6

香水種類	香料含量	香味持續時間
濃香水	20%以上	8~12 小時
香水	15~20%	6~8 小時
香露	8~15%	4~6 小時
古龍水	4~8%	1~2 小時
淡香水	1~3%	1 小時以內

香水混合多種香料於溶劑中，甚至可達數百種之多，來源有植物性、動物性及人工合成香料。香水中所含香料非常複雜，是目前化妝品中唯一不須標示內容物者，因此常見對香水過敏的案例出現。對香料過敏的人，在使用香水前，可以先做貼布試驗以檢測是否會引起過敏。

知識+ **動物試驗**

在化妝品研發過程中，為得知人類使用該產品時的安全性及抗敏性，會進行動物試驗，即於動物身上（常見兔子或小鼠）測試成品或成分；但因試驗過程會造成動物的痛苦，遭到許多人強烈反對，自 1996 年起，由英國國際零殘忍協會(Cruelty Free International, CFI)主導，歐盟跳躍小兔標章－Leaping Bunny 是目前最普遍的認證，目前已有多個國家和品牌禁止及終止化妝品動物試驗。

關於歐盟跳躍小兔認證標章詳情，請掃描 QR Code：

參考資料 REFERENCES

張麗卿(2002)．*現代化妝品概論*．高立。

衛生福利部(2016)．*一起粧水水 化粧品衛生教育知識起步走*。

https://www.mohw.gov.tw/cp-2625-19363-1.html

Draelos, Z. D. (2004)．*保養聖經*（林文成譯；二版）．書泉。

小試身手 REVIEW ACTIVITIES

(　) 1. 為避免面皰惡化，化妝品不宜選用？ (A) pH 值約 4.5 的化妝品 (B)親水性化妝品 (C)消炎化妝水 (D)親油性化妝品。

(　) 2. 粉底中亦含有滑石或高嶺土(kaolin)，是作為何用？ (A)界面活性劑 (B)保濕劑 (C)吸收劑 (D)色料。

(　) 3. 化妝品最常採用的油脂原料為？ (A)植物性油脂 (B)礦物性油脂 (C)動物性油脂 (D)以上皆是。

(　) 4. 對皮膚刺激性較大的界面活性劑為？ (A)陽離子型 (B)陰離子型 (C)兩性型 (D)非離子型。

(　) 5. 可以賦予皮膚柔軟性及潤澤感，促進有效成分經皮吸收，以及在皮膚表面形成薄膜，促進皮膚封閉性的化妝品原料為？ (A)保濕劑 (B)防腐劑 (C)油脂 (D)界面活性劑。

(　) 6. 下列何者可使角質層水分增加，發揮保濕劑作用？ (A)甘油 (B)山梨醇 (C)玻尿酸 (D)以上皆是。

(　) 7. 下列何者可以同時防禦 UVA 及 UVB 射線對於皮膚的傷害？ (A) PABA (B)氧化鋅 (C)水楊酸鹽 (D)以上皆是。

(　) 8. 香料濃度多少%以上才可稱為香水？ (A) 3% (B) 5% (C) 10% (D) 15%。

(　) 9. 下列何種顏料不能用於眼部化妝品？ (A)煤焦油的衍生物 (B)群青 (C)洋紅 (D)雲母。

(　) 10. 潤絲精最常使用的是界面活性劑是哪一種？ (A)陽離子型 (B)陰離子型 (C)兩性型 (D)非離子型。

CHAPTER

14

杨彩秀 · 編著

美容與營養

Aesthetic Medicine

前言

近年來，臺灣因為大幅受到日系藥妝店的影響，流行推出「喝的美容飲品」，將很多原本化妝保養品原料，選取可食用的部分，開發成美容保健食品或飲品，如膠原蛋白飲和抗老美白飲等。雖然說飲食部分以嚴格的定義來說，並不屬於化妝品的範疇，然而，食品中的營養成分卻會經由內而外，深深影響著人體的身體健康狀況，包括表現在皮膚外觀、臉部氣色和精神狀況上，甚至是影響到激素(hormones)的釋放與作用。中醫學中有四診：望、聞、問、切，望為第一首要診斷條件，可見依外觀的氣色表現判斷體內健康狀況，其來有自；吃的部分雖不屬於化妝品，但營養與美容卻有著密不可分的關係。

目前市面上鮮少有書籍直接提到或明確指出哪一種營養素與美容有專一的相關性，大部分的敘述內容是與營養學或是食品科學等書籍內容描述相類似，較少直接提及關於皮膚或美容應用的營養論述。現今營養與美容型態的著重點，從以往關切於皮膚或頭髮外觀狀況表現的改變，推測哪些營養素缺乏的可能性，逐漸演變成著重在保養、預防膚質傷害、抗老化或是美膚保健的探討，而且不僅注重從皮膚表面由外而內的化妝保養品使用外，也開始重視內部營養和內分泌狀況，與保健食品結合由內而外影響皮膚外觀。

14-1 營養素對皮膚及皮膚附屬器官的影響

皮膚的營養靠血液提供，而表皮層並沒有血管分布，皮膚的血管位於真皮層，主要有乳突層的毛細微血管網、網狀層中的淺層微血管叢與靠近皮下脂肪組織的深層微血管叢，因此有血管分布的部位便可直接靠血液攜帶氧氣和養分，來供應組織營養與修補，而無血管貫穿的表皮層營養供給，則主要靠擴散的方式由真皮層緩慢往上傳遞，或是在表皮棘狀層特殊形成的胞橋小體間隙內的淋巴液流通供給。

一般化妝保養品所提及的滋養功能，都是從皮膚表面著手，試圖將有效或滋養成分經由穿透或經皮吸收，進入到內部而維持或改善皮膚的光澤外觀與膚質表現，這也是化妝保養品使用上最主要的目的。然而，從飲食營養的觀點來看，均衡的營養攝取對於維護皮膚正常生理功能，以及保持皮膚外觀膚質完整，越來越受到重視，強調美容與營養兩者並重相互結合，儼然成為未來趨勢的走向。

體內營養狀況良好，身體的功能便會呈現最佳的效能狀態，包括皮膚也是一樣。不僅在醣類、蛋白質和脂質三大營養素上要維持量與比例的均衡飲食，而且也要注意到維生素與礦物質的必要補充，確實達到飲食營養均衡，另外，水分的補充也很重要。

14-2 醣類（碳水化合物）

醣類(carbohydrates)建議攝取量比例約占總熱量的 58~68%，盡量選擇高纖維的全穀根莖類為主，避免單醣類的過多攝取（建議一天不超過總熱量的 10%），並且一天至少應攝取約 100 公克的醣類，可以減少酮酸血症的情況發生，尤其盡量不可採用吃肉減肥法來減輕體重，此法十分不健康並極可能產生酮酸中毒，也間接影響到皮膚的外觀與代謝功能。而醣類的攝取量也需要與其代謝所需的維生素相配合，倘若醣類攝入總量增加，則維生素 B_1 與 B_2 的需要量也要跟著提升。另外，喜食生魚片者，因為生魚肉中含有噻胺酶(thiaminase)，會分解維生素 B_1，所以平時也要多補充維生素 B_1。

14-3 蛋白質

蛋白質(protein)飲食建議攝取量比例約占總熱量的 12~15%，體內蛋白質的種類與功能很多，要視其所在位置與角色決定蛋白質的功用。以皮膚來說，真皮中的網狀層是主要決定皮膚厚度的一層，蛋白質在此的功用便是偏向於支持與維持組織的結構蛋白為主，例如有膠原蛋白、彈性蛋白和纖維蛋白等，可支撐皮膚厚度和維持皮膚的彈性結構，皮膚結構蛋白的崩解則是形成皮膚老化和產生深層皺紋主要的因素之一。

蛋白質由胺基酸構成，因此補充合成這些蛋白的胺基酸，可有助於促進結構蛋白合成，而且輔助合成的維生素配合也很重要，如維生素 C 可促使膠原蛋白結構成熟，增加膠原蛋白的合成速率。又以整體健康觀點來看，全身蛋白質種類多、分布廣，要是缺乏或是組織修補時沒有適時補充，明顯影響的不僅僅是皮膚，還會造成傷口不易癒合、免疫力降低、組織修補功能差及體內滲透壓不平衡等。

毛髮方面，頭髮蛋白質含量高，主要為硬角質蛋白，含量約 70~90%，也是構成毛髮主要成分，尤其胺基酸含量以半胱胺酸含量最高。人體若缺乏蛋白質會最先反映在毛髮，首先毛球因為結構改變而萎縮，接著黑色素的合成降低而逐漸消失，毛髮色澤跟質地都顯示不健康，而給予適當補足缺乏的蛋白質可改善症狀。

14-4 脂肪

以皮膚生理結構來說，主要脂肪存在皮下組織層，具有保護、隔絕體溫散失和緩衝外力傷害的作用，同時也是最具經濟效率的能量儲存形式，亦可促進脂溶性維生素的吸收。飲食建議攝取量比例約占總熱量的 20~30%左右，盡量以富含單元和多元不飽和脂肪的油脂種類為主，例如葵花籽油、紅花油和橄欖油等，飽和的動物性油脂則盡量減少攝取，避免過多膽固醇的堆積。

必需脂肪酸(essential fatty acid)包括亞麻油酸（18 個碳 2 雙鍵）、次亞麻油酸和花生四烯酸，人體無法自行合成，需仰賴飲食攝取補充。嚴格來說，必需脂肪酸是指亞麻油酸和次亞麻油酸，因為在人體內亞麻油酸可轉化成花生四烯酸。必需脂肪酸可維持細胞膜的完整性，若缺乏時皮膚會有脫屑乾裂、鱗狀化和濕疹等情況，且毛髮會易乾燥斷裂無光澤，可以亞麻油酸改善症狀，然而，若以次亞麻油酸處理則無助於改善此種皮膚狀況。臨床也曾利用亞麻油酸來處理嬰兒臉部濕疹，有明顯改善的效果。

14-5 脂溶性維生素

脂溶性維生素包括維生素 A、D、E 和 K。

維生素 A

維生素 A (retinol)也稱為視網醇，可由 β-胡蘿蔔素轉換而來，體內轉換成視網醇、視網醛和視網酸三種型態存在。主要是使生理視覺功能的暗反應進行，缺乏時會引起夜盲症和乾眼症。

對皮膚而言，維生素 A 可促進細胞的分化和增殖，尤其是在上皮組織的部分，加強其分化、增殖與成熟，以維持上皮組織的完整性。缺乏維生素 A 會引起毛囊角化症，在頭皮上皮細胞會呈現角化、頭皮乾燥、易產生頭皮屑，同時皮脂腺會因為頭皮異常而減少分泌量，使頭髮乾燥無光澤及黑色素退化，髮質易斷，髮根易脫落；在皮膚會有小丘疹，膚質明顯變粗糙、乾裂和易脫屑，皮脂腺分泌量亦減少，又被角化的上皮塞住皮脂腺，因此皮膚更乾裂，也會失去抵抗細菌的功能；但若攝入過量會具有毒性，毛髮乾裂易掉髮，皮膚也會呈現乾裂、脫皮現象。

維生素 D

維生素 D 又稱為鈣化醇(calciferol)，主要的功能與體內鈣和磷的代謝有關，缺乏時的表現症狀呈現在牙齒和骨頭上，兩者結構會不夠穩實，容易因外力或是承受本身體重而導致變形或破壞。維生素 D 會影響到血鈣濃度，鈣離子濃度不足會造成表皮角質層角質化過程結構不穩定。維生素 D 過量具毒性，會讓體內的軟組織鈣化，如肺、腎和血管內皮等。

維生素 E

維生素 E 又稱為生育醇(α-tocopherol)，主要的功能在於保護細胞膜或體內脂肪酸（尤其是多元不飽和脂肪酸）免於自由基的攻擊，而維持細胞膜的完整性，為天然的脂溶性抗氧化劑（其抗氧化角色與功能請參閱第 16 章）。目前為了使用方便，有許多水溶性維生素 E 的產品，如 trolox 等。此外，維生素 E 具有抗凝血的功能，可促進皮膚或是頭皮的血流通暢，使細胞新陳代謝增加，因此可能具有滋潤頭皮和頭髮、延緩頭皮細胞老化的功能。一般來說，很少會發生維生素 E 的缺乏症，大部分是吸收或代謝障礙；而長期服用補充劑可能會有過量中毒的情況發生。

維生素 K

主要可分為維生素 K_1（phylloquinone，葉綠醌）和維生素 K_2（menaquinone，甲基萘醌；為人體腸內菌合成形式）。主要功能與體內合成凝血酶原有關，可幫助血液凝固。一般缺乏情況少見，在新生兒身上比較常見，原因是新生兒腸道內缺乏腸內菌，容易有不易凝血和溶血現象發生，而皮膚組織也會因不小心撞擊，很容易出現皮下出血的紫斑（瘀青）情況。

14-6 水溶性維生素

維生素 C

維生素 C 又稱為抗壞血酸(ascorbic acid)，是現今美容領域應用最廣的維生素之一，不過在名稱上有必要為其正名，市面上所宣稱具有美白功效的左旋 C，其實是積非成是、將錯就錯的錯誤沿用，甚至連醫師都有可能誤稱，正確名稱是 L 型右旋光性的維生素 C（俗稱右旋 C），也就是 L-(+)- ascorbic acid，這才是廣泛存在天然蔬果中，人體可以吸收的維生素 C 型態，如果是左旋 C （L-(-)- ascorbic acid）是無法在人體被吸收利用的，大部分用於工業上。

右旋維生素 C 在體內的功能很多，如形成膠原蛋白(collagen)的重要輔酶，膠原蛋白是構成結締組織主要的成分，是構成骨頭、皮膚真皮層和血管上皮等組織的重要原料。維生素 C 缺乏時會出現壞血症，症狀有牙齦紅腫出血、組織膠質結構疏鬆不緊實、血管壁脆弱和皮下易出現大量瘀血等。維生素 C 可促進鐵的吸收，也參與了生化代謝中羥化作用的反應（膠原蛋白成熟、色胺酸轉化血清素和腎上腺皮質中皮質酮的合成等）。

在美容應用上，維生素 C 具有抑制黑色素生成、美白淡化黑色素斑點和促進傷口癒合的作用，而關於抗氧化的功效，請參閱第 16 章。在毛髮表現方面，若缺乏維生素 C，則支撐在毛髮下的結締組織結構可能變得不穩固，間接影響毛髮營養的供給。維生素 C 和維生素 E 在共同維持抗氧化的功能上有良好的作用，且維生素 C 還可將氧化態的維生素 E 回復成具清除自由基能力的還原態維生素 E，亦可延緩毛髮細胞老化。

維生素 C 為水溶性維生素，攝取過量時雖可隨著尿液排出體外，不至於產生毒性，然而近年來卻有越來越多的文獻指出過量維生素 C 對身體的不良影響，如影響尿液酸鹼度、增加結石機率、鐵質吸收過量和腸胃不適等。

維生素 B 群

維生素 B 群種類繁多，而對皮膚美容保健較有影響性的包括維生素 B_2、維生素 B_6、維生素 B_{12}、菸鹼酸、泛酸、葉酸、生物素和其他因子等。

1. 維生素 B_2：又稱為核黃素(riboflavin)，主要的功能為當體內生化代謝的輔酶（FMN 和 FAD 型態），以及促進麩胱甘肽還原酶(glutathione reductase)作用，將

GSSG 還原回 GSH。缺乏時會出現的症狀有眼睛對光線敏感和角膜血管增生、舌炎、唇炎(cheilitis)、口角炎和易在鼻翼兩側發生酒糟性皮膚炎，亦可能會導致脂漏性皮膚炎，造成頭皮屑或是掉髮，這些症狀會使得外觀上不受歡迎。

2. 維生素 B_6：又稱為吡哆醇(pyridoxine)，維生素 B_2 和 B_6 皆具有促進皮脂分泌的效果，使膚質及毛髮較為滋潤，可預防皮膚病發生。維生素 B_6 主要參與生化代謝中輔酶的角色，例如從色胺酸轉變成血清素(serotonin)的脫羧反應(decarboxylation)、色胺酸轉換成菸鹼酸(niacin)的輔酶和某些生化代謝的轉胺作用(transamination)等。缺乏時臉部與口角易出現脂漏性皮膚炎，給予高劑量補充可減輕症狀；而過敏性紅斑的處理，也可透過給予維生素 B_6 改善症狀。

3. 維生素 B_{12}：又稱為鈷胺(cobalamin)，大部分存在於魚、肉、蛋、乳類食物中，容易在全素食者或因故胃部缺少內在因子者中造成缺乏症。主要功能為在各細胞中 DNA 的合成上扮演重要角色，可促進細胞分裂，增加新陳代謝，因此缺乏時會有生長分化速率降低的情形。此外，缺乏維生素 B_{12} 會產生惡性貧血，直接影響攜氧能力，不僅膚質血色異常，造成營養供應不足外，也會影響毛細胞生長情況，造成掉髮。

4. 菸鹼酸(niacin)：早期也稱為維生素 B_3，是所有維生素 B 群中體內需求量最多者，被認為是癩皮病的預防因子，主要的功能也是參與生化代謝的輔酶（NAD 和 NADP）。飲食中大多存在於魚、肉類，多補充色胺酸也可以轉變成菸鹼酸。缺乏時會產生癩皮病，症狀大部分表現在皮膚上，主要有曬傷般的暗褐色沉著、對稱性皮膚炎（有脫皮、粗裂、鱗片狀脫落現象）、舌炎以及口角炎，也會影響頭髮的健康表現，另外伴隨有腸胃道問題和神經症狀發生。

5. 泛酸(pantothemic acid)：早期也稱為維生素 B_5，為組成輔酶 A (coenzyme A)的成分。主要的食物來源大部分來自動物類食品、穀類、蔬菜及乳類，廣泛存在大部分的食物中，因此稱做泛酸，一般較不容易出現缺乏症。缺乏時可能會有皮膚角質化、脫屑、色素合成異常、皮膚灼燒感和毛色變淡無光澤等症狀。

6. 葉酸(folic acid)：早期也稱為維生素 B_9，體內主要儲存在肝臟，其活化態為四氫葉酸(tetrahydrofolic acid)。葉酸與維生素 B_{12} 都是細胞分裂時 DNA 合成上不可或缺的營養素，同時也是骨髓紅血球合成與成熟不可缺少的；而在代謝中蛋白質合成和胺基酸轉換也需要有葉酸的幫助，因此，葉酸缺乏時會影響細胞分裂能力，且骨髓中紅血球製造能力降低，會造成巨球性貧血(macrocytic anemia)而使血液攜氧能力低落，間接影響皮膚和毛細胞生長情況。

7. 生物素(biotin)：又稱為維生素 H 或輔酶 R (coenzyme R)，主要於體內生化代謝（脫羧與脫胺反應）中扮演輔酶的角色，亦為輔助能量代謝所需。缺乏時皮膚會呈現蒼白且有鱗片狀脫皮、皮膚炎、過敏、濕疹和脫屑情形；而對毛髮的影響有白髮現象、掉髮和毛髮生長遲緩問題等；統計發現嬰兒若缺乏生物素，會出現脂漏性皮膚炎。

關於各類維生素之食物來源與對人體健康之功用，可參考圖 14-1。

14-7 水 分

水是細胞構成的要素之一，約占體重的 50~60%左右，包括細胞內液與細胞外液。水是一切體液的介質，是身體內生化代謝最佳的溶劑，水的比熱大，可維持及調節身體的體溫變化，同時與電解質和蛋白質構成的膠體溶液，來維持體內水分分布與滲透壓的平衡。

水分對皮膚的重要性，除了可調節酸鹼平衡外，也與美白、真皮層結構穩定和皮下脂肪等生化反應的新陳代謝有關。角質層一般含水比例約為 10~20%，保水程度對角質層狀態而言十分重要，如果保水度太低，皮膚易乾裂，抗菌和免疫能力降低而容易受到感染；但如果保水度太高，超過 20%，則又會有角質層通透性增加的情況，會使原本不易通過角質層的物質增加穿透率，而進入到皮膚裡面，可能引起感染、過敏或是免疫方面的問題。

在表皮基底層的黑色素細胞會生成黑色素顆粒，充足的水分補充可促進黑色素代謝，加速美白的效用。水分的補足可促進真皮層的結構蛋白合成與分解的代謝過程，影響皮下脂肪組織的新陳代謝，也可加速整體新陳代謝，有助於代謝廢物的排出。水分的補充固然重要，卻要注意避免在短時間內大量攝入過多水分，因有可能造成水中毒，使得血中電解質濃度瞬間降低（如低鈉血症），出現噁心、嘔吐、痙攣、昏迷等症狀，甚至導致死亡。

14-8 膠原蛋白

膠原蛋白，collagen 源自希臘文，是指三條交纏在一起的物質，只存在動物生物體內，而哺乳類的膠原蛋白彼此相似度極高。膠原蛋白是人體細胞間隙中含量最多的蛋白質，約占總蛋白量的 25~30%，人體膠原蛋白的種類繁多，存在真皮層中的主要是第一型與第三型膠原蛋白，在皮膚各層交接的結締組織中也存在其他類型的膠原蛋白，但存量不多，大部分是穩定皮膚各層結構用，而真正能支撐真皮層網狀結構的膠原蛋白，需要維持三股螺旋的生理活性結構，才能撐起真皮層減少皺紋；一旦三股螺旋被破壞就會形成明膠，只剩下保濕功能，無法支撐皮膚的結構。

皮膚中的膠原蛋白可由纖維母細胞製造分泌，但是合成的能力會隨著年齡增加而逐漸下降，且纖維母細胞的數目也會跟著減少；研究顯示，皮膚的膠原蛋白總量平均從 25 歲開始顯著下降，皺紋也會明顯發生。合成膠原蛋白的胺基酸皆屬於非必需胺基酸，主要有甘胺酸(glycine)、脯胺酸(proline)和丙胺酸(alanine)等，即人體可自行合成，不需仰賴食物供給，故是否需花費昂貴的金錢購買膠原蛋白產品補充，值得深思；膠原蛋白的分子量很大（約 30 萬 Daltons)，從皮膚外部塗抹，欲經皮吸收進入到真皮層，若無特殊處理，幾乎是不可能吸收進入的，更何況處理過的膠原蛋白雖然分子量變小，但生理活性被破壞殆盡，也失去支撐皮膚的效果了。

目前坊間熱銷用喝或吃的美容聖品，除了美白外，膠原蛋白產品占最大宗，既然組成膠原蛋白的胺基酸皆是非必需胺基酸，外部的補充難道就完全沒有效用嗎？產業界提出論點認為，膠原蛋白是人體細胞外基質非常重要的成分，若增加膠原蛋白的額外補充，不管是經由消化或皮膚吸收，皆可增加製造膠原蛋白的原料供給，組成的胺基酸含量增多且充足，自然可促進膠原蛋白的合成，但仍缺乏有效的科學證據，所以是否真的有其效用，見仁見智。

以往膠原蛋白的來源都從各種家禽或家畜萃取製造，但近年來家禽家畜疾病頻傳，慢慢的走向海洋資源從深海魚來發展膠原蛋白來源，且不僅僅只限制在魚肉或骨頭膠質的萃取，魚皮跟魚鱗等目前亦能取得品質良好的膠原蛋白。因環保意識的風潮，也有產業從海藻或天然植物（大豆）來合成類似膠原蛋白的結構，宣稱是植物的膠原蛋白。現今膠原蛋白還是動物性來源居多，製造方法有化學分解法、酵素分解法以及生物技術方法（基因轉殖或是發酵應用），而膠原蛋白的萃取純化以及如何保持其生理活性，是產品開發最重要的技術部分，尤其是要應用在美容醫學上，放置入體內的膠原蛋白產品，更需要多方面考量到膠原蛋白強度的架橋結構，和纖維母細胞容易相容性的多孔化處理。

 維護腦部及神經系統

 維護眼睛

 預防癌症

 維護心臟

 提供能量

 抗老化

 維護血管

 維護血液功能

 維護皮膚、毛髮及指甲

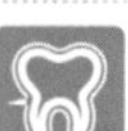 維護牙齒

 維護肌肉

 維護胎兒

 預防關節炎

 維護免疫系統

 維護骨骼

 支持正常代謝

(a)

圖 14-1　各類維生素之食物來源與功用

(b)

圖 14-1 各類維生素之食物來源與功用（續）

14-9 美白與營養

防曬以及預防紫外線傷害，一直以來都是尋求美白的必要措施。此外，也不能忽略飲食中內在的營養物質對皮膚的影響，除了上述所提及的維生素，尤其是維生素 C 和 E，對美白跟抗氧化有良好的作用外，飲食中富含酪胺酸的食物，被認為可能會促進黑色素合成，故攝食時應給予限制，營養均衡的狀況下，盡量少食用。

平常可以多食用富含維生素 C 的蔬果類，例如芭樂、奇異果、檸檬、櫻桃、草莓、木瓜、西瓜、鳳梨、番茄、橘子、柳丁等柑橘類水果，以及小黃瓜、綠花椰、筊白筍、苦瓜、豌豆等蔬菜類。而具有脂溶性抗氧化作用富含維生素 E 的食物有豆類、全穀類、堅果類、南瓜、植物性食用油、秋刀魚、青花魚、沙丁魚等，飲食中也可以多加選用搭配。

含酪胺酸多的食物有香蕉、酪梨、竹筍、核桃、黑芝麻、葡萄乾、啤酒、干貝、巧克力、乳酪，以及肉類加工品，如火腿、香腸、肉乾、肉鬆、發酵食品、啤酒、陳醋、大醬、腐乳、臭豆腐與漬制品（如酸菜、泡菜）和動物內臟類，在營養均衡的狀況下，可以盡量少選用。

14-10 天然中草藥與美容營養

自古有許多天然中草藥應用在皮膚美容保養上，配合傳統中醫的概念，同時強調五臟六腑的調養，飲食上以清淡平和養生的食物為主，避免刺激、辛辣、油炸、燒烤，因這些食物容易造成皮膚斑點的出現。可以多選用具有美白功效的天然中草藥，例如百合、甘草、蓮子、銀耳、山藥、枸杞、紅棗、天門冬、玉竹、薏苡仁、黃芩、茯苓、丹蔘、白芷、桂花、白芨等。另外，補血益氣的藥材，像是冬蟲夏草、當歸、黃耆、人參等可促進新陳代謝、血液循環、加強細胞更新再生等，對於皮膚保養也十分有助益。還有中醫所提到的色黑入腎，可以補腎滋陰延緩老化，例如何首烏、阿膠、熟地、杜仲等，可補益養血達到養顏美容的效果。

14-11 其他營養素的影響

除了上述主要與美容保健相關的營養成分外，其實還有許多的營養素會間接影響皮膚的功能與代謝，例如礦物質中鐵缺乏的話，會造成缺鐵性貧血，膚色與色澤會明顯變蒼白黯淡，或是呈現缺血時的淡青色；供應皮膚氧氣與養分的血流不足，會使皮膚更新及新陳代謝狀況變差，另外，貧血狀況在指甲形狀和顏色表現上亦會有變化，易呈現蒼白的顏色，且易乾脆而斷裂（營養不良或是缺乏鋅及蛋白質時也會有此現象）。若飲食中給予富含鐵質的食物，可改善因貧血所造成的不良膚色表現，也有助於毛髮、指甲顏色與形狀的維持。

除了鐵以外，還有錳、銅、鋅和微量元素硒等的礦物質，參與了抗氧化酵素輔助因子的角色，可提升體內抗氧化防禦系統，減少皮膚遭受自由基傷害，延緩皮膚快速老化的情況。皮膚組織結構內還有許多主成分，陸續被發現對於皮膚有保健或滋養的功效，也逐一被添加在美容保健保養品上，或是在飲食類型來源中補充。

食物中營養成分的作用除了營養素本身功用外，還有可能造成身體內分泌的作用，引發激素(hormones)緩慢長期對皮膚及附屬器官的影響，像是雌性素(estrogen)可使血管擴張和脂肪堆積，使皮膚更為光滑，並且可抑制雄性素刺激皮脂腺過多分泌；甲狀腺機能亢進症者皮脂分泌會增加，指甲會有層狀分裂出現；礦物皮質酮可改善黑色素沉著和黑斑情形；糖皮質酮可降低皮膚的發炎性反應等。此一範疇雖屬於美容保健與內分泌的相關性，但某些飲食的營養組成卻會由內影響到激素分泌，而表現在皮膚及其附屬器官的功效變化上。

營養均衡飲食不僅可使皮膚的功能正常化，也可延緩老化，同時也要避免易造成皮膚不良反應的刺激性食物（辣椒或高咖啡因等）和過量酸性飲食的攝取，才可維持皮膚正常功能的表現，擁有真正好的膚質和膚色。而個人的不良習慣（吸菸、酗酒或是作息不正常）會提早損傷皮膚功能而加速老化，必須正視且避免。此外，也要因所處的季節與環境不同（春、夏、秋、冬；高原、窪地等），適時給予皮膚適當的保養及最佳處理，才是正確保護皮膚的基本原則。注意到這些原則，才可保有健康亮麗且具有正常生理功能的皮膚。

參考資料 REFERENCES

洪偉章、陳榮秀(2013)・*新化妝品科技概論*（三版）・高立。

曹克植、陳毅書(2004)・*化妝品與皮膚病*・合記。

蔡秀玲、張振崗、戴瑄、葉寶華、鐘淑英、蕭清娟、鄭兆君、蕭千祐(2021)・*實用營養學*（九版）・華格那。

Robinson, L., Elizabeth, C., & Chenoweth (2000)・*新編實用營養學*（連潔群、楊又才主譯，邱志威、駱菲莉、許瑞芬、蔡淑芬、李寧遠校閱）・藝軒。

Heath, M. L., & Sidbury, R., (2006). Cutaneous manifestations of nutritional deficiency. *Curr Opin Pediatr, 18*(4): 417-22.

Reichrath, J., Lehmann, B., Carlberg, C., Varani, J., & Zouboulis, C. C. (2007). Vitamins as hormones. *Horm Metab Res, 39*(2): 71-84.

Richelle, M., Sabatier, M., Steiling, H., & Williamson, G. (2006). Skin bioavailability of dietary vitamin E, carotenoids, polyphenols, vitamin C, zinc and selenium. *Br J Nutr, 96*(2): 227-38.

小試身手 REVIEW ACTIVITIES

( ) 1. 可供給人體熱能的營養素為？ (A)醣類、脂肪、維生素 (B)醣類、脂肪、蛋白質 (C)脂肪、礦物質、蛋白質 (D)蛋白質、維生素、礦物質。

( ) 2. 下列何種營養素的功能，主要是建造、修補身體組織與調節生理機能？ (A)醣類 (B)礦物質 (C)蛋白質 (D)脂肪。

( ) 3. 主要組成頭髮的硬角質蛋白中以何種胺基酸含量最豐富？ (A) glycine (B) alanine (C) glutamate (D) cysteine (E) methionine。

( ) 4. 可維持上皮組織完整性，缺乏時可能會引起毛囊角化症維生素為？ (A)維生素 A (B)維生素 C (C)維生素 D (D)維生素 E。

( ) 5. 與體內鈣和磷代謝相關，間接影響角質層角質結構穩定的維生素為？(A)維生素 A (B)維生素 C (C)維生素 D (D)維生素 E。

( ) 6. 水溶性維生素 E 的名稱為？ (A) mannitol (B) DMAE (C) polyphenol (D) trolox。

( ) 7. 膠原蛋白的成熟與下列哪兩種胺基酸的羥化作用形成三股螺旋有關？
(1) glycine (2) alanine (3) cysteine (4) praline (5) lysin。
(A) (1)(2) (B) (1)(3) (C) (3)(4) (D) (4)(5) (E) (1)(5)。

( ) 8. 可由人體腸內菌合成，與體內凝血酶原合成相關的維生素為？ (A)維生素 A (B)維生素 D (C)維生素 E (D)維生素 K。

( ) 9. 可促進麩胱甘肽還原酶(glutathione reductase, GR)作用，且缺乏時可能會發生脂漏性皮膚炎的維生素為？ (A) riboflavin (B) pyridoxine (C) thiamine (D) cobalamin。

( ) 10. 胃缺乏內在因子會造成哪種維生素吸收障礙，而產生惡性貧血，間接影響膚質血色和營養供給以及影響毛細胞生長？ (A) riboflavin (B) pyridoxine (C) niacin (D) cobalamin。

( ) 11. 可由色胺酸轉變來，被認為可能是癩皮病預防因子的維生素是？
(A) pantothemic acid (B) folic acid (C) niacin (D) cobalamin。

(　　) 12. 也稱為維生素 B_5，為組成輔酶 A 的成分，缺乏時可能會有皮膚症狀和色素合成異常的維生素是？ (A) pantothemic acid (B) folic acid (C) niacin (D) biotin。

CHAPTER

15

劉家全・編著

美容與芳香療法

Aesthetic Medicine

前言

芳香療法(aromatherapy)一詞文字最早是在 1937 年由科學家 Ren'e Maurice Gattefoss 專書提出。主要源自法語，由 aroma 和 therapy 兩字組成，而香水 perfume 語源是來自拉丁語。事實上，芳香精油的使用其來有自，並非源自近代花草精油宣導發展。早期許多國家，如埃及、羅馬或希臘皆有民間記載芳香氣味或是精油的使用記錄，甚至於西元前 6500 年開始，在底格里斯河與幼發拉底河流域的美索不達米亞文化中，就曾使用芳香植物來做輔助治療，而印度的傳統按摩技術中，也有芳香按摩的文獻記載；我國的中草藥典籍亦有類似的相關應用。芳香療法是利用各式蒸餾，萃取出植物各部位芳香性精油，有學者認為精油可算是輔助療法的科學，不僅針對身、心、靈各層面輔助減輕使用者情緒壓力狀況，也可能改善病症，如提升免疫力、抗菌、抗發炎和加強新陳代謝，故芳香療法的功效不僅僅是單一方面，其為結合多項心理及生理因素而達到改善效果。

15-1 精油

自古中國便認為天然物或中草藥可能具有輔助治病的神奇功效，然而，面對芳香精油的使用，可說是一門藝術，亦有可能是一門騙術。正確的精油使用方式，以及成分標示清楚和通過安全測試的精油，使用上不僅安心健康且有保障；相反的，倘若有不肖業者加入品質低劣的油，或是混入仿植物芳香的化學合成香料或香劑，以求可觀的利潤，則對消費者健康危害上深具風險。正確且安全的精油製作，需經過多項測試標準，例如於植物精油萃取後，經定量分析以及密度分析、旋光度檢測、色層分析檢測、香氣評估等定性分析，其內容成分需有實驗室提出檢驗報告的安全標準值，因此真正符合實驗檢測下出產的精油，不僅有效成分標示明確，也會有完整的使用安全分析報告，並依研究和臨床數據標示是否具有功能性或輔助性療效。事實上，目前針對芳香精油或療法方面的研究數據仍十分有限，醫學上的科學證據依然薄弱，一方面可能是芳香植物成分複雜且種類眾多，另一方面是有效性的實質應用與專一性的實驗探討還存有許多疑問，仍需推廣檢測並進一步分析整理歸納。

精油萃取法

植物在許多部位存有精油的原因，可能是由於能幫助繁衍，如避免被昆蟲侵害，促進植物本身的存活，或保有植物本身的生理作用等。植物芳香精油是利用蒸餾、壓榨、萃取、吸附、超臨界萃取或是微波萃取等方法，來集中天然植物的各部位（根、莖、葉、花、果實、種子、皮）含有的芳香物質，加以濃縮或是加入基礎油(base oil)配方製成（圖 15-1）。

目前常用的植物性芳香精油製造法有蒸餾萃取法、壓榨法、溶劑萃取法、油脂吸附分離法、超臨界萃取法等。

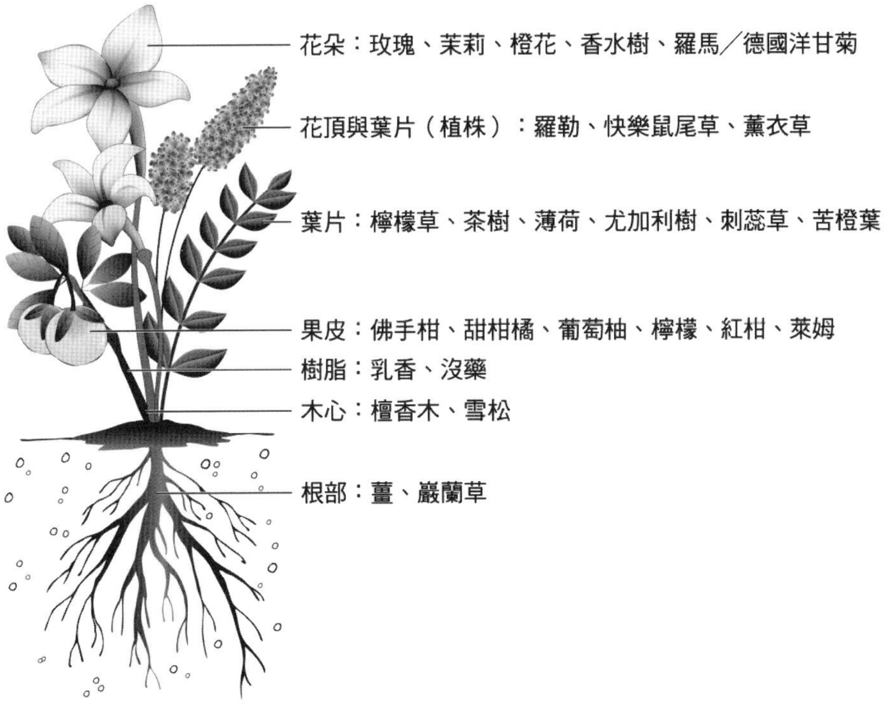

花朵：玫瑰、茉莉、橙花、香水樹、羅馬／德國洋甘菊

花頂與葉片（植株）：羅勒、快樂鼠尾草、薰衣草

葉片：檸檬草、茶樹、薄荷、尤加利樹、刺蕊草、苦橙葉

果皮：佛手柑、甜柑橘、葡萄柚、檸檬、紅柑、萊姆

樹脂：乳香、沒藥

木心：檀香木、雪松

根部：薑、巖蘭草

圖 15-1 植物精油萃取部位

⊙ 蒸餾萃取法

植物中具揮發性芳香分子部分

↓ 蒸餾法（高溫熱能）

蒸 餾 液

↓ 冷凝法（冷卻）

粗精油混合液

↓ 分離法（分離）

精油成分

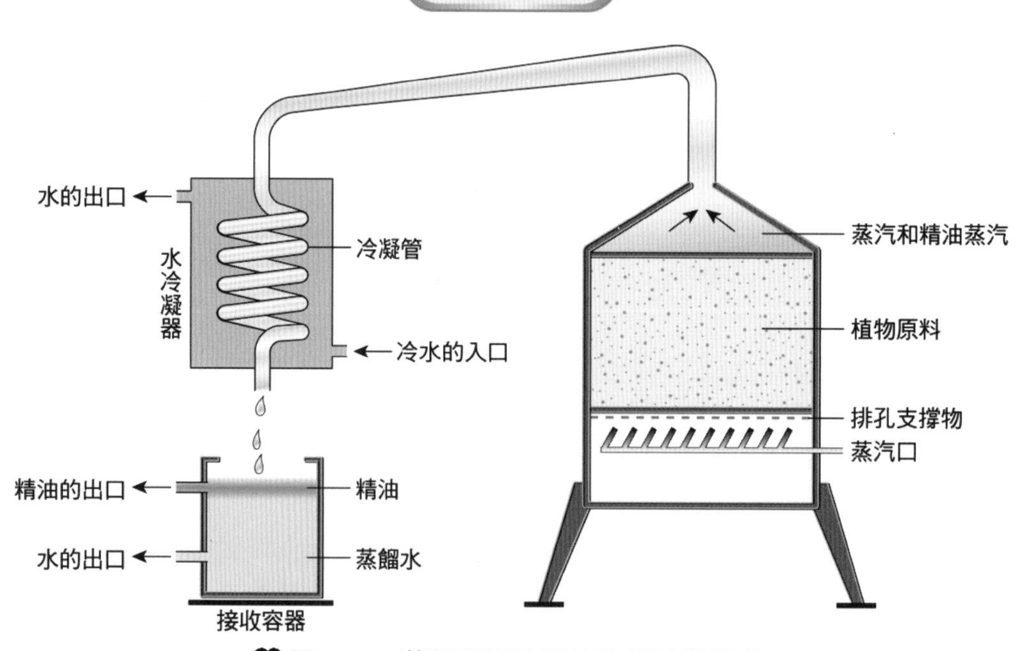

圖 15-2　蒸餾萃取法及植物精油蒸餾器

⊙ 壓榨法

1. 擠壓破碎

利用外力擠壓破碎，將植物中芳香分子加溶劑析出。

↓

2. 收集離心

收集析出液，去除溶劑，離心分析。

↓

精油成分

圖 15-3　壓榨法

⊙ 溶劑萃取法

1. 溶劑萃取

將植物具芳香部位直接反覆添加溶劑，將芳香分子萃出。

↓

2. 去除溶劑

依溶劑性質不同，去蕪存菁將精油成分分出，此法可避免高溫對某些分子的破壞。

↓

精油成分

圖 15-4　溶劑萃取法

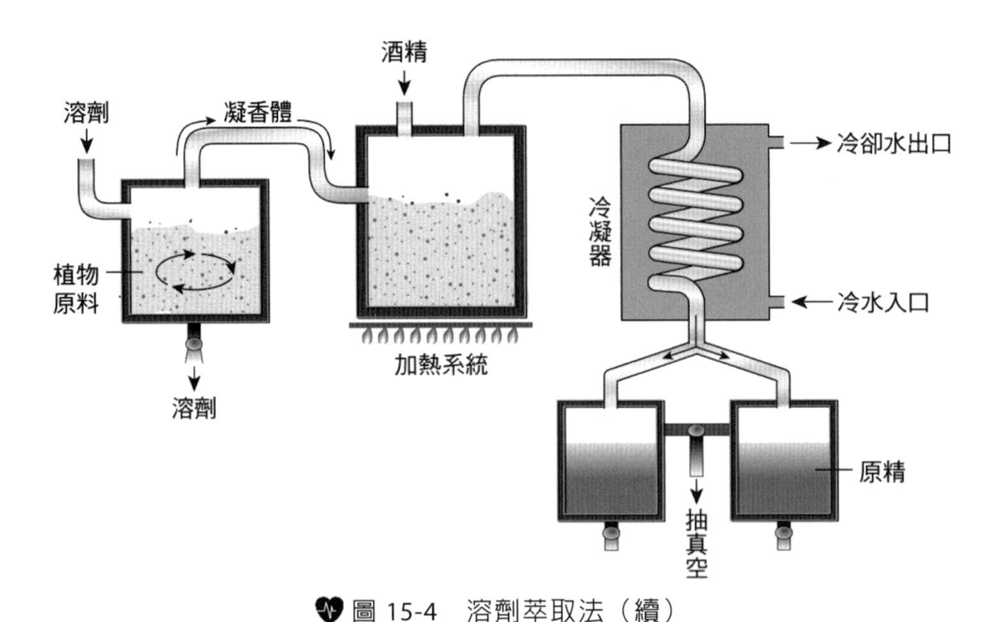

圖 15-4　溶劑萃取法（續）

⊙ 油脂吸附分離法（油浸法）

1. 油脂吸附

以油脂或熱油將植物具芳香部位浸入包覆吸收（常用於花朵部位）。

↓

2. 去除溶劑

利用酒精或其他溶劑將芳香分子從油脂中析出，再分離去除溶劑。

↓

精油成分

圖 15-5　油脂吸附分離法（油浸法）

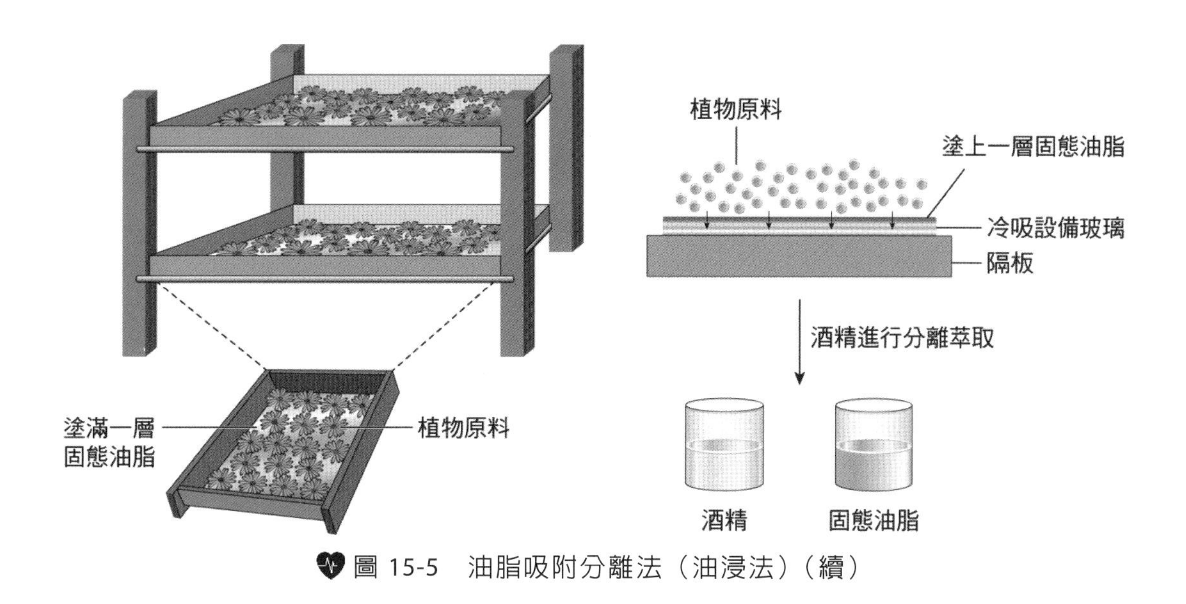

圖 15-5 油脂吸附分離法（油浸法）（續）

⊙ 超臨界萃取法

又稱二氧化碳萃取法，是近十多年來才開發的新技術；利用極低溫處於超臨界狀態的二氧化碳液體，經過超臨界狀態或是液相轉變成氣相時，將精油帶出（圖15-6）。此法可減少破壞精油分子的組成，達到天然、無毒且避免溶劑的殘留，利用物化的特性，提升萃取效率。

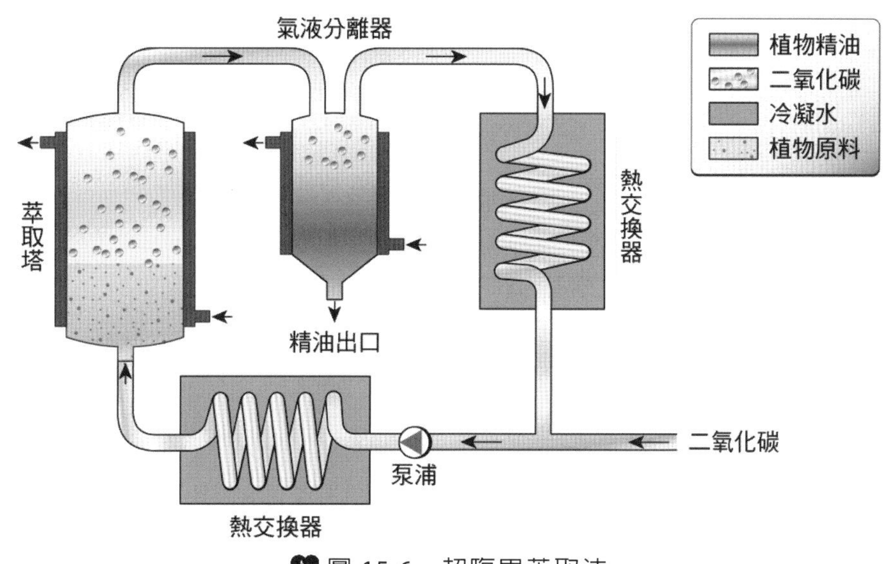

圖 15-6 超臨界萃取法

⊙ 微波萃取法

是利用微波熱效應對樣品或是萃取中的有機溶劑進行加熱，而將成分從樣品萃取出的分離方式。不同於傳統的加熱方式，微波萃取法是從內部加熱的過程，在電磁波的作用下，分子高速振動產生熱能，使樣品內部溫度迅速提升，可縮短加熱時間，且瞬間的大量熱能會使樣品中細胞破裂，能更有效萃取。也可以搭配傳統的溶劑萃取法，可進一步提升萃取效率。不過微波萃取僅適用於熱穩定的物質萃取，且萃取過程樣品內細胞會因高熱而破裂，有些未期望的物質也會被溶於溶劑中，而干擾樣品成分。目前已有科學文獻指出，微波萃取技術可提升黃酮類、精油萜類、生物鹼、多醣類、皂苷類等物質的萃取濃度。

精油的效用

在分類管理方面，販售芳香精油產品時，若強調或是宣稱具有療效、標示可改善症狀者，須受到藥物管理法規範；若純粹著重於精油香氣芬芳表現，則屬於一般化妝品管理法規範。然而，在法規及管理規範上仍較缺乏明確法條或安全規範，消費者在使用選擇上仍須十分小心，應加強本身芳香精油知識的提升，例如香料中的佛手柑油(bergamot oil)所含呋喃香豆素(furanocoumarin)是強光敏感物質，易引起光毒性接觸性皮膚炎，屬於非免疫反應，通常在皮膚接觸光照後 2~6 小時會造成皮膚不適，輕者接觸部位有灼熱感，重者會感到嚴重的疼痛，並出現水泡、紅斑甚至有長時間炎性反應，癒後易有色素沉積。另外，香料中常添加的 sandalwood oil 和香豆素(coumarin)亦易引起光過敏接觸性皮膚炎，主因是其中的光敏感物質，經紫外線的化學作用後，刺激免疫系統，產生抗原－抗體反應導致皮膚炎症。

醫學期刊指出，芳香療法的應用似乎對於健康有促進效果或可輔助改善病症，也能應用在預防保健醫學上，皆明顯對使用者健康上有助益。許多芳香精油不僅是單一精油使用方式，需配合沐浴、按摩、吸入或是透過情緒改善應用，而達到調節體內神經內分泌的作用，才有改善健康的表現，因此多數學者認為芳香療法是透過身、心、靈多層面的應用結合，不論從內而外或是由外入內，一併影響體內多方面生理調節作用下的共同表現，也正因為如此，在強調芳香療法效果之餘，也不可忽略潛在的危害健康危險因子。

15-2 芳香療法

芳香療法應用及可能作用原理

⊙ 輔助按摩推拿功效，減輕肌肉痠痛

精油可由毛孔經皮吸收到皮下組織，進入到血液和淋巴液內（受到精油種類或成分、性質影響，穿透皮膚的吸收速率不一；若內含致敏性物質，使用上須小心且格外注意）。有些精油會影響血管收縮或舒張，造成血流循環的改變，而逐漸促使膚質新陳代謝；若精油成分具抑制肌肉收縮或鎮痛效力者，亦可經由按摩推拿減輕關節或肌肉痠痛現象。

⊙ 放鬆身心，幫助睡眠

精油的按摩推拿不僅在膚質及肌肉關節上有助益，近年來結合 SPA，將芳香精油按摩的物理性作用推展成結合身心靈合一的精神放鬆療程，使用者可放鬆身心，改善睡眠品質，更拓展了精油的應用價值。

⊙ 改善空氣異味，增加香氣

市面上亦有薰香或稱為擴香方式的精油使用，將精油加水稀釋後利用加熱方式（通常安全上較不建議使用蠟燭加熱，可以燈泡加熱或是利用超音波震盪方式，如圖 15-7），將精油分子分散至環境空氣中，達到消除或抑制環境中異味，增加空氣香氣。

圖 15-7　精油噴霧機

⊙ 調整呼吸，紓解作用

成分中具揮發性的精油分子者，可利用吸入方式使這些分子經由呼吸道及肺部進入血流循環中，但利用吸入性方式需注意本身是否為氣喘或曾有病史者；另外，精油成分是否為過敏原或是品質上有問題疑慮的部分，使用上都要格外謹慎。一般不建議直接採吸入式的芳香精油應用，最好確定精油來源品質精良，在使用前應先諮詢專業醫師，避免氣喘或是吸入性過敏等問題。如要採吸嗅方式，要注意濃度，先在手掌滴 1~2 滴，然後摩擦生熱，再靠近鼻子間接吸嗅較為安全。

⊙ 改善心理情緒問題（躁鬱、憂鬱或焦慮）

有學者認為將精油分子分布於空氣環境中，經由呼吸和嗅覺的刺激，可能透過嗅覺的導入而影響大腦皮質的共同功能區域；由於大腦前皮質區與情緒和情感壓力控制相關，故根據精油本身不同特性，經嗅覺刺激而影響神經傳導，可能具有放鬆情緒和舒緩壓力的效用，進而改善心理壓力，減緩躁鬱、憂鬱或焦慮等症狀。許多文獻也指出，使用者經芳療後表示身體不適症狀有改善，情緒舒緩，且憂鬱、焦慮症狀皆獲明顯減緩。

⊙ 影響環境氣氛，提升生活品質

可利用芳香精油中之殺菌及芬芳特性，改善環境，提升生活品質；有文獻指出(Wilcock et al., 2004)在緩和照護病房使用芳香療法可提升病人生活品質。

⊙ 其他（藥用保健、殺菌抗炎、蟲害防治等方面）

1. 保健作用：某些中草藥部分之精油具藥用保健作用，如菖蒲精油可鎮靜安定精神；柑橘皮和洋蔥精油具良好抗氧化作用；茶樹精油有助於提升免疫力等。
2. 殺菌抗炎作用：在崇尚天然環保的意識潮流下，植物性精油逐漸成為發展新型殺菌抗炎原料的新寵，如萜類精油成分之松樹精油、洋甘菊精油等。此外，薄荷、丁香、肉桂和大蒜等精油，對於抗菌或是消炎亦有不錯的作用。
3. 蟲害防治作用：有研究指出薄荷、紫蘇或是藿香等植物精油對於蟲蟻的驅除作用具良好效果，未來亦是值得開發的領域。
4. 食品添加劑使用：利用食用或是藥用植物精油的強抗氧化活性，發展天然植物的食品添加劑之抗氧化劑的使用。
5. 化妝品添加：許多獨特花草香味之芳香精油，不僅被使用在化妝品香料中，更被廣泛添加於各類型化妝品原料，如香水、洗面乳和護膚乳。植物種類繁多，植物精油開發日益受重視，加上精油的組成、結構和功能不同，在各方面應有更大的應用和開發空間。

芳香精油的使用方式

⊙ 吸入式途徑

芳香精油可經由鼻子媒介吸收而影響人體，經直接吸入的精油亦可在血液中發現精油分子化合物。但氣喘或是兒童都不建議使用此法。另外，精油成分或品質不明確時也不建議使用，需諮詢專業人員。精油分子經鼻腔到嗅覺感受區，再傳導到與情緒反應相關的邊緣系統(limbic system)和杏仁核(amygadala)，因此有研究者認為精油香味的傳導，可透過神經傳遞經腦部神經核區而影響神經與內分泌系統，對情緒有所改變。

⊙ 經皮吸收途徑

利用精油稀釋後或混合基礎油後塗抹皮膚，或是沐浴浸泡方式，可使精油分子透過皮膚吸收。精油分子一般不大，經基礎油混合後易經皮吸收進入人體循環，因此精油成分對人體有無副作用，使用上需特別注意。另一方面，精油揮發性高，若使用沐浴浸泡法，易使水溫上升，且揮發增加，易有燙傷情況；一般建議適宜浸泡溫度約 37~39℃，時間約為 20 分鐘。

⊙ 物理性按摩刺激途徑

為了促進使用效果或增加吸收，常會利用按摩推拿或護膚 SPA，以及利用物理性機器超音波導入或電刺激來提升精油效用。

各種精油使用的方式，隨著業者或商品的推展，逐漸多元化，也結合更多產業不斷推陳出新，甚至更有提及口服精油經消化系統吸收，或經由直腸、陰道塞入吸收等而作用，但此些方法極度不建議，必須有專業醫師進一步的審慎評估，消費者在各種精油應用嘗試前，建議最好能預先實施皮膚過敏試驗，以確保使用上的安全。

精油成分及種類

植物芳香精油含有各式各樣不同的化學成分，十分複雜，儘管某些精油成分具有輔助上的功效，如醇或酯類等，但有些刺激性成分應用不當時，易出現不良的副作用。大部分精油所含的化學成分種類，主要可分為醇、醛、酸、酯、酚、醚、烯、其他類（含硫化物、含氮、香豆素等），一般的成分、作用及範例請參考表 15-1（曾，2005）。

表 15-1 精油的三類主要成分及其作用和範例

化學成分		作用	精油範例
單萜烯(Monoterpenes)	單萜碳氫類(Monoterpene-hydrocarbons)	抗病毒、似 cortisol 作用	松(Pine)、甜橙(Orange)
	酮(Ketones)	細胞再生、溶解黏液、神經毒性	迷迭香(Rosemary)、鼠尾草(Sage)、牛膝草(Hyssop)
	醛(Aldehydes)	鎮定、抗感染、抗病毒	檸檬草(Lemongrass)、香蜂草(Melissa)、香茅(Citronella)
	酯(Esters)	抗痙攣、鎮定、平靜、抗黴菌	薰衣草(Lavender)、快樂鼠尾草(Clary sage)
	醇(Alcohols)	強化、殺菌、抗病毒、刺激免疫力	茶樹(Tea tree)、薄荷(Peppe-rmint)、花梨木(Rosewood)
	酚(Phenols)	抗菌、刺激免疫力、溫暖、肝毒性	百里香(Thyme)、印度藏茴香(Ajowan)、牛至草(Oregano)、冬香薄荷(Winter savory)
	氧化物(Oxides)	助咳、去痰	尤加利(Eucalyptus)、茶樹、綠花白千層(Niaouli)
半萜烯(Sesquiterpenes)	半萜烯碳氫類(Sesquiterpene-hydrocarbons)	抗過敏、抗發炎	德國洋甘菊(German chamom- ile)
	醇(Alcohols)	多種效果	檀香(Sandlewood)、岩蘭草(Vetiver)、廣藿香(Patchouli)
	內酯(Lactones)	溶解黏液	土木香(Inula gravelens)
苯丙烷(Phenylpropane)	甲基醚蔞葉酚(Estragol)	抗痙攣	羅勒(Basil)、龍蒿(Tarragon)
	茴香腦(Anethol)	抗痙攣	洋茴香(Anise)
	丁香酚(Eugenol)	皮膚刺激、抗菌刺激	丁香(Clove)
	肉桂醛(Cinnamic aldehyde)	皮膚刺激、抗菌刺激	肉桂(Cinnamon)、黃槐(Cassia)

精油使用原則及注意事項

1. 精油的種類成分繁多，或多或少會有安全性的考量，除了不建議長期使用外，一般在使用上也一定要詳細閱讀產品的使用說明標示，並且在使用前先做皮膚過敏測試，經 24 小時無不良反應後再做接觸使用。
2. 未經基礎油或其他方式稀釋之精油，不可直接使用或塗抹人體部位。
3. 並非所有精油成分都是高安全性的，某些精油具高毒性或有其他副作用，因此在選購時應再確認其成分和名稱，避免誤用或濫用，例如含酚類的精油有肝毒性，不適合長期使用；含酮類成分精油具有神經毒性，有導致流產的可能，像是鼠尾草、樟腦或牛膝草精油等，需加以注意。在精油副作用上，易被忽略的是具光毒性或光敏性接觸性皮膚炎的精油成分，使用部位需避光或是夜間使用，如柑橘類精油（含 furanocoumarin 成分）或是茴香、芸香和防風等精油（含 psoralen 成分）。
4. 與精油相混合的基礎油，建議以不會揮發且非經化學製成的植物油為主。因有文獻指出飽和性脂肪會妨礙精油分子吸收，故建議使用不飽和性脂肪為基礎混合油。
5. 避免精油碰觸眼睛、口、鼻黏膜等易受刺激部位。若不慎碰觸時，應以大量清水沖洗後盡快就醫。
6. 精油使用及保存上亦須小心注意，例如小心火燭或是氣爆的情況（所以不建議用蠟燭加熱薰香或是在密閉空間使用精油）。雖然有業者宣稱濃度精純的精油無保存期限的限制，但仍須視精油成分以及保存環境，或是使用上可能造成二次汙染的狀況而定。
7. 特定人士精油的使用限制須特別注意，例如是否會誘發過敏或氣喘，使用前務必做過敏測試；癲癇病史者要注意某些特殊氣味的精油（例如樟腦、鼠尾草或馬鞭草精油等），會容易引發癲癇發作。學齡前兒童通常不建議使用精油，主要是怕對呼吸和神經系統有影響。另外，懷孕初期（第一期）胚胎通常較不穩定，因此也不建議使用精油。哺乳期婦女在精油使用上也要注意，有可能會經由乳汁或是接觸嬰兒皮膚，而不小心傳入到嬰兒身上，必須謹慎使用。

參考資料 REFERENCES

Melissa Studio (2002)・*精油全書*・商周。

Ruth von Braunschweig、溫佑君(2003)・*精油圖鑑*・商周。

王廣要、周虎、曾曉峰(2006)・植物精油應用研究進展・*食品科技*，*5*，11-14。

吳奕賢、程馨慧(2021)・*芳香療法*・新文京。

孫嘉玲、黃美瑜、宋梅生、王秀香(2005)・經痛的芳香療法・*護理雜誌*，*4*(52)，59-64。

張秋霞、江英、張志強(2006)・薰衣草精油的研究進展・*香料香精化妝品*，*6*，21-24。

張甄芳(2006)・芳香療法於安寧療護的運用・*健康世界*，*249*，23-25。

曹克誠(2004)・*化妝品與皮膚病*・合記。

曾月霞(2005)・芳香療法於護理的應用・*護理雜誌*，*4*(52)，11-15。

楊郁如(1999)・芳香精油對皮膚的效用・*安寧療護雜誌*，*13*，18-26。

劉忠英、晏國全、藺鳳泉(2005)・中藥刺五加葉中有效成分的幾種微波輔助提取方法研究・*分析化學研究簡報*，*4*(4)，531.

嚴嘉蕙(2006)・*化妝品概論*・新文京。

鐘瑞敏、王羽梅、曾慶孝、姚楚錦(2007)・芳香精油在食品保藏中的應用性研究發展・*食品與發酵工業*，*3*(31)，93-97。

Paula Begoun (2005)・*美麗聖經*（張啟杉譯；初版）・大康。（原著出版於 2003）

Wilcock, A., Manderson, C., Weller, R., Walker, G., Carr, D., Carey, A. M., ... Ernst, E. (2004). Does aromatherapy massage benefit patients with cancer attending a specialist palliative care day centre? *Palliative Medicine, 18*(4), 287-290.

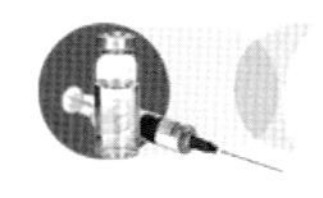

小試身手 REVIEW ACTIVITIES

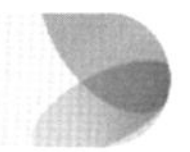

( ) 1. 下列何種萃取方法可利用分子高速振動產生熱能，使樣品內部溫度迅速提升，縮短熱萃取時間？ (A)溶劑萃取法 (B)微波萃取法 (C)超臨界萃取法 (D)蒸餾萃取法。

( ) 2. 對芳香精油的作用敘述何者正確？ (A)精油可添加於化妝品中 (B)芳香精油會阻塞毛囊，不宜用在皮膚 (C)精油不得作為食品添加劑 (D)精油有驅蟲蟻之功效。

( ) 3. 精油的特性何者有誤？ (A)具單一成分 (B)具芬芳性 (C)可經皮吸收 (D)具揮發性。

( ) 4. 精油中的基礎油(base oil)選用原則應？ (A)容易揮發 (B)以化學合成油為佳 (C)使用不飽和脂肪油 (D)以上皆非。

( ) 5. 精油進入人體的途徑為何？ (A)經皮吸收 (B)鼻腔吸入 (C)口服方式 (D)以上皆是。

( ) 6. 用於按摩推拿的精油常有何功效？ (A)促進皮膚循環 (B)緩解肌肉痠痛 (C)改善膚質 (D)以上皆是。

( ) 7. 使用精油時，下列操作何者正確？ (A)精油不須稀釋便可使用 (B)精油不可接觸眼睛 (C)在密閉空間使用 (D)精油可長期使用。

( ) 8. 對於較難萃取、含量少或怕高溫的精油，常用何種提煉方式？ (A)溶劑萃取法 (B)油脂吸附分離法 (C)超臨界萃取法 (D)蒸餾萃取法。

( ) 9. 下列何者非精油的主要成分？ (A))單萜烯(monoterpenes) (B)半萜烯(sesquiterpenes) (C)苯丙烷(phenylpropane) (D)三苯甲烷(triphenylmethane)。

( ) 10. 精油沐浴浸泡法的適宜溫度為？ (A) 36~37℃ (B) 35~37℃ (C) 37~39℃ (D) 38~40℃。

( ) 11. 精油的使用原則何者為非？ (A)所有的精油都不建議長期使用 (B)精油可不需經過稀釋就直接塗抹 (C)酮類成分精油具有神經毒性，且有導致流產的可能 (D)精油需避免碰觸到眼睛黏膜等易受刺激部位。

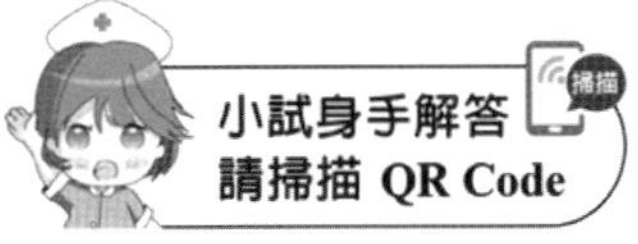

MEMO

CHAPTER

16

劉家全 · 編著

美容與自由基

Aesthetic Medicine

前言

美容領域日新月異，觀念與產品都不斷推陳出新，時尚潮流也隨著社會經濟結構或是生活環境而變動著。生活在物質充裕的現代社會中，人們對於美容的要求已從基本的彩妝需求（外觀的美學色彩裝扮），逐漸走向保養與預防並重的新概念；更在天然環保熱潮下，配合新生物技術的開發，抗老化的產品儼然成為目前的美容新寵。因此，市面上防曬、保濕與除皺抗老化為目前最熱門的美容商品之一。

16-1 皮膚老化學說

皮膚老化的因素，現今較被接受的學說可分為內生性因素與外在因素；內生性因素主要是皮膚與其他器官會隨著年齡增加而功能逐漸老化，屬於皮膚自然老化過程。而目前認為形成自然老化可能的學說如下：

1. **基因遺傳學說**：端粒酶活性降低，端粒縮短造成細胞無法複製，縮短細胞壽命而老化。
2. **自由基學說**：體內因為粒線體呼吸作用，由氧衍生的自由基或是活性氧使得氧化壓力提升，而造成老化，為目前較可信且最多人提倡的學說。
3. **細胞突變說**：隨著細胞複製次數變多，逐漸增加其突變的機率。
4. **蛋白質表現錯誤說**：蛋白質結構與功能經過複製後會漸漸出現錯誤，久之經過累積後可能導致細胞個體衰老死亡。
5. **神經內分泌功能下降說**：神經調節與傳導物質釋放、內分泌激素釋放之生理功能會逐漸衰退，而引起老化。

影響皮膚老化的外在因素，主要是長期日光照射下，引起皮膚表現與功能衰退的光老化為主，因陽光中紫外線照射，經過日積月累長久的損傷所引起。

16-2 皮膚老化各部位生理表現狀況

皮膚老化的過程，包括內在因素的自然老化和外在因素的光老化反應，其中自由基(free radicals)所形成的氧化壓力(oxidative stress)傷害，扮演著重要角色。老化使得皮膚厚度減少，在外觀上表現暗沉、鬆弛且無光澤，並會出現許多細小的皺紋。皮膚各層老化可能的生理表現為：

1. 自然老化的膚質首先表現出皮膚乾裂現象，正常角質層水分的含量約占10~20%，另外在角質細胞間隙中有天然保濕因子(NMF)，如胺基酸、尿素、尿酸、乳酸、磷酸鹽、神經醯胺或有機酸等物質，對水親和力強，但隨著年紀的增長，這些因子分泌量會減少，使保濕程度下降，皮膚會顯得乾燥；而皮脂腺和汗腺隨著老化過程不僅數目減少，其皮脂和汗液的分泌量亦降低，對於皮脂膜形成的完整性不足，抗菌保護角質層和濕潤皮膚的功能降低，表皮易有乾燥、角質脫屑情形。此外，表皮變薄且與真皮結合處變平，細胞型態改變，顆粒層角質化過程不完整，整體角質層的結構也變得較不穩固，保護性與防禦功能會減低；基底層內細胞分裂能力降低，且黑色素細胞密度與含量都減少。
2. 真皮層隨著年紀增長，乳突層的彈性蛋白逐漸變粗短且嵴越來越平，網狀層中的纖維母細胞逐漸失去分化能力，結締組織總量減少，膠原蛋白合成速率減少，且分解速率大於合成速率，膠原纖維交織排列鬆散不一，結構雜亂。彈性蛋白因老化而變短、變粗，呈現斷裂碎狀，失去原有的彈性。網狀纖維結構上支持性降低，纖維束狀呈直線排列易斷裂。位於真皮層上的血管分布量減少，因此營養與修補供給能力顯著降低，垂直分布的細小血管減少且血管壁變薄，血管內平滑肌彈性降低。
3. 隨著年齡增長，全身脂肪含量會重新分布，皮下脂肪組織的含量會減少，會使真皮的網狀層下部纖維漸漸失去支持和緩衝墊的作用，膚質會鬆弛不緊實。

皮膚的老化不僅是表皮、真皮和皮下脂肪組織的衰退而已，其他的附屬器官也有明顯的退化，像是老年人毛囊的數目顯著減少，所以有毛髮稀疏的情況，加上黑色素細胞製造黑色素能力降低，也會有白頭髮現象。雖然光老化的作用引起皮膚損害對老化影響很大，但一些內生性因素（如免疫、神經與內分泌功能的下降等）也會對皮膚衰老造成影響，不可輕易忽略。

16-3 皮膚光老化與紫外線

長期日光照射下，日光中的紫外線會直接對皮膚造成傷害，因而引起皮膚外觀、結構和功能衰退老化現象。日光中紫外線傷害被認為是影響皮膚老化最主要的外在因素，陽光輻射光譜包括紅外線(IR)、可見光(visible light)、長波紫外線 A (long UVA or UVA-1)、短波紫外線 A (short UVA or UVA-2)、紫外線 B (UVB)和紫外線 C (UVC)等，各波長及可能穿透的皮膚層次如圖 16-1 所示。

這些陽光輻射中，波長越短者其能量越強，但是因為波長短，相對的穿透性不強。一般來說，紫外線 C (200~290 nm)對生物體殺傷能量最強，但大部分紫外線 C 會被大氣層中的臭氧層阻隔，並不會到達地球表面，所以對人體皮膚並不會造成傷害，然而環境汙染的問題，導致臭氧層破壞日益嚴重，未來強能量的紫外線 C 也有機會損傷皮膚，需多加注意嚴防。

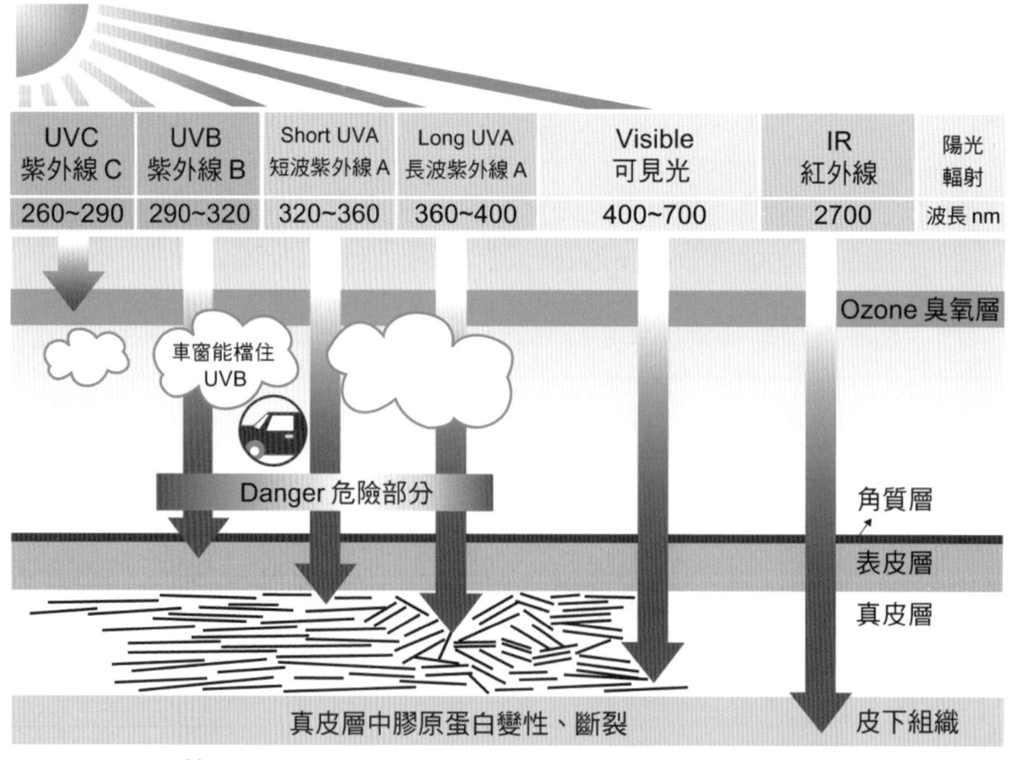

圖 16-1 不同陽光輻射光譜對皮膚的穿透力與影響

紫外線 B (290~320 nm)，部分可達到地表但是很容易被阻隔，例如車窗玻璃或是稍厚的衣物就能夠阻隔住，若直接照射到皮膚，主要可引起皮膚表皮細胞功能的改變，會引發急性的紅腫現象。紫外線 B 的波長可穿透至皮膚的基底層與真皮乳突層部位，使皮膚發炎、紅腫，甚至起紅斑、水泡，也會使基底層黑色素細胞變活躍，黑色素細胞和黑色素顆粒含量都會增多，皮膚顏色變得深沉，另外，限制黑色素合成的酪胺酸酶(tyrosinase)活性也隨著增加，長期作用下來可能間接與皮膚形成褐斑或組織結構損傷所致皮膚癌有相關性。

紫外線中能量最小而波長最長的是紫外線 A，由於能量小不會有立即的皮膚急性反應，因此傷害性是累積性的，也最容易被忽略。紫外線 A 還可以細分成長波紫外線 A (360~400 nm)和短波紫外線 A (320~360 nm)，日常生活中常因其波長較長，穿透力強，而較不易被阻隔下來，因而對皮膚的傷害可深入到真皮層的纖維細胞和結締組織，導致分化膠原蛋白速率增加，彈性蛋白變性和網狀纖維組織結構被破壞。紫外線 A 被認為是引起皮膚光老化最主要的紫外線，對皮膚的損傷性很大，經過累積性的傷害堆積不僅會使膚色變黑，讓皮膚老化，且經年累月的自由基誘發氧化傷害更加速老化，甚至有皮膚癌危機。

16-4 自由基傷害與美容上的角色

紫外線 A 與紫外線 B 是造成皮膚老化的外在因素中主要的輻射陽光，許多文獻指出，引起皮膚老化傷害可能的作用機制是紫外線引發自由基產生，而形成高氧化壓力損傷生物體細胞，造成細胞衰老退化或是結構功能異常。

自由基是指含有一個或一個以上的不成對電子(electron)的原子、原子團或分子，不同類型的自由基，彼此間的化學性質差異很大，但是一般而言，所有的自由基皆處於不穩定的狀態，具有高度的化學活性；而在生物體體內由於需要氧氣來提供生命能量，因此大部分的自由基都是由氧衍生來的含氧自由基族群(reactive oxygen species, ROS)，或由一氧化氮衍生的含氮自由基族群(reactive nitrogen species, RNS)，不成對電子主要在氧或氮中心位置上的自由基，例如超氧陰離子(superoxide anion radical, $O_2^-\bullet$)和羥自由基(hydroxyl radical, $\bullet OH^-$)等。然而，具有氧化傷害能力的促氧化物(oxidants)，不一定都具有不成對電子，像是 H_2O_2、HOCl 和 $ONOO^-$等本身並無不成對電子，卻也有很強的氧化作用(oxidation)，對生物體依然會造成氧化傷害，此一族群我們稱為「無不成對電子」的活性氧或活性氮分子。

人體體內經過呼吸作用後，利用葡萄糖和氧氣，在粒線體中經過電化學滲透作用生成二氧化碳與能量 ATP，而在電化學滲透作用過程大約會產生 1~5%的自由基；然而體內的酵素性抗氧化系統(enzymatic antioxidant system)會把大部分的自由基清除掉，只有極少量的自由基會漏出，短時間內的傷害性不大，但是經過長久的累積，慢慢的造成體內細胞功能衰退老化，或者造成蛋白質、脂質或核酸結構上改變，而影響正常功能和形成色素的沉著（老人斑）等。在人體正常生理狀況下，自由基的生成與體內抗氧化系統的作用彼此會形成平衡，如果平衡破壞了，自由基的生成變多或是體內抗氧化系統效能減低時，就會形成氧化壓力的提升，體內就可能遭受到自由基的攻擊和影響，這種狀況被認為與許多疾病的病理發展有密切的關係，包括老化現象。

現今抗氧化的風潮十分盛行，美容與保健產品也都以增加抗氧化效力為主，但千萬不要把自由基認為是罪大惡極的傢伙，在正常的生理功能上，自由基也扮演著正向的生理作用，例如白血球細胞吞噬殺菌時呼吸爆發的反應，利用自由基殺死病原菌；自由基適量的增加可刺激 DNA 複製和細胞增生，促進細胞生長，懷孕過程中母體內自由基量和抗氧化酵素活性皆增加；其實在黑色素生成途徑中也有自由基的參與；膠原蛋白的成熟作用中，脯胺酸(proline)和離胺酸(lysine)被羥化(hydroxylation)以穩定膠原蛋白三股螺旋結構，其中脯胺酸羥化酶(proline hydroxylase)和離胺酸羥化酶(lysine hydroxylase)進行酶促羥化作用時需有氧自由基的參與等。因此，不要有自由基是只有傷害性壞處的錯誤想法。

然而，過多增生的自由基確實是對細胞有毒性。許多疾病生成過程中，自由基也許不是主要生成疾病的原因，但是卻可能參與了擴大病理發展的過程。人體中主要產生自由基的來源有細胞的粒線體、內皮細胞以及免疫細胞等，可能產生的自由基或活性氧，包含超氧陰離子、過氧化氫、氫氧自由基、次氯酸（白血球細胞產生）和一氧化氮等。而體外的外在環境因子也會影響自由基的生成，包括吸菸、空氣汙染、暴露在化學物質或離子輻射下以及陽光紫外線過度的曝曬等，而與美容較相關的環境影響因子，除了吸菸是個人行為習慣外，最主要自由基影響皮膚光老化的因子為紫外線傷害。人體在自由基和活性氧過多的狀況下，細胞內外主成分如脂質、蛋白質、核酸、DNA 和 RNA 等，都是容易遭受自由基和活性氧攻擊的目標。

上述所提及的皮膚老化特徵，其主要生成的外在因素，大多是因為紫外線誘發自由基生成而造成的影響。自由基會損傷皮膚膠原蛋白結構穩定，並促進膠原蛋白分解速率大於合成速率，造成皺紋或是皮膚結構破壞，作用機制為紫外線促使基質金屬蛋白酶(matrix metalloproteinases, MMPs)表現增加，且使 MMPs 組織抑制酵素(tissue inhibitors of MMPs, TIMPs)的抑制作用減低，因此使得真皮的膠原蛋白被分解。MMPs 的型態很多，不同類型的 MMPs 被活化後（從 pro form 轉變成 active form），會逐一影響皮膚表皮、真皮或是結締組織層膠原蛋白、彈性蛋白(elastin)或是明膠(gelatin)的分解和破壞，進而呈現皮膚老化現象（圖 16-2）。

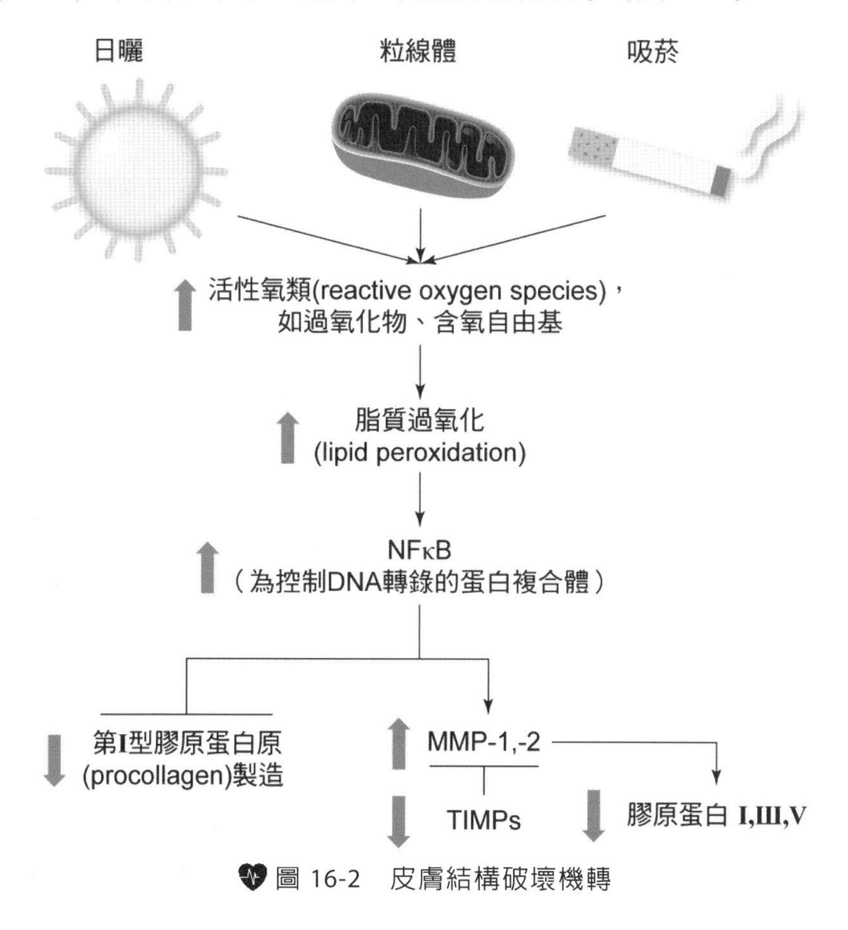

圖 16-2 皮膚結構破壞機轉

除了結構上的功能衰退外，老化的典型特徵是黑褐色素斑點的出現（肝斑、老人斑或色素沉著）（圖 16-3），主要易出現在常接觸陽光的部位如臉、手或腳等，可能產生的原因為自由基使體內蛋白質或是脂質氧化傷害，造成蛋白質羰基化(protein-bound carbonyl groups)形成蛋白質變性或凝集，脂質過氧化而形成丙二醛(malondialdehyde, MDA)或 4-羥基壬烯醛(4-hydroxy-2-nonenal, 4-HNE)，由於這些物質的生成加上自由基的連鎖反應(chain reaction)，對於細胞膜和 DNA 結構產生傷害，影響輕則釋放出脂褐素和蠟樣素，長期堆積就會形成色素斑沉著，嚴重甚至造成細胞突變、癌化或死亡。而且皮膚損傷的炎性反應或是劣質化妝品的使用（如含有重金屬的不良化妝品，會加強 Fenton's reaction 產生更多的氫氧自由基），亦會引起自由基的增加，加重黑色素的沉著情況，而影響皮膚美觀。

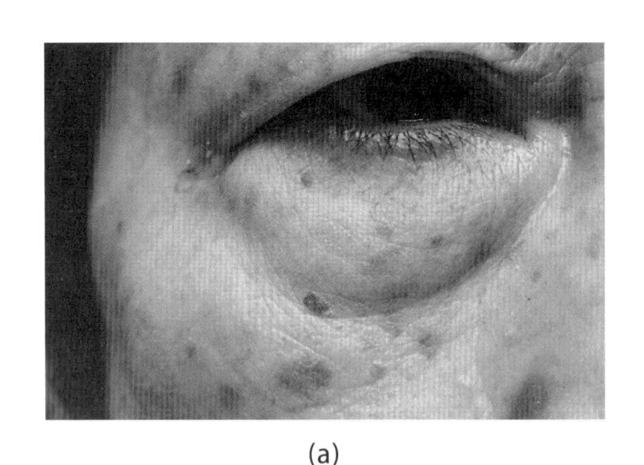

(a)

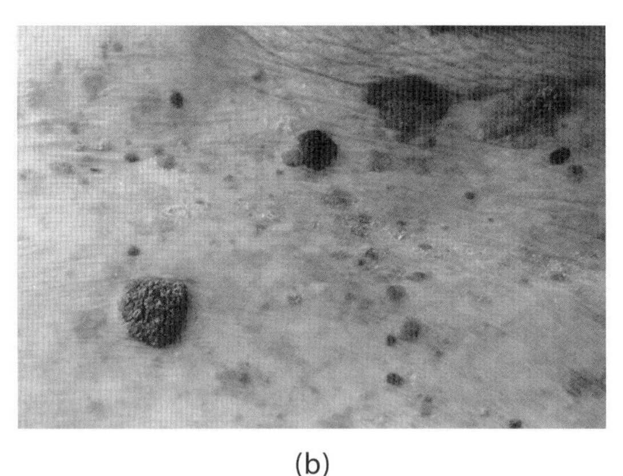

(b)

圖 16-3 (a)肝斑；(b)老人斑（可能會隆起且較粗、黑）

16-5 預防自由基傷害與應用

針對氧化壓力的增加，身體本身具有抗氧化防禦系統。正常的健康情況，體內氧化壓力與抗氧化系統作用會形成平衡狀態。皮膚為人體分布最大的器官，一樣具有多種防止氧化傷害的方式，主要可分為酵素性的防禦系統(enzymatic defense system)和非酵素性的防禦系統(non-enzymatic defense system)。

酵素性防禦系統

酵素性防禦系統也稱為體內抗氧化(in vivo antioxidants)，主要是指體內的抗氧化酵素，包括：

1. **超氧歧化酶**(superoxide dismutase, SOD)：可以把超氧陰離子自由基(superoxide anion radical, $O_2^{-}\bullet$)轉變成過氧化氫(hydrogen peroxide, H_2O_2)。SOD 需與金屬離子結合而催化反應進行，通常錳(manganese, Mn) SOD 存在粒線體中抵抗呼吸作用產生的氧化傷害，而銅(copper, Cu)或鋅(zinc, Zn) SOD 則存在於細胞質液中，另外有鐵(ferrum, Fe) SOD 則存在植物中。
2. **觸酶或過氧化氫酶**(catalase, CAT)：體內 H_2O_2 生成量多時對細胞具有強氧化傷害，而且 H_2O_2 可通透細胞膜或胞器膜。CAT 可將 H_2O_2 轉變成氧和水，降低

H_2O_2 對體內的氧化傷害，通常較多存在於真核細胞的過氧化氫體(peroxisome)胞器內。

3. **麩胱甘肽過氧化酶**(glutathione peroxidase, GPx)和**麩胱甘肽還原酶**(glutathione reductase, GSHR)：GPx 與金屬硒(selenium)結合而催化反應進行，利用麩胱甘肽(glutathione, GSH)形成氧化態 GSSG，可將 H_2O_2 轉變成水，降低其氧化傷害；另外也可以還原脂質過氧化物和氫過氧化物。GSHR 則可利用 NADPH，在核黃素(riboflavin; Vit. B_2)的幫助下，將氧化態的 GSSG 轉變回 GSH，可回復 GSH 抗氧化效率。
4. **其他抗氧化酵素和金屬結合蛋白作用**：體內還有其他具有調節氧化壓力的酵素，如 glutathione transferase 和 hemoxygenase（HO-1 或 HO-2）等，雖然在減低體內氧化壓力不是主要作用的酵素群，但是在肝臟解毒作用和減低氧化傷害上亦有其作用。此外，體內亦有些金屬結合蛋白存在，可以減低 Fenton's reaction 作用產生，因為游離的過渡金屬(transitional metal)，像是亞銅或是亞鐵離子，會與過氧化氫作用，而產生更多量的氫氧自由基，使體內氧化傷害增加，因此金屬結合蛋白的運鐵蛋白(transferrin)和藍胞漿素(ceruloplasmin)可與生物體內游離的鐵及銅結合，而減少氫氧自由基的產生，所以也屬於體內的抗氧化防禦系統之一。目前也有化妝品大廠發現，原本存在生物體細胞質和胞器中的乙二醛酶(glyoxalase)，在皮膚中可以抵抗紫外線造成的皮膚傷害，因而添加乙二醛酶在化妝品中，強調其抗老化的作用，故有越來越多的直接或間接的抗氧化酵素被研發，應用在化妝保養品中。

非酵素性防禦系統

在體內非酵素性的防禦系統，大都是從飲食額外補充，也稱為體外(in vitro)的抗氧化防禦，主要包括：

1. **麩胱甘肽**(glutathione, GSH)：是由麩胺酸(glutamate)、半胱胺酸(cysteine)和甘胺酸(glycine)所組成的三胜肽(tri-peptide)，其中半胱胺酸可提供-SH 基團與自由基反應，配合 GPx 酵素作用，減少過氧化氫傷害，為細胞內重要的非酵素性抗氧化防禦之一。GSH 在美容保健的使用非常普遍，它不僅有抗氧化作用，同時還有保濕、美白與淡化斑點等的影響。胜肽原本就有保濕的功效；美白的部分主要是 GSH 會抑制酪胺酸酶，減少黑色素的形成；因為 GSH 中含有半胱胺酸，所以可以讓黑色素合成的路徑傾向多類黑色素的路徑，因此黑色素的顏色會比較偏紅棕色，總黑色素的顏色會比較淡。

2. 維生素 E (α-tocopherol)：為體內主要的脂溶性抗氧化物。雖由外攝入，但可儲存於脂質中，可保護體內富含脂質的組織，避免氧化壓力傷害。同時也可保護磷脂質膜（細胞膜和胞器膜結構）抵抗過氧化自由基傷害。

3. 維生素 C (ascorbic acid)：又稱為抗壞血酸，是水溶性的抗氧化物，體內無法儲存，需要由飲食補充。維生素 C 可直接與自由基作用，減低氧化壓力的傷害。維生素 C 還可以促進傷口癒合、促進膠原蛋白合成，主要是跟生化反應的羥化作用有關，體內進行羥化作用幾乎都需要維生素 C 的協助（例如腎上腺皮質合成皮質酮和肉鹼的合成等）。另外，維生素 C 和維生素 E 兩者對於對抗氧化壓力具有節約效應，維生素 C 可將已經與自由基作用而形成的氧化態維生素 E，還原成具抗自由基傷害的還原態維生素 E，因此維生素 C 被認為是具有雙重抗氧化的維生素。

4. β-胡蘿蔔素(β-carotene)：為合成維生素 A 的前驅物質，同時具有抗氧化效用，主要的食物來源有深綠色蔬果或是紅蘿蔔。可減少脂質過氧化的情況產生，也避免水晶體蛋白質被自由基攻擊，減少水晶體蛋白質變性形成的白內障。

5. 輔酶 Q (coenzyme Q_{10})：又名泛醌(ubiquinone)、維生素 Q_{10}、護心酵素等，屬於脂溶性，最早從牛心臟的粒線體中發現，廣泛存在動、植物中，尤其是動物體內重要的器官中（如心、肝和腎臟等），可以促進粒線體產能的效用，早期用於治療心臟疾病，後來發現有強的抗氧化效用，慢慢被用於保健食品與化妝品。抗氧化能力強，如果跟維生素 E 一起使用，可以增強抗氧化效果，目前可利用酵母菌發酵的方式合成。在化妝品皮膚的應用有抑制細胞氧化，增加皮膚抗氧化能力，也可以抑制黑色素合成路徑，抵抗紫外線氧化傷害，減少膠原蛋白被分解等功能。

其他由飲食攝取供給的非酵素性抗氧化物質，還包括綠茶多酚、茄紅素、類黃酮、花青素、葡萄籽原花青素和泛醌（輔酶 Q）等多種具抗氧化功能者，在各產業強調天然為訴求的聲浪中，各種天然物與中草藥的研究繁多，尤其近年來海洋資源的原料新發現與發酵技術的應用，使得不斷地有新的抗氧化物質被發現，也都期許能應用於美容保健產業及研究中。但值得一提的是，如同保健食品抗氧化的觀念，在皮膚保健抗氧化的應用中，也是抗氧化物質種類越多元，其氧化還原共同互助作用的效果越會顯著提升。目前於美容保健產品中常用的天然抗氧化功效成分如表 16-1 所述。

表 16-1　一般常見的化妝保養品天然抗氧化成分（非酵素性抗氧化防禦系統）

成分	功能	來源	備註
維生素 C (ascorbic acid)	抗氧化、還原氧化態維生素 E、美白	新鮮蔬果、柑橘類水果	L-(+)-ascorbic acid 其實正確名稱是右旋維生素 C，並非以 L 或 R form 區分
維生素 E (α-tocopherol)	脂溶性抗氧化、保護磷脂質膜	植物油、深綠色蔬菜、胚芽、全穀類、堅果	又稱為生育醇
麩胱甘三肽 (glutathione, GSH)	美白、抗氧化、保濕、提升免疫功能	可在體內合成 可多攝取硒來增強 GSH 功效	麩胺酸、半胱胺酸、甘胺酸合成的三胜肽
泛醌（輔酶 Q）(ubiquinone, coenzyme Q)	抗氧化、抗老化、除皺、美白	牛肉、菠菜、魚肉	保護心血管機能
硫辛酸 (α-lipoic acid)	除皺、抗老化	洋蔥、大蒜、菠菜	—
多酚類 (polypherols)	保濕、殺菌、抗發炎、抗氧化	紅酒、水果、藻類	種類繁多
綠茶素 (catechin)	抗氧化、抗老化、抗發炎、抗菌、抗癌	綠茶萃取	類黃酮多酚類
胎盤素 (placenta)	美白、滋養、抗老化	動物母體胎盤	有道德性爭議與感染問題。目前多用生物技術細胞培養方式獲取
尿囊素 (allantoin)	保濕、殺菌、抗氧化	中草藥萃取（紫草、山藥等）	—
硒 (selenium)	促進新陳代謝、抗老化、抗氧化、除皺	肉類、麥類、家禽、海產、蔬菜	與 GPx 可增強 GSH 的作用
類黃酮 (flavonoids)	抗氧化、螯合金屬、清除自由基	新鮮蔬果、芥藍、洋蔥等	類黃酮種類繁多，以下皆屬於類黃酮
花青素 (anthocyanidins)	抗氧化、抗老化、促進新陳代謝	櫻桃、漿果、蔬菜（十字花科）	類黃酮類
葡萄籽原花青素 (proanthocyanidins)	抗氧化、抗老化、促進新陳代謝	松樹皮、葡萄籽萃取物等	類黃酮多酚類

表 16-1　一般常見的化妝保養品天然抗氧化成分（非酵素性抗氧化防禦系統）（續）

成分	功能	來源	備註
β-胡蘿蔔素（β-carotene）	抗脂質過氧化、抗氧化、保護眼睛（轉成維生素 A）	深綠色蔬果、藻類	類黃酮類
茄紅素（lycopene）	抗氧化、減低癌症發生率	番茄、葡萄柚等蔬果	類黃酮類
蝦青素（astaxanthin）	保濕、抗老化、抗氧化	蝦殼、藻類萃取	類黃酮類

減低自由基傷害的方法

影響皮膚老化的因子很多，包括內在與外在因素，其中自由基的氧化傷害是主要造成皮膚衰退老化和形成色素斑沉著的主因，因此，為減低自由基的氧化傷害，防止皮膚快速衰老，一般建議皮膚保養注意事項如下：

1. **阻隔紫外線直接的照射傷害**：利用物品或防曬產品，避免紫外線直接與皮膚接觸，減少自由基所致氧化傷害的機會。
2. **正確化妝保養品使用觀念，避免來路不明或是劣質化妝保養品**：提升消費者本身正確使用化妝品的知識，務必詳細閱讀了解化妝保養品的使用原則及注意事項，減少因化妝保養品所引起的皮膚不良反應。
3. **加強具有抗氧化和預防老化保養品的使用**：在滋養型保養品的應用上，可加強使用具抗氧化效力的產品，預防勝於治療，在無法完全阻隔自由基的氧化傷害的情況下，此類型化妝保養品可延緩老化發生。另外，身體系統內抗氧化物質的作用，是各抗氧化物質彼此間分工合作，且互相組成抗氧化作用網，單純高劑量的補充某一種特定的抗氧化物質，其抗氧化效果往往不佳，因此，建議抗氧化物質的補充及使用上盡量多元化，才能達到最佳的抗氧化效果。
4. **避免皮膚外傷或炎性反應作用**：保持皮膚完整性，減少外傷或發炎性免疫反應，除外觀上的維持外，也可減少疤痕形成及炎性反應後的黑色素沉著現象。
5. **完善的營養飲食配合**：營養素充足的攝取，膚質才會呈現健康亮麗正常的生理功能，除了三大營養素外，多攝取新鮮蔬果以補充維生素或礦物質，增加體外非酵素性的抗氧化防禦作用。

6. **正常規律的作息和睡眠時間**：充足的睡眠和作息規律的生活，可調整好內分泌系統，讓身體由內而外供給維持皮膚膚質所需的激素(hormones)，使得皮膚的色澤、彈性與亮度有較好的維持。
7. **適度的有氧運動**：適當適度且有規律的有氧運動，可以提升體內的抗氧化酵素能力，減少自由基的傷害，也可以增強心血管功能，促進血液循環與新陳代謝，減緩皮膚老化。
8. **注意適當的水分補充**：充足的水分補充，可促使生化反應的作用，提升新陳代謝，在皮膚的更新及修復上十分重要。

參考資料 REFERENCES

向雪岑、張其亮(2006)・*美容皮膚科學*・科學出版社。

易少波、何倫(2003)・*美容醫學基礎*・科學出版社。

曹克誠(2004)・*化妝品與皮膚病*・合記。

黃鶴群(2005)・*藥妝保養品與醫學美容諮詢手冊*・合記。

嚴嘉蕙(2006)・*化妝品概論*・新文京。

Paula Begoun (2005)・*美麗聖經*（張啟杉譯；初版）・大康。（原著出版於 2003）

Bhattacharya, S. K., Ahokas, R. A., Carbone, L. D., Newman, K. P., Gerling, I. C., Sun, Y., & Weber, K. T. (2006). Macro- and micronutrients in African-Americans with heart failure. *Heart Fail Rev, 11*(1):45-55.

Katiyar, S. K., & Elmets, C. A. (2001). Green tea polyphenolic antioxidants and skin photoprotection. *International Journal of Oncology, 18*(6), 1307-1313.

小試身手 REVIEW ACTIVITIES

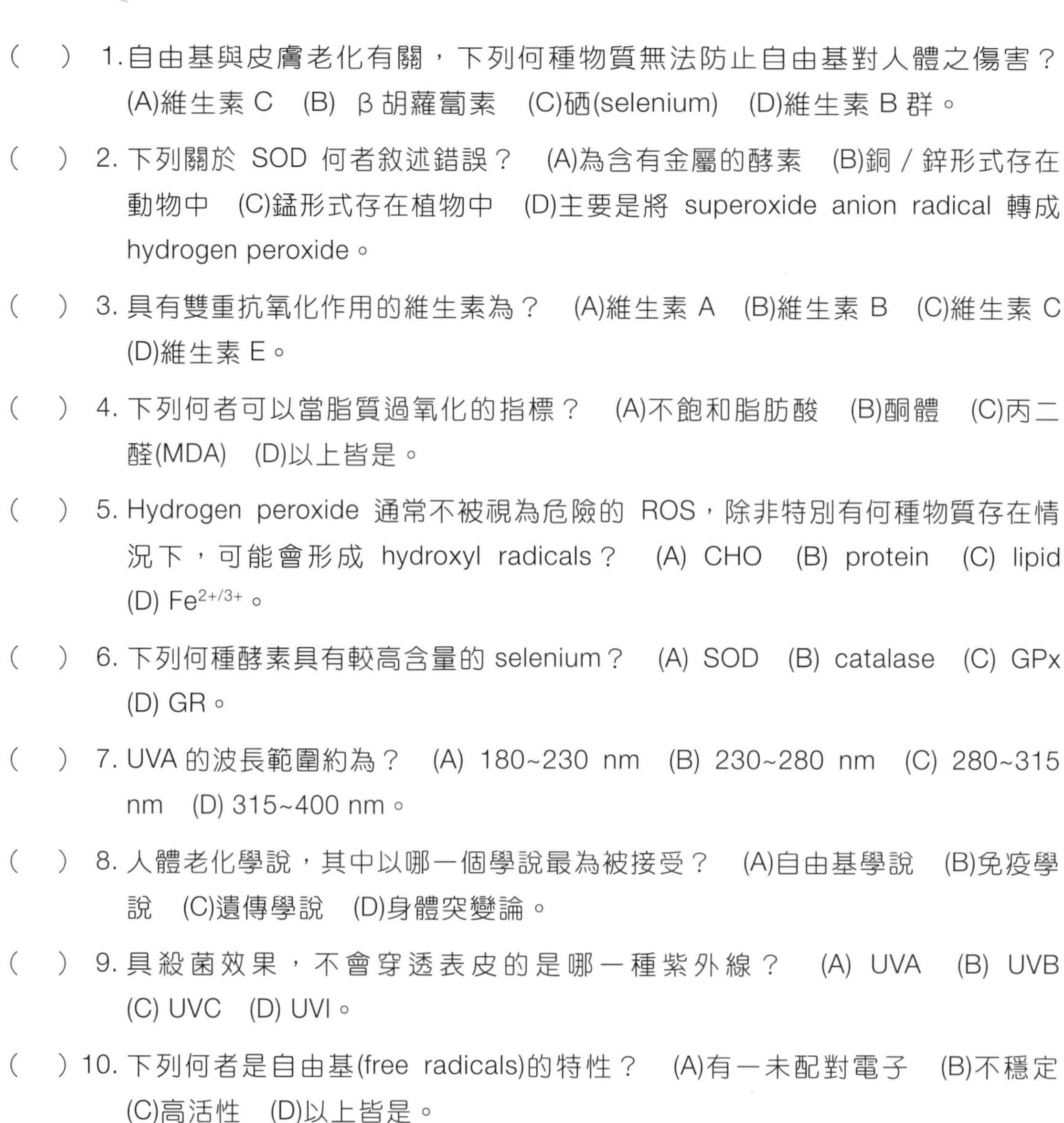

( ) 1. 自由基與皮膚老化有關，下列何種物質無法防止自由基對人體之傷害？ (A)維生素 C (B) β 胡蘿蔔素 (C)硒(selenium) (D)維生素 B 群。

( ) 2. 下列關於 SOD 何者敘述錯誤？ (A)為含有金屬的酵素 (B)銅／鋅形式存在動物中 (C)錳形式存在植物中 (D)主要是將 superoxide anion radical 轉成 hydrogen peroxide。

( ) 3. 具有雙重抗氧化作用的維生素為？ (A)維生素 A (B)維生素 B (C)維生素 C (D)維生素 E。

( ) 4. 下列何者可以當脂質過氧化的指標？ (A)不飽和脂肪酸 (B)酮體 (C)丙二醛(MDA) (D)以上皆是。

( ) 5. Hydrogen peroxide 通常不被視為危險的 ROS，除非特別有何種物質存在情況下，可能會形成 hydroxyl radicals？ (A) CHO (B) protein (C) lipid (D) $Fe^{2+/3+}$。

( ) 6. 下列何種酵素具有較高含量的 selenium？ (A) SOD (B) catalase (C) GPx (D) GR。

( ) 7. UVA 的波長範圍約為？ (A) 180~230 nm (B) 230~280 nm (C) 280~315 nm (D) 315~400 nm。

( ) 8. 人體老化學說，其中以哪一個學說最為被接受？ (A)自由基學說 (B)免疫學說 (C)遺傳學說 (D)身體突變論。

( ) 9. 具殺菌效果，不會穿透表皮的是哪一種紫外線？ (A) UVA (B) UVB (C) UVC (D) UVI。

( ) 10. 下列何者是自由基(free radicals)的特性？ (A)有一未配對電子 (B)不穩定 (C)高活性 (D)以上皆是。

( ) 11. 引起光老化的主因是哪一種類型的紫外線？ (A) UVA (B) UVB (C) UVC (D) UVI。

(　　) 12. 下列關於皮膚老化現象的敘述何者錯誤？　(A)真皮血管數量減少　(B)表皮所含 7-hydrocholesterol 量下降　(C)黑色素細胞每隔十年減少 10~20%　(D)跟免疫相關的表皮蘭格罕氏細胞(Langerhan's cell)增多易過敏。

MEMO

MEMO

MEMO

New Wun Ching Developmental Publishing Co., Ltd.

New Age · New Choice · The Best Selected Educational Publications — NEW WCDP

NEW
WCDP